三江源生物多样性的田野研究

Field Studies on the Biodiversity of Sanjiangyuan

主编◎王 昊

国家出版基金项目

北京大学出版社
PEKING UNIVERSITY PRESS

图书在版编目（CIP）数据

三江源生物多样性的田野研究 / 王昊主编. — 北京：
北京大学出版社，2019.11
（三江源生物多样性保护系列）
ISBN 978-7-301-30956-8

Ⅰ.①三…　Ⅱ.①王…　Ⅲ.①生物多样性－生物资源保护－研究－青海
Ⅳ.①X176

中国版本图书馆CIP数据核字（2019）第254244号

书　　　　名	三江源生物多样性的田野研究
	SANJIANGYUAN SHENGWU DUOYANGXING DE TIANYE YANJIU
著作责任者	王昊　主编
责 任 编 辑	黄　炜
标 准 书 号	ISBN 978-7-301-30956-8
出 版 发 行	北京大学出版社
地　　　　址	北京市海淀区成府路205号　100871
网　　　　址	http://www.pup.cn　　新浪微博：@北京大学出版社
电 子 信 箱	zpup@pup.cn
电　　　　话	邮购部 010-62752015　发行部 010-62750672　编辑部 010-62764976
印 　刷 　者	天津图文方嘉印刷有限公司
经 　销 　者	新华书店
	720毫米×1020毫米　16开本　25.75印张　354千字
	2019年11月第1版　2019年11月第1次印刷
定　　　　价	150.00元

作者

"三江源生物多样性保护系列"编委会

主　　编　　吕　植
副主编　　史湘莹
编　　委　　王　昊　　肖凌云　　程　琛　　顾　垒
　　　　　　赵　翔　　谭羚迪　　邸　皓

《三江源生物多样性的田野研究》

主　　编　　王　昊
编著者　　吕　植　　王　昊　　宋瑞玲　　徐正会　　吴金明
　　　　　　李　成　　刘少英　　肖凌云　　吴　岚

目录

序　　　　　　　　　　　　　　　　　　　　　　　　　　　　/ 1

绪论　　　　　　　　　　　　　　　　　　　　　　　　　　　/ 5

◎ 生物多样性调查是实现有效保护的基础　　　　　　　　　/ 8

◎ 保护国际的生物多样性快速评估　　　　　　　　　　　　/ 9

◎ 关于本书中的生物多样性调查　　　　　　　　　　　　　/ 10

◎ 同期开展的对草地、鼠兔和棕熊的研究　　　　　　　　　/ 14

第一篇　　三江源的生态环境　　　　　　　　　　　　　　　/ 17

第一章　　三江源的自然环境　　　　　　　　　　　　　　　/ 19

◎ 地形地貌　　　　　　　　　　　　　　　　　　　　　　/ 21

◎ 气候　　　　　　　　　　　　　　　　　　　　　　　　/ 26

◎ 丰富的生物多样性　　　　　　　　　　　　　　　　　　/ 27

◎ 人口和文化背景　　　　　　　　　　　　　　　　　　　/ 39

◎ 自然保护区　　　　　　　　　　　　　　　　　　　　　/ 51

第二章　　草地的状况和变化　　　　　　　　　　　　　　　/ 55

◎ 三江源草地概况　　　　　　　　　　　　　　　　　　　/ 74

◎ 三江源草地管理政策的变迁　　　　　　　　　　　　　　/ 83

◎ MODIS-EVI 植被指数显示的草地变化　　　　　　　　　　/ 85

◎ 三江源草地的地上生物量 　　　　　　　 / 86

◎ 三江源草地的地下生物量 　　　　　　　 / 92

◎ 三江源草地 8 个样方的传粉昆虫的访花频率 　 / 96

◎ 牧民眼中的草地质量及变化 　　　　　　 / 99

◎ 小结 　　　　　　　　　　　　　　　 / 108

第二篇　无脊椎动物 　　　　　　　　　　　 / 111

第三章　昆虫的多样性 　　　　　　　　　　 / 113

◎ 调查研究方法 　　　　　　　　　　　 / 116

◎ 种类与多样性 　　　　　　　　　　　 / 117

◎ 鉴定种类名录 　　　　　　　　　　　 / 128

◎ 讨论 　　　　　　　　　　　　　　　 / 176

第四章　蚂蚁 　　　　　　　　　　　　　　 / 179

◎ 背景 　　　　　　　　　　　　　　　 / 180

◎ 调查概况 　　　　　　　　　　　　　 / 181

◎ 调查方法 　　　　　　　　　　　　　 / 181

◎ 黄河源头和大渡河源头地区蚂蚁调查结果 　 / 185

◎ 澜沧江源头地区蚂蚁调查结果 　　　　　 / 207

第三篇　鱼类和两栖爬行动物 　　　　　　　 / 227

第五章　鱼类的多样性 　　　　　　　　　　 / 229

◎ 长江流域——玛可河 　　　　　　　　 / 231

◎ 澜沧江流域——扎曲 　　　　　　　　 / 238

第六章　　两栖爬行动物的多样性　　　　　　　　　/ 249

◎ 调查地点和方法　　　　　　　　/ 250

◎ 调查结果　　　　　　　　　　　/ 251

◎ 三江源两栖动物监测和研究的建议　/ 260

◎ 保护建议　　　　　　　　　　　/ 263

第四篇　　兽类　　　　　　　　　　　　　　　　　/ 267

第七章　　小型兽类的多样性　　　　　　　　　　　/ 275

◎ 小型兽类的调查　　　　　　　　/ 276

◎ 黑唇鼠兔　　　　　　　　　　　/ 294

◎ 喜马拉雅旱獭　　　　　　　　　/ 307

第八章　　大中型兽类的多样性　　　　　　　　　　/ 313

◎ 岩羊的数量调查　　　　　　　　/ 323

◎ 棕熊食性及与人的冲突　　　　　/ 341

第五篇　　保护三江源的生物多样性　　　　　　　　/ 371

参考文献　　　　　　　　　　　　　　　　　　　　/ 383

后记　　　　　　　　　　　　　　　　　　　　　　/ 401

序

　　位于青藏高原东北部的三江源是亚洲最大的三条河流——黄河、长江、澜沧江—湄公河的发源地。三条大河从青海出发，一路向东、向南，广纳百川，成为养育中华民族和东南亚人民的母亲河。她们福泽数亿人，因而使得地球上近 1/10 的人口跟三江源这个遥远的地区有了或远或近的关联。在世界第三极的青藏高原上，人类已经有了近万年可考证的定居历史。由于人口稀少，更得益于近千年来当地传统文化中对自然的敬畏以及藏传佛教呵护生命、众生平等的理念，青藏高原的生态系统整体上保持着相对完整的状态。其例证是：不同于世界上其他大多数地区，生活在青藏高原腹地的大型哺乳动物尚未因人类的进入而发生物种绝灭的事件；青藏高原上大型食肉动物的物种数量在全球位居首位，比非洲还多出一种。由于毗邻全球生物多样性热点地区之一的横断山脉，并且几条南北纵贯的大河将东南季风的温润气流带入高原，使得三江源，尤其是其东部和南部的生物多样性不仅极为丰富，而且很多物种为高原所特有。

　　正是由于三江源的重要生物地理位置，它在生态上的重要性得到了广泛的认同。自 2000 年以来，中国政府把三江源的保护列入了优先日程，2003 年建立国家级自然保护区，2011 年建立国家级综合生态试验区，2016 年建立我国第一个国家公园试点。2017 年，三江源的一部分——可可西里又被纳入了联合国教科文组织的《世界自然遗产名录》。自 2005 年以来，三江源一直享受着国家财政最高标准的生态转移支付，三江源的大部分地区纳入了国家主体功能区划中的禁止开发区和生态红线内。

然而，由于三江源地处偏远，对于其生物多样性的信息收集和科学研究总体上还处于起步阶段，信息和知识的缺乏，给制订精准的保护措施及其有效地实施带来了困难。

为了尽快弥补信息的缺失，北京大学自然保护与社会发展研究中心和山水自然保护中心的团队，联合众多学术和保护机构的成员，自 2005 年开始进入三江源开展研究。特别是 2009 年以后，我们与当地政府、保护区、国家公园和社区，以及阿拉善 SEE 等基金会、多个 NGO 共同携手合作开始了系统的生物多样性研究和监测项目。其中最有代表性的项目是对雪豹及其同域生活的大型哺乳动物的长期生态学研究，以及历时 3 年（2012—2015）的生物多样性快速调查（Rapid Assessment Program，简称 RAP）。生物多样性快速调查项目邀请了全国研究各个生物门类的顶尖分类学家，还邀请了影像生物调查所（IBE），除了收集生物多样性的科学信息以外，还以影像的方式记录了大量物种的千姿百态，这是科学研究者和影像记录者的一次完美合作。除此以外，在调查和研究的过程中，我们还尝试与三江源地区本土的保护机构，例如年保玉则生态环境保护协会的土巴、周加、扎西桑俄等一起工作，一方面把科学知识和体系介绍给他们，另一方面向他们学习藏族传统知识中对动植物和自然景观以及人地关系的描述。他们对学习科学的执着和本土知识的丰厚常常令我们感叹！我们也很高兴地看到，许多物种第一次有了藏语的命名。

本书的内容，是北京大学和山水自然保护中心的团队在过去近 10 年里收集的关于三江源生物多样性的一手信息和野外研究的初步结果，也是一个多团队合作的结果，其中也包括了用专业的影像以可视化的形式呈现在读者面前的三江源生物多样性令人震撼的美。现在摆在大家面前的这本书虽然内容还很不完善，很多重要生态和保护问题还只是初步探讨，更多议题的答案有待时日，但是大家会发现，这是目前对三江源生物多样性比较综合、对保护问题也很有针对性的一份报告。无论其中介绍的方法还是内容，都将对三江源的保护实践提供依据和参考。我们希望把自己多年的观察结果分享给关心三江源和青藏高原的每一位读者，我们的愿望是让这些信息在保护中发挥应有的作用，让保护更有成效；同时我们也希望为更多的研究者的工作提供基础信息，让三江源的研究更上一层楼。

本书的内容是一大批研究者，特别是一批怀有理想主义的年轻人长期在海拔 4000m 以上的高原以健康为代价坚持努力的结果。他们在三江源得到人生和职业的历练，也展示了自己的风采。他们大多选择继续从事自然保护的事业——李娟、刘炎林、吴岚、肖凌云、宋瑞玲、朱子云，刘铭玉，以及更多更年轻的后来者们，我为你们感到自豪。

我也借此机会对一直支持我们在三江源开展研究工作的三江源国家级自然保护区、三江源国家公园、青海省政府、玉树州和果洛州政府，以及玉树市、治多县、曲麻莱县、杂多县、囊谦县、称多县政府，还有在调查过程中给予大力协助的玛多县、久治县政府和玛可河林场等各级政府部门表示感谢。需要特别感谢的还有对三江源的调查和保护工作持续投入大量心血和资金支持的阿拉善 SEE 基金会、Panthera 基金会和国际雪豹基金会，以及作为我们野外工作强大支撑的北京大学。最后，请让我借这本书，邀请更多的年轻人加入自然保护的行列中来！

吕植

2019 年 11 月

绪论

三江源位于青海省南部、青藏高原的腹地，是长江、黄河、澜沧江—湄公河的发源地，被称为"中华水塔"。三江源总面积约 363 000km²，占青海省总面积的 50.4%。东西跨度约 1150km，南北跨度约 490km，平均海拔在 4000m 以上。三江源也是青藏高原生物多样性最集中的地区（刘敏超 等，2005）和全球气候变化的敏感区（Su et al.，2015），是我国青藏高原生态安全屏障的重要组成部分（图 0-1）。

2011 年 11 月 16 日，中华人民共和国国务院总理温家宝主持召开国务院常务会议，决定建立青海三江源国家生态保护综合试验区，会议指出，三江源地区是长江、黄河、澜沧江发源地和我国淡水资源重要补给地，是青藏高原生态安全屏障的重要组成部分，在全国生态文明建设中具有特殊重要地位。三江源生态保护与建设总体规划自 2005 年实施以来，取得明显成效。为从根本上遏制三江源地区生态功能退化趋势，探索建立有利于生态建设和环境保护的体制机制，会议批准实施《青海三江源国家生态保护综合试验区总体方案》。试验区包括玉树、果洛、黄南、海南 4 个藏族自治州 21 个县和格尔木市唐古拉山镇（图 0-2）。

图 0-1　杂多县昂赛乡的清晨，阳光透过高原洁净的空气和薄雾照进山谷（摄影 / 彭建生）

　　方案要求按照尊重文化、保护生态、保障民生的原则，坚持生态保护、绿色发展与提高人民生活水平相结合，科学规划，改革创新，形成符合三江源地区功能定位的保护发展模式，建成生态文明的先行区，为全国同类地区积累经验、提供示范。力争到 2015 年，植被平均盖度提高 15 ~ 20 个百分点，生态环境恶化趋势得到初步遏制，城乡居民收入和基本公共服务能力大幅提高；到 2020 年，植被平均盖度提高 25 ~ 30 个百分点，生态系统步入良性循环，城乡居民收入接近或达到本省平均水平，基本公共服务能力接近或达到全国平均水平，全面实现建设小康社会目标。为此，一要划分主体功能区。依据生态特性和资源环境承载能力，将试验区划分为重点保护区、一般保护区和承接转移发展区，按照转变发展方式的要求，实行分类指导。二要以草原植被保护和恢复为重点，加大生态环境保护和建设力度，实施好草原管护、草畜平衡等各项生态保护工程。三要转变农牧业发展方式，提升集约化水平，

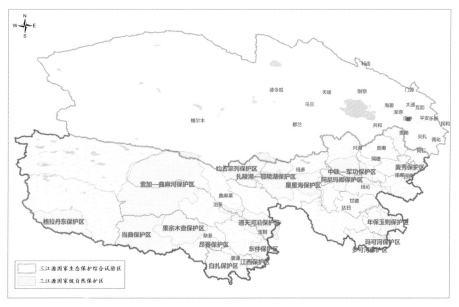

图 0-2 三江源国家生态保护综合试验区和三江源国家级自然保护区的大致范围（根据相关文件描述勾绘，不作为定界依据）

发展生态型非农产业。四要加强基础设施建设，加快发展社会事业，推进游牧民定居和农村危房改造，切实改善农牧民生产生活条件。加大扶贫开发力度，提高社会保障水平。基础设施建设要服从生态保护。五要创新生态保护体制机制。建立生态环境监测预警系统，及时掌握气候与生态变化情况。建立规范长效的生态补偿机制，加大中央财政转移支付力度。设立生态管护公益岗位，发挥农牧民生态保护主体作用。鼓励和引导个人、民间组织、社会团体积极支持和参与三江源生态保护公益活动。六要建立新型绿色绩效考评机制，转变政绩观念，切实扭转片面追求经济增长速度的做法，实现人与自然和谐。会议要求有关地区和部门加强组织领导，强化政策支持和科技、人才支撑，确保各项工作顺利开展。

◎ 生物多样性调查是实现有效保护的基础

要实现《青海三江源国家生态保护综合试验区总体方案》中设置的各项目标，需要坚实的基础科学数据，特别需要详细的生物多样性数据，我们在表0-1中梳理了生物多样性调查与实现这些目标的关系。

表 0-1　生物多样性调查对实现总体方案的贡献途径

总体方案中要开展的工作	生物多样性调查可做的贡献
一要划分主体功能区。依据生态特性和资源环境承载能力，将试验区划分为重点保护区、一般保护区和承接转移发展区，按照转变发展方式的要求，实行分类指导。	通过生物多样性科学本底调查可以补充现有资料的空间、时间和数量上的空缺； 通过物种分布图的制作可以将现有的以位置点为主的资料通过插值的方式扩展到整个区域，并对气候变化背景下生物分布区的移动方向进行预测和估计； 综合生物多样性分布图，可以勾绘出生物多样性保护的重要区域和一般区域，并预测出气候变化情景下需要预留的区域。
二要以草原植被保护和恢复为重点，加大生态环境保护和建设力度，实施好草原管护、草畜平衡等各项生态保护工程。	在生物多样性调查中加强对植被组成、生物量的调查，并考虑建立一定数量的固定样方，实施草地动态监测； 在生物多样性调查中加强对小型食草动物（旱獭，鼠兔）种类分布和数量的估计，既为草原植被动态提供本底，也为棕熊的研究提供基础数据； 在生物多样性调查三江源主要植物的传媒机制，以考量气候变化对植物花粉传播可能带来的不利影响； 使用MODIS数据的植被指数分析，使用调查中的样方数据建立起遥感和地面实测数据的对应关系，并对整个研究区域植被覆盖和生物量分布进行估测，以此建立草地监测的遥感分析体系，和动物物种研究的栖息地变化背景。

总体方案中要开展的工作	生物多样性调查可做的贡献
三要转变农牧业发展方式，提升集约化水平，发展生态型非农产业。	用前面的生物多样性现时和未来重要区域划分的成果与农牧业发展规划的区域进行叠加分析，可以识别出冲突区域，在规划期及时规避。
四要加强基础设施建设，加快发展社会事业，推进游牧民定居和农村危房改造，切实改善农牧民生产生活条件。加大扶贫开发力度，提高社会保障水平。基础设施建设要服从生态保护。	用前面的生物多样性现时和未来重要区域划分的成果，结合物种栖息地需求的研究结果，可以为基础设施建设如何服从生态保护提供底线和改善措施方面的依据。
五要创新生态保护体制机制。建立生态环境监测预警系统，及时掌握气候与生态变化情况。建立规范长效的生态补偿机制，加大中央财政转移支付力度。设立生态管护公益岗位，发挥农牧民生态保护主体作用。鼓励和引导个人、民间组织、社会团体积极支持和参与三江源生态保护公益活动。	用第一部分和第二部分的成果可以参与生态环境监测预警系统的建设工作，第一部分提供的是生物分布的现状和在气候变化情景下的潜在变化；第二部分则能够提供独立的对生态环境变化的监测和预警。
六要建立新型绿色绩效考评机制，转变政绩观念，切实扭转片面追求经济增长速度的做法，实现人与自然和谐。会议要求有关地区和部门加强组织领导，强化政策支持和科技、人才支撑，确保各项工作顺利开展。	建立和加强由社区、科研单位和公众共同组建的"生态监测网络"，监测生物多样性本底和栖息地的变化，为政府的绿色绩效考评提供支持，也为第三方的独立评价提供数据。

◎ 保护国际的生物多样性快速评估

1990 年，为了在生态环境受到威胁的区域尽快地建立起必要的生物多样性知识系统，以实施抢救性的保护，生物多样性保护组织——保护国际

（Conservation International）的专家们建立了一个生物多样性快速评估项目（Rapid Assessment Program，RAP）。把世界上最好的生物分类学家组织在一起，到目标区域进行 2 ~ 3 周的生物调查编目，由于调查期短，因此称为快速评估。截至 2010 年，这个项目已经调查了全球部分目标区域，合计 51 处陆地区域，13 处淡水区域和 16 处海洋区域。在这 80 个区域中，共发现了 1300 个新的物种，平均每个区域 16 ~ 17 种，快速而大量地增加了科学知识，促进成立了一批保护区，培训了数以千计的生物保护工作人员。

在国内，我们的团队——北京大学的生物多样性快速调查团队（北大RAP 团队），隶属于北京大学自然保护与社会发展研究中心，已经在中国开展了多项调查。2005 年，我们与保护国际的生物多样性快速评估项目在四川省甘孜州的 3 个地点一起开展了这个项目在中国唯一的一次调查，并在那之后建立起一支中国自己的生物多样性快速调查队伍，先后在西藏东南的林芝—波密—察隅（2007）和墨脱（2008）、四川的九龙县（2008）、内蒙古额尔古纳河流域（2008—2010）、广西的崇左（2009）、黑龙江的漠河和伊春（2010）进行了多次快速调查。据不完全统计，每次调查中平均能记录到 700 种以上的物种，调查共发现 42 个新种、1 个新亚种、3 个物种分布的中国新记录，和125 个物种分布的省区新记录。基于调查的结果，团队已经预测了 200 余种生物物种在中国的分布。截至 2011 年年底，已经在国内外科学期刊上发表科学论文十余篇。

◎ 关于本书中的生物多样性调查

由山水—北大 RAP 团队、影像生物调查所（IBE）和三江源国家级自然保护区三方共同组成的团队分别于 2012 年 8 月、2013 年 6 ~ 7 月、2014 年 6 ~ 7

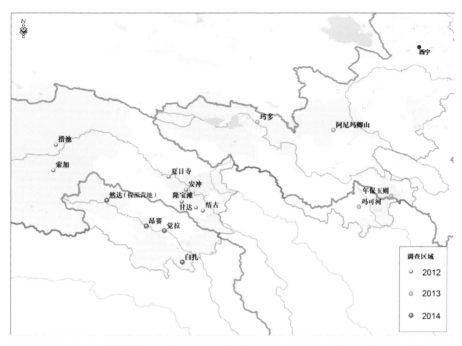

图 0-3　三江源生物多样性快速调查覆盖的区域，在 2012，2013，2014 年对以长江源、黄河源和澜沧江源为主的区域进行了调查

月及当年的 12 月，在青海三江源地区的长江源、黄河源和澜沧江源区进行了几次集中调查，图 0-3 显示集中调查区域在三江源的分布情况。

　　2012 年度调查涉及三江源国家级自然保护区通天河保护分区、索加—曲麻河保护分区和隆宝滩国家级自然保护区；2013 年度调查了玛可河（图 0-4）、年保玉则、阿尼玛卿山、星星海和扎陵湖—鄂陵湖五个保护区；2014 年调查了澜沧江源区囊谦县的白扎林场、觉拉乡，杂多县的昂赛乡和澜沧江的源头等区域，范围涉及江西、白扎、昂赛和果宗木查四个保护区。

　　在为期三年的调查中，先后参与的包括昆虫、鱼类、两栖爬行类、兽类、植物等领域的专家以及影像生物调查所（IBE）的专家共二十多位，参与调查的人员有四十多人，在野外工作时间 67 天，调查覆盖三江源 18 个保护分区中

图 0-4　班玛县玛可河林区俯瞰，这里是大渡河上游鱼类保护的底线河段（摄影 / 李磊）

　　的 11 个分区，获得了大量的一手资料，是近 10 年在三江源开展的生物多样性调查中，覆盖物种门类最全、邀请专家水平最高的调查之一（图 0-5 ～图 0-7）。

　　在调查中我们还举办了多次培训，先后为在玛可河保护区实习的几十名青海师范大学的在校大学生和参与山水社活动的二十多位成员进行了六场、十余个专题的报告和培训，涉及生物多样性保护、自然摄影，以及对两栖爬行类、

图 0-5 2012 年，三江源生物多样性快速调查队在玉树市安冲乡夏日寺合影（摄影 / 董磊）

图 0-6 2013 年，三江源生物多样性快速调查队在久治县白玉乡年保玉则营地合影（摄影 / 李磊）

图 0-7 2014 年，三江源生物多样性快速调查队在杂多县昂赛乡野外营地合影（摄影 / 彭建生）

蚂蚁的介绍等内容。在调查中，还培训了参与调查的当地保护区和社区保护地的工作人员。调查专家们的现代生物学知识，通过参与调查的藏族僧侣和学者，传递入藏文化中，很多物种可能因此而第一次获得藏语的名字。

◎ 同期开展的对草地、鼠兔和棕熊的研究

观察野生动物的生活，窥测物种之间的互动，解析物种和环境之间的关系，还原生态系统的全貌，理解人在这个系统中的角色，并在此基础上给出保护三江源的客观建议，一直是我们团队在三江源进行田野研究的思路。自2009年起，北京大学自然保护与社会发展研究中心的老师和博士生们围绕上

图 0-8　吕植在定位佩戴无线电颈圈的棕熊的位置，颈圈虽然可以将所在的 GPS 位置数据发送给卫星，然而在缺乏手机信号的三江源，研究者并不能实时获得卫星传送回来的位置数据，还必须依靠传统的天线定位技术（摄影 / 吴岚）

图 0-9　李娟（前排右），吴岚（前排左），肖凌云（后排右）和刘美琦（后排左），她们是吕植老师最早一批在三江源开始田野研究的学生（摄影 / 吴岚）

述目标，在三江源开展多项研究（图 0-8，图 0-9），并完成了多篇博士论文，包括李娟的《青藏高原三江源地区雪豹的生态学研究及保护》（2009—2012）、吴岚的《青海三江源地区棕熊生态学研究与人熊冲突缓解对策》（2011—2014）、宋瑞玲的《三江源草地退化的多尺度研究》（2012—2017）和肖凌云的《三江源地区雪豹与家畜的竞争与捕食关系研究》（2011—2017）。

吴岚、宋瑞玲和肖凌云三位博士的研究在生物多样性调查同期先后开展，内容涉及草地、鼠兔、棕熊、岩羊和雪豹，还涉及动物物种、动物和环境以及与人之间的关系。在三江源非常艰苦的环境下，她们取得了非常出色的研究结果。在本书中我们分享了宋瑞玲对草地的研究，吴岚对鼠兔、旱獭和棕熊的研究，以及肖凌云对岩羊数量调查的部分精彩内容。

第一篇

三江源的生态环境

第一章

CHAPTER

三江源的自然环境

　　三江源是长江、黄河、澜沧江的发源地，被称为"中华水塔"，也是青藏高原生物多样性最集中的地区，全球气候变化的敏感区，是我国青藏高原生态安全屏障的重要组成部分（图1-1-1）。

　　三江源（89.4°～102.2°E，31.5°～36.3°N），面积广阔，东西跨度约

图1-1-1　三江源是长江、黄河、澜沧江的发源地，三江源历史上多民族的交融形成了独具特色的文化风景。图为僧人在九曲通天河边的山顶上撒风马，通过印在小纸片上的骏马向山神祈福（摄影/彭建生）

1150km，南北跨度约 490km，总面积是 363 000km²，约占青海省总面积的 50.4%。三江源国家生态保护综合试验区包括玉树、果洛、海南、黄南 4 个藏族自治州的 21 个县和格尔木市唐古拉山镇。

◎ 地形地貌

三江源的海拔范围 3335 ~ 6564m，平均海拔在 4000m 以上，地形西高东低，海拔范围 2000 ~ 6000m，平均海拔 4500m，根据地图计算出三江源生态试验区的大致面积为 366 440km²，其中海拔 3500 ~ 5000m 区间占全区面积的 88.1%，合计 323 000km²；海拔 4000 ~ 4500m 区间占全区的 48.8%，合计面积 179 000km²（图 1-1-2）。

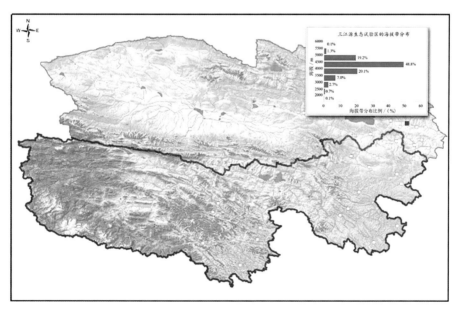

图 1-1-2　三江源的地形

三江源的地貌以山地为主，主要山脉是东昆仑山及其支脉阿尼玛卿山、巴颜喀拉山和唐古拉山。东部和东南部海拔较低，山地起伏变化剧烈，呈高山峡谷的地貌；西部和北部海拔较高，山地起伏较小，呈高原丘陵的地貌特征（赵旭东，2014）（图 1-1-3 ~图 1-1-12）。

图 1-1-3　巍峨的石山下面是大片的草地，靠近河谷的低处生长着暗绿的针叶林，这类景观在三江源东部和东南部常常可以看到（摄影 / 刘思远）

图 1-1-4　气势雄伟，连绵起伏的高大山谷中，森林、灌丛、草甸自低而高交错分布，给众多的野生动物提供着庇护（摄影／徐健）

图 1-1-5　昂赛大峡谷中标志性的赭红色砂岩高高矗立在山巅（摄影／徐健）

图 1-1-6　海拔高，气温低，植物生长缓慢，在较为陡峭的山坡如果缺乏植物的保护，就很容易形成大片的裸露（摄影／李磊）

图 1-1-7　红色的砂岩和绿色的植物给食草动物提供了安全的栖息地，高处灰色的石山则是雪豹最佳的捕猎和藏身地（摄影／计云）

图 1-1-8　气候变化可能使得这条山谷变得更加温暖和湿润，大片的草地将可能被灌丛和森林取代，适合森林的金钱豹可能会扩散过来（摄影／计云）

图 1-1-9　夏季，牧民会赶着牦牛群住到高山上的牧场（摄影 / 计云）

图 1-1-10　澜沧江是发源于三江源的国际河流，这里静静流淌的河水将穿过中国、缅甸、老挝、泰国、柬埔寨和越南 6 个国家（摄影 / 刘思远）

图 1-1-11　三江源具有典型的高原大陆性气候，牦牛是一种能适应这种高寒气候的哺乳动物。入夜前，一头牦牛静静地站在河边（摄影 / 徐健）

图 1-1-12　三江源地区拥有着奇特的地貌，分布着森林、草地、湿地、荒漠等多种生态系统。山顶的石山形如一只静卧在草地中的高原兔（摄影／徐健）

◎ 气候

　　三江源的气候是典型的高原大陆性气候，没有明显的四季，只有冷季和暖季。气温日差比较大，年温差较小，日照时间长，辐射强烈。热量多集中在 6～8 月，最高温在 7 月，最低温在 1 月，年均温为−6.4～4.3℃。纬度、海拔和地形是影响气温分布格局的主要因素。年均降水量约260～770mm，分配不均匀，其中 6～9 月是植物生长季，期间的降水量占全年总降水量的 80%～85%（赵新全，2009）。年降水量的分布由东南向西北依次降低。

◎ 丰富的生物多样性

在面积广大的三江源区域，分布着森林、草地、湿地、荒漠等多种生态系统。有山地针叶林、阔叶林、针阔混交林、灌丛、草甸、草原、沼泽及水生植被、垫状植被和稀疏植被等9种植被型，14个群系纲，50个群系（郑杰 等，2011）。其中森林主要分布于东部的班玛县和东南部的杂多县和囊谦县等地。草地面积最大，由东南向西北，依次是山地针叶林草丛、高寒灌木草地、高寒草甸、高寒草原，以及在更干、更冷区域分布的高寒荒漠。在高海拔的山区，则分布有高山垫状植被和流石滩稀疏植被。

三江源地区有多种多样的植物和真菌资源（图 1-1-13 ～图 1-1-16）。其中，野生维管束植物有 2238 种，加上栽培植物有 2308 种，分属于 87 科 474 属，占全国植物种数的 8%，其中种子植物占全国种子植物总数的 8.5%；乔木植物有 11 属，占总属数的 2.3%；灌木植物 41 属，占 8.7%；草本植物 422 属，占 89%。属国家保护的有麦吊云杉 *Picea brachytyla*、红花绿绒蒿 *Meconopsis punicea*、冬虫夏草 *Ophiocordyceps sinensis* 等三种（李迪强 等，2002；郑杰 等，2011）。

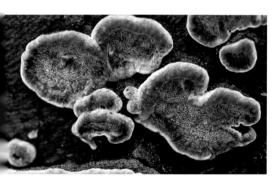

图 1-1-13　多孔菌科的一种迷孔菌，生长在枯枝死木上，分解死去的植物获取营养，促进森林的物质循环（摄影 / 李俊杰）

图 1-1-14　从枯木上新生长出的桂花耳，是一种丛生的小型真菌，体内的类胡萝卜素使其呈现鲜艳的橙色（摄影 / 李俊杰）

图 1-1-15　盘状贴附在岩石上的壳状地衣，地衣是真菌和藻类的共生体，可以加速岩石的风化，促进土壤的形成（摄影／计云）

图 1-1-16　多孔菌科的篱边粘褶菌，中大型真菌，大多生长在针叶树的倒木上，加速树木分解成腐木（摄影 / 刘彦鸣）

从北向南，依次分布着黄河、长江和澜沧江三条主要外流河及其支流组成的三大外流河水系，在三江源的西部，则是可可西里地区的内陆河。三江源水资源丰富，河流纵横、湖泊沼泽众多，冰川雪峰发育，构成了面积广大的湿地生态系统（李迪强 等，2002；郑杰 等，2011）。

在动物地理分区上，三江源属于青藏区。青藏区包括青海、西藏和四川西部，由东面的横断山脉的北端，南面的喜马拉雅山脉，北面的昆仑山脉、阿尔金山脉和祁连山脉等各山脉所环绕，平均海拔在 4500m 以上，是世界上最大的高原。

三江源的动物种类主要由适应高原的特殊北方种类组成，根据以往的资料统计，三江源有兽类 85 种，隶属 8 目 20 科，包括藏羚、野牦牛、藏野驴、雪豹、兔狲、藏原羚、鼠兔；鸟类 237 种，隶属 16 目 41 科（图 1-1-17 ~ 图 1-1-40），包括黑颈鹤、雪鸡等；爬行类和两栖类种类贫乏，共 15 种，隶属 7 目 13 科，包括沙蜥、温泉蛇、西藏蟾蜍等少数种类（郑杰 等，2011）。

图 1-1-17 白马鸡（摄影 / 彭建生）

图 1-1-18 高原山鹑（摄影 / 董磊）

图 1-1-19 苍鹰（摄影 / 郭亮）

图 1-1-20 大鵟（摄影 / 彭建生）

图 1-1-21 胡兀鹫（摄影 / 彭建生）

图 1-1-22　金雕（摄影 / 董磊）

图 1-1-23　高山兀鹫（摄影 / 郭亮）

图 1-1-24　纵纹腹小鸮（摄影／郭亮）

图 1-1-25　红嘴山鸦（摄影／郭亮）

图 1-1-26 黄嘴山鸦（摄影/李磊）

图 1-1-27 大嘴乌鸦（摄影/董磊）

图 1-1-28 喜鹊（摄影/彭建生）

图 1-1-29　燕鸥（摄影 / 李俊杰）

图 1-1-30　崖沙燕（摄影 / 郭亮）

图 1-1-31　崖沙燕的洞穴（摄影 / 彭建生）

图 1-1-32　雪鸽（摄影 / 董磊）

图 1-1-33　岩鸽（摄影／郭亮）

图 1-1-34　岩鸽（摄影／彭建生）

图 1-1-35　赭红尾鸲（摄影／彭建生）

图 1-1-36　棕草鹛（摄影 / 郭亮）

图 1-1-37　角百灵（摄影 / 董磊）

图 1-1-38 普通朱雀（摄影 / 郭亮）

图 1-1-39 雪雀（摄影 / 刘彦鸣）

图 1-1-40 云雀（摄影 / 彭建生）

◎ 人口和文化背景

三江源区域海拔高，气候寒冷，生存条件严苛，地广人稀。根据 2017 年的统计数字，玉树州人口为 409 631 人，果洛州为 207 255 人，黄南州为 279 135 人，海南州为 472 849 人（青海省统计局等，2018），三江源国家级自然保护区内的人口密度为 1.46 人 /km^2（郑杰 等，2011）。然而，三江源区域有人类居住和活动的历史则很久远，区内多地有古人类活动遗迹，最早可追溯到距今约 2 万年 (胡东生 等，1994) ；有文字记载的人类活动可追溯到秦汉时期，白兰、苏毗等古地名均与三江源区域有关。其中，苏毗国范围在唐古拉山南北的区域，包括今玉树州、果洛州的部分区域，后为吐蕃吞并，成为吐蕃的孙波如。白兰在苏毗的东北。宋朝时，玉树区域的囊谦王归附中央，下辖六大部落：年错、固察、称多、安冲、隆宝、扎武（陈庆英，1992），这些地名至今仍在使用。到元明建立了政教合一的地方政权，并置于中央政府的统一控制下。清朝时，雍正年间勘定界址，将青南藏北（今青海三江源、西藏那曲区域）广大草原地带的游牧部落划分为那书克三十九族、阿里克四十族，在三江源区域活动的阿里克四十族归西宁办事大臣（全称钦差办理青海蒙古番子事务大臣，番子即指藏族）管辖，至清末经过迁移、兼并、新立等变为玉树二十五族（周希武，1914）。1928 年青海省建省后，在三江源区域设玉树县、囊谦县、称多县，并预备设曲麻莱县、久治县，至1949 年后，沿用和发展为今天的行政格局。

三江源区域内绝大多数人口为藏族，还生活着汉、回、土、蒙古、撒拉等多个民族。历史上，民族间不断地交流和融合，形成了多样而独特的文化风景。其中植根于藏族传统文化和宗教的生态保护的观念和行为，在保留三江源的自然生态和生物多样性方面起到了非常重要的作用（图 1-1-41 ～图1-1-57 ）。

图 1-1-41　刻有经文，六字真言或捆㊣二㊣㊣的玛尼石或累积成堆，或连绵成㊣㊣㊣都寄托着一份虔诚的祈福（摄影／彭建㊣）

图 1-1-42　玛尼石虽然形状各异，然而经文却始终工整和一丝不苟（摄影 / 董磊）

图 1-1-43　绚丽的风马旗密密地环绕佛塔，这样的景象在三江源很多地方都能看到（摄影 / 郭亮）

图 1-1-44　跨河的风马旗在早晨的阳光中飘荡（摄影 / 李磊）

图 1-1-45　夏日寺的僧人热情邀请我们参观他们的佛堂
（摄影 / 彭建生）

图 1-1-46　夏日寺内珍藏的佛像
（摄影 / 彭建生）

图 1-1-47　僧人、摄影师还有科学家，大家能席坐在一个帐篷里面交谈，对许多人都是毕生难得的机会（摄影／董磊）

图 1-1-48　圣洁白塔的金顶在绿色的山谷中静静地反射着阳光。在全球生物多样性快速消失的时代，藏区的传统文化庇护了众多的野生动物（摄影／董磊）

图 1-1-49 曲日荣尕沟口的寺庙上方的夜空中群星流动。在寺庙中借住的研究者，生活
在这里的雪豹和岩羊，还有其他许多动物看到的都是同一个夜空（摄影／董磊）

图 1-1-50　转经筒的圆筒内往往装有经文，转动经轮就相当于在吟诵经文（摄影／刘思远）

图 1-1-51　手里拿着施华洛世奇望远镜的藏族妇女（摄影／彭建生）

图 1-1-52　纯净的眼神（摄影／刘思远）

图 1-1-53 摩托车进入藏区后很迅速地取代了马在人们日常生活中的位置（摄影 / 雷波）

图 1-1-54 镜头对着这位扎着红巾的汉子时，相机两边的人都在笑（摄影 / 徐健）

图 1-1-55 盛装的藏族青年（摄影 / 雷波）

图 1-1-56　调查路上，遇到当地的节庆。一大群充满活力的藏族青年盛装参加节庆（摄影 / 雷波）

图 1-1-57　2010 年玉树地震后，政府在城市附近修建了许多新房子，以前散居在各处的牧民可以住得离现代的教育和生活设施更近一些（摄影 / 彭建生）

藏族具有独特的三界宇宙观，上界为天界，也称赞；中界为人界，也称念；下界为鬼神界，也称鲁。人生在世，对上要取悦天神，对下要侍奉鬼怪，形成人—神—自然一体的系统。与其他民族的自然与生态观念比较，对"鬼神"的重视，深刻地影响了藏族与环境互动的模式（南文渊，2000；洲塔，2010）。由此发展出的藏族传统生态文化中有很多对自然和环境友好的内容，并且较为完整地保存了下来，在现实中仍有较大的影响力。

研究者们从价值观、伦理学、宗教、文化和历史等多个角度，对藏族的生态文化进行了剖析和研究（南文渊，2000；洲塔，2010；尹仑 等，2015；张晓东，2008；吴迪，2010；常丽霞，2013）。藏族生态文化中对自然保护有积极作用的内容主要包括：万物一体的价值观，即世间万物是和合共往，广泛联系的；崇敬自然，尊重生命，禁忌杀生；生命是轮回的思想，即顺应自然、行善可以为来生带来福报；三界宇宙观及神山圣湖信仰；寄魂思想，即人的灵魂寄托在山、水、草、木等自然物上，与人结成生命共同体，所以寄魂物也就受到特别的保护；生活中限制欲望，节制对物质的需求；以及由此在生产、生活中所积累的具体的生态知识，如放牧知识等。

除东部和南部海拔较低的地区有种植业外，三江源大部分区域都以畜牧业为主要产业，牧业人口也占当地人口的多数。据现在的研究，青藏高原的放牧历史可以追溯到 8000 年前，在距今超过 1000 年的吐蕃时期，就有对三江源地区放牧活动较为具体的记录，当时玉树、果洛就以产良马著名。至清朝中叶在玉树、果洛册封千百户时，对各部落所处的地理位置及生计方式也有所描述，从中可以看出，清中叶至民国末年大约 350 年间，除长江、黄河、澜沧江三江源头附近，海拔高、气候恶劣、植物生产力较低的区域外，在三江源的绝大部分区域，都有放牧活动（周希武，1914；马鹤天，1947）。

当地的主要牲畜为牦牛、犏牛（牦牛与黄牛杂交的子一代）、藏系绵羊、山羊和马。放牧的生活方式，需要随草地的生长情况而转移放牧地点，在夏季，牧民会带着牲畜和帐篷住到高海拔的夏季牧场，其他季节则住在海拔较低的冬季牧场。历史上，有固定房屋的牧民极少，大部分的牧民都居住在便于移动、由牦牛毛制成的黑帐篷中（图 1-1-58 ～图 1-1-60）。牲畜与草场的分配非常不平衡，少数部落首领、牧主、寺庙占据了最好的草场和大部分牲畜，而普通牧民的牲畜数量极少。

20 世纪 60 年代中期，随着人口和牲畜数量的增加，也是在政府大力发展畜牧业、利用空余草场的号召下，三江源的放牧范围逐渐向江河源头区域的荒野地带扩展。至 80 年代中期开始草畜双承包，其间的畜牧业生产以集体放牧的形式进行。

尽管在 80 年代中期基本完成了牲畜承包到户，但三江源大部分社区仍然认为集体放牧是较理想的方式，并未同步完成草场承包到户，草场承包到户在1996 年后完成。草畜双承包后，部分牧业社区开始以单户为单位进行放牧。

进入 21 世纪后，生态保护成为三江源地区的重要工作，通过限制牲畜数量、降低草场压力，使草场得到恢复成为三江源保护政策中的重要内容，从政策导向上，不再鼓励当地增加牲畜数量，而期望控制牲畜数量、保护草地。

图 1-1-58　牦牛，以青藏高原为分布中心，是世界上生活海拔最高的牛科动物（摄影 / 彭建生）

图 1-1-59　藏族人民喜爱牦牛，他们的生活处处都和牦牛相关，藏族妇女承担了挤奶、照顾幼牛的大部分工作（摄影 / 徐健）

图 1-1-60　牛粪，收集起来贴在墙上晒干就是最好的燃料，此外，小孩子还把牛粪做成各种玩具……（摄影 / 雷波）

◎ 自然保护区

在三江源区域内先后建立了隆宝和三江源两个国家级自然保护区，目前正在尝试新的国家公园机制，以保护三江源珍贵的生物多样性资源。

三江源国家级自然保护区

三江源国家级自然保护区位于青藏高原腹地的青海省南部，是长江、黄河、澜沧江的源头。含果洛藏族自治州的玛多、玛沁、达日、甘德、久治、班玛 6 个县，玉树藏族自治州的称多、杂多、治多、曲麻莱、囊谦 5 个县和玉树市，海南藏族自治州的兴海、同德 2 个县，黄南藏族自治州的泽库、河南 2 个县及海西蒙古族藏族自治州格尔木市代管的唐古拉山镇，总面积为 316 000km²。

三江源区是青藏高原的腹地和主体，以山地地貌为主，山脉绵延、地势高耸、地形复杂，海拔为 3335 ～ 6564m，最低海拔位于玉树藏族自治州东南部的金沙江江面，平均海拔约 4400m。海拔 4000 ～ 5800m 的高山是保护区地貌的主要骨架。主要山脉为东昆仑山及其支脉阿尼玛卿山、巴颜喀拉山和唐古拉山脉。由于受第四纪冰期作用和现代冰川的影响，海拔 5000m 以上的山峰可见古冰川地貌。

保护区中西部和北部呈山原状，起伏不大、切割不深、多宽阔而平坦的滩地，因地势平缓、冰期较长、排水不畅，形成了大面积沼泽。东南部高山峡谷地带，切割强烈，相对高差多在 1000m 以上，地形陡峭，坡度多在 30° 以上。

区内气候属青藏高原气候系统，为典型的高原大陆性气候，表现为冷暖两季交替，干湿两季分明，年温差小，日温差大，日照时间长，辐射强烈，无四季区分的气候特征。冷季为青藏冷高压控制，长达 7 个月，热量低，降水少，风沙大；暖季受西南季风影响，产生热气压，水汽丰富，降水量多。由于海拔高，绝大部分地区空气稀薄，植物生长期短。全年平均气温为 −5.6 ～ 3.8℃。其中最热月 7 月平均气温为 6.4 ～ 13.2℃，极端最高气温 28℃；最冷月 1 月为 −6.6 ～ −13.8℃，极端最低气温为 −48℃。年平均降水量 262.2 ～ 772.8mm，其中 6 ～ 9 月降水量约占全年降水量的 75%，而夜雨比例则达 55% ～ 66%。年蒸发量在 730 ～ 1700mm 之间。日照百分率为 50% ～ 65%，年日照时数 2300 ～ 2900 小时，年辐射量 5500 ～ 6800MJ/m² 。沙暴日数一般为 19 天左右，最多达 40 天（曲麻莱县）。

三江源区的野生维管束植物有 87 科、471 属、2238 种，约占全国植物种数的 8%，其中种子植物种数占全国相应种数的 8.5%。在 471 属中，乔木植物 11 属，占总属数的 2.3%；灌木植物 41 属，占 8.7%；草本植物 422 属，占 89%，植物种类以草本植物居多。

隆宝滩国家级自然保护区

隆宝滩国家级自然保护区位于青海玉树藏族自治州首府结古镇西南

80 多千米的地方，介于北纬 33.15°～ 33.28°，东经 96.40°～ 96.62°。谷地两边是高耸对峙、起伏连绵的蘑菇状山峦，两山之间是大片广阔平坦的沼泽草甸，自然环境宁静而幽雅。

保护区为东西长约 25km，总面积 100km² 的狭长山间盆地，四周高山环抱，海拔大都在 5000～5500m，盆地底部海拔 4100～4200m，年均温为 — 4℃，7 月份气温为 9.3℃，1 月份气温为 —11.1℃，积温为 1027.4℃，年日照时数为 2300 小时，降水量为 730mm，且集中在 6～9 月份。通天河支流益曲在区内穿过，形成 5 个大小不等、水深在 0.2～0.4m 的湖泊，还有众多的泉水喷涌而出，水量稳定，水质洁净。纵横迂回的溪流，星罗棋布的湖泊沼地把草滩切割成无数大小不等的"沙洲"和"小岛"，因此野兽难以进入。境内水草丰美，人参、蕨麻遍地。在溪流、湖泊沼泽地内，鱼、两栖爬行动物（蛙等）、水生浮游动植物得到繁衍。优越的自然条件和生态环境，尤其是当地藏族群众将黑颈鹤奉为神灵，因此，当地也是鸟类繁衍生息的理想之地。每年 3～4 月份，黑颈鹤、斑头雁、棕头鸥、雁鸥、赤麻鸭等十多种候鸟从云贵高原飞到这里栖息、筑巢、产卵，繁育后代。

黑颈鹤是世界现存的 15 种鹤类之一。据统计，全世界黑颈鹤数量约 900 只，在世界上很多地区都已绝迹，我国仅有百只。1984 年经有关部门考察，隆宝滩黑颈鹤就有 47 只；1986 年七八月份考察，在隆宝滩发现 60 只，其中有当年的幼鹤。隆宝滩黑颈鹤聚集数量众多，被世界鸟类学家誉为黑颈鹤之乡。1986 年 7 月，国务院批准隆宝滩自然保护区为国家级保护区，1990 年青海省人民政府决定将黑颈鹤定为省鸟。据调查，隆宝滩自然保护区内鸟类有 5 目 6 科 40 种，除珍禽黑颈鹤外，还有种群数量较大的斑头雁、赤麻鸭、绿头鸭、潜鸭、棕头鸥和红脚鹬等，湖岸草甸上有百灵、云雀、白顶鸥等鸟类。兽类较少，主要有藏原羚、喜马拉雅旱獭、高原鼠兔、香鼬、藏狐等。

第二章

草地的状况和变化

三江源地区的植物生活在森林、草原、湿地、沙地荒漠、高山流石滩等多样化的生境中，种类很丰富，变化类型也非常多样（图 1-2-1 ~图 1-2-37）。

图 1-2-1　苔藓（摄影/刘彦鸣）

图 1-2-2　川西云杉（摄影／余天一）

图 1-2-3　短穗兔耳草（摄影／余天一）

图 1-2-4　工布红景天，调查中发现的青海省新记录（摄影／余天一）

图 1-2-5　四裂红景天（摄影／余天一）

图 1-2-6 广布小红门兰（摄影 / 余天一）　　　图 1-2-7 褐花杓兰（摄影 / 李俊杰）

图 1-2-8　孩儿参（摄影 / 余天一）

图 1-2-9　藏玄参（摄影 / 余天一）

图 1-2-10 花苜蓿（摄影 / 余天一）　　　　图 1-2-11 黄荆（摄影 / 彭建生）

图 1-2-12 金莲花（摄影 / 彭建生）

图 1-2-13　金露梅（摄影 / 彭建生）　　　图 1-2-14　具鳞水柏枝（摄影 / 余天一）

图 1-2-15 水柏枝（摄影 / 彭建生）

图 1-2-16 山莨菪（摄影 / 余天一）

图 1-2-17　草玉梅的变异个体（摄影／余天一）　　　图 1-2-18　甘肃贝母（摄影／余天一）

图 1-2-19　高山唐松草（摄影／余天一）

图 1-2-20　唐松草属的一种植物（摄影 / 余天一）

图 1-2-21　海韭菜（摄影 / 余天一）

图 1-2-22　疏花齿缘草（摄影 / 余天一）　　　图 1-2-23　羌塘雪兔子（摄影 / 余天一）

图 1-2-24　独花雪莲（摄影 / 彭建生）

图 1-2-25　甘川铁线莲（摄影 / 彭建生）

图 1-2-26　露蕊乌头（摄影 / 彭建生）

图 1-2-27　多刺绿绒蒿（摄影 / 彭建生）

图 1-2-28　刺瓣绿绒蒿（摄影 / 余天一）

图 1-2-29　绿绒蒿（摄影 / 徐健）

图 1-2-30　全缘叶绿绒蒿（摄影／徐健）

图 1-2-31　马先蒿（摄影／彭建生）

图 1-2-32 粗糙黄堇（摄影 / 余天一）　　图 1-2-33 钝叶银莲花（摄影 / 彭建生）

图 1-2-34 疏齿银莲花（摄影 / 李俊杰）

图 1-2-35　蓝花卷鞘鸢尾（摄影／余天一）

图 1-2-36　紫堇（摄影 / 彭建生）

图 1-2-37　紫菀属的一种植物（摄影 / 李俊杰）

◎ 三江源草地概况

　　草地是三江源分布最广泛、最主要的地表类型，现有面积 268 000km²，占区域土地总面积的 74%。草地生态系统是陆地生态系统的主要类型之一，在各大陆都有广泛分布，主要是在气候干旱、降水较少的地区（Scurlock et al.，1998；Huyghe，2010）。草地系统是一个土（土壤）—草（植被）—畜（家畜）—人耦合的复杂系统，各个部分之间通过物质循环和能量流动相互作用（胡自治，2000；Suttie et al.，2005）。草地为人类提供了多种多样的生态系统服务：生态功能，如涵养水源、保持水土、调节气候、维持生物多样性等；生产功能，如提供初级物质生产、养分循环、固碳等；生活功能，如支撑畜牧生产、维系牧民生活、传承牧区文化、休闲旅游等（龙瑞军，2007；刘兴元 等，2011）。

　　不同地区的气候条件、地貌特征、土壤条件、植物群落等因素不同，长期作用下形成了多种不同的草地类型。由东南向西北，随着海拔升高，水热条件递减，草地类型依次是山地针叶林草丛、高寒灌木草地、高寒草甸、高寒草原和高寒荒漠（蔡照光 等，1989），局部高海拔地带分布有高山垫状植被和流石滩稀疏植被。

　　其中，高寒草甸是青藏高原及其毗邻高山地区广泛分布的一种天然草地类型，也是在三江源分布面积最大的草地类型（图 1-2-38），占三江源草地面积的 76%，其次是高寒草原（23%）（国家发展改革委，2005）。高寒草甸的特点是植物优势种明显、地表植被盖度大、植被低矮，生长期短，产量低，地下根系发达，形成特殊的草皮层。高寒草甸牧草耐牧，适口性强，营养丰富，是青海的主要放牧场；而且对涵养水源、控制水土流失有重要作用（蔡照光 等，1989；周兴民 等，2001；Miehe et al.，2008）。高寒草甸的健康既是三江源起生态屏障作用的保障，也是当地畜牧业可持续发展的保障，是 50 多万牧业者

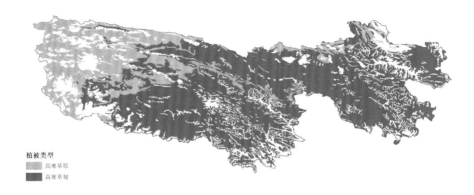

植被类型
高寒草原
高寒草甸

图 1-2-38　三江源高寒草甸和高寒草原的分布

赖以生存的基础（国家发展改革委，2005）。

　　高寒草甸的优势种为寒冷中生、湿中生、旱中生的多年生密丛短根茎地下芽的嵩草属植物（周兴民 等，2001），如小嵩草 *Kobresia pygmaea*、矮嵩草 *K. humilis*、线叶嵩草 *K. capillifolia*、西藏嵩草 *K. tibetica* 等。草层低矮，植物种类较少，多为 15 ～ 25 种 /m²，盖度高，地上生物量低。嵩草具有庞大的根系，大部分（总根量的 60% ～ 85%）集中在 0 ～ 10cm 土层。植物根系与土壤紧密盘结，在表层形成 4 ～ 15cm 厚的、密实且富有弹性的草皮层（赵新全，2009）。草皮层持水能力强，易造成厌氧环境，再加上高寒低温，死亡根系得不到有效分解，多以有机残体和腐殖质形式保存下来（周兴民 等，2001），土壤有机质积累大于分解，因而有效肥力不高。

　　依据草地对水分（包括大气降水、土壤含水量）条件的适应以及建群种的形态、生态—生物学特性，高寒草甸又分为不同的类型：草原化高寒草甸、典型高寒草甸、沼泽化高寒草甸（周兴民 等，2001）。

　　草原化高寒草甸（当地牧民称为 Bangza）（图 1-2-39），以莎草科嵩草属的小嵩草为建群种。小嵩草占绝对优势，主要伴生种有圆穗蓼、珠芽蓼

图 1-2-39 草原化高寒草甸（摄影 / 宋瑞玲）

Polygonum viviparum、火绒草、委陵菜等。小嵩草低矮，高度 1 ~ 3cm，细绒化，以无性繁殖为主，既能抵抗严酷的气候，也能适应较高强度的放牧（周兴民 等，2001）。在三江源，该草甸类型广泛分布于海拔 5300m 以下的阳坡、阴坡、浑圆低丘和河谷阶地，是最具有地带性的类型。因长期的寒冷风化作用，地面具有不规则的冻涨裂缝和泥流阶地。植株低矮，牦牛可以通过舌头舔食，是最主要的放牧地。

典型高寒草甸（图 1-2-40），以矮嵩草或线叶嵩草为优势种。与草原化高寒草甸相比，优势种高度超过 5cm，物种多样性更高。草皮层比小嵩草草甸的弱，土壤较疏松。一般在山体下部、气候相对温暖的地方。牧民认为这是比小嵩草草甸更好的草场。

沼泽化高寒草甸（当地人称为 Naza）（图 1-2-41），是在青藏高原寒冷而地表成积水或土壤层水分呈过饱和状态的环境下形成的隐域性草地类型。以西藏嵩草、藏北嵩草、喜马拉雅嵩草等湿中生的多年生莎草科植物为优势种，植被高度往往超过 10cm，盖度接近 100%。常见的伴生种有小嵩草、矮嵩草、黑褐薹草、风毛菊等。一般分布在水分充足的地方，如河流两岸的低阶地或高山鞍部等。地下为多年冻土，形成不透水层，使降水和融雪不能下渗而汇积于地表，因而土壤处于过湿状态。在长期的寒冻和融冻作用下，地表产生了许多特有的冻土地貌，即冻胀丘（塔头）、热融凹地和热融湖塘。

高寒草原主要分布在三江源的西北部（图 1-2-42），是在青藏高原长期

图 1-2-40　典型高寒草甸（摄影 / 宋瑞玲）

图 1-2-41　沼泽化高寒草甸（摄影 / 宋瑞玲）

图 1-2-42　以紫花针茅或青藏薹草为优势种的高寒草原，植被稀疏（摄影 / 宋瑞玲）

寒冷而干旱的气候环境条件下形成的（武素功 等，1997）。高寒草原以耐寒、抗旱的丛生禾草、莎草为建群种，如紫花针茅 *Stipa purpurea*、青藏薹草 *Carex moorcroftii*、扇穗茅 *Littledalea racemosa* 等。特点是草群稀疏，盖度低，牧草低矮，层次结构简单，生物量低，草群中常混有垫状植被，如点地梅 *Androsace* spp.（图 1-2-43 ~ 图 1-2-45）、雪灵芝 *Arenaria* spp. 等，以及高山植物如矮火绒草 *Leontopodium nanum*、唐古特红景天 *Rhodiola algida* var. *tangutica*、黄芪 *Astragalus* spp. 等。物种多样性低，每平方米一般在 10 种以下

图 1-2-43　点地梅（摄影 / 董磊）

图 1-2-44　点地梅属的一种植物（摄影 / 余天一）　　图 1-2-45　唐古拉点地梅（摄影 / 余天一）

（图 1-2-46 ~ 图 1-2-49）。土壤为高山草原土，没有草皮层。

高寒草地的植被生物量与土壤养分含量之间相互影响和作用。植物的地上、地下部分与土壤密切联结，形成一个水、肥、气、热、植物相互作用的系统。土壤养分直接影响植物群落的组成和生理活性。多个研究表明，土壤有机碳含量与地下生物量为显著正相关，说明根系生物量是决定土壤有机碳变化的重要因素。植被盖度和生物量降低，凋落物易流失，难以腐烂归还土壤，土壤中的有机碳等养分也会降低。

从草地类型来看，以嵩草为优势种的高寒草甸的地上和地下生物量、土壤含水量及其土壤养分含量都高于植被稀疏、以紫花针茅等为优势种的高寒草原（青海省农业资源区划办公室，1997；王长庭 等，2006），有机碳储存能力也更高（孙文义 等，2011）。从三江源的尺度来看，植被生产力与土壤有机碳、全氮、全磷含量在空间上的分布特征一致，都是由东南向西北逐渐降低的趋势（秦小静 等，2015；王长庭 等，2006）。

图 1-2-46　具梗虎耳草（摄影 / 余天一）

图 1-2-47　点地梅、虎耳草（摄影 / 董磊）

图 1-2-48　以黄帚橐吾为优势种的杂类草沙地（摄影 / 宋瑞玲）

图 1-2-49 黄帚橐吾（摄影 / 余天一）

图 1-2-50 黑土滩（摄影 / 宋瑞玲）

在三江源的有些区域，还可以看到沙地，以及草地退化后形成的黑土滩（图 1-2-50 ）。

◎ 三江源草地管理政策的变迁

三江源地区草地产权制度的变迁大体经历了四个时期：1950 年之前是部落和寺院所有制；1950 年后至 1958 年是互助合作制；1958 至 1982 年是人民公社所有制，即家畜和草场为集体所有。这几个时期基本保持传统的游牧方式。1983 年左右开始实施家庭联产承包责任制，到 1995 年左右基本完成草场和家畜双承包，牧民逐渐定居，传统的游牧逐渐被固定放牧取代。2000 年以来，草场管理以保护和建设工程为主（表 1-2-1 ）。

2003 年以来的草地保护政策，虽然有不同的名称，但具体的实施内容一脉相承。2005 年三江源自然保护区生态保护和建设工程，即三江源一期工程开始后，将之前的"退牧还草工程"纳入其中；2011 年"草原生态保护补助奖励"取代了一期工程的"饲料粮补助"；后来把一期工程的面积扩大，重新划分功能区，建立"综合试验区"；在此基础上，于 2013 年开始三江源生态保护和建设二期工程。

这些保护政策的基本假设是"过度放牧导致草地退化"。因此所采取的主要措施就是针对"人—草—畜"系统，将三者分离：针对"人"即当地牧民，进行"生态移民"，把在牧区放牧的人口转移到城镇，希望通过"减人"来"减畜"；针对"畜"，实施"草畜平衡"，按照核定载畜量来控制家畜数量；针对"草"，建围栏禁牧、治理黑土滩、灭鼠、人工种草等，促进植被恢复。同时，对于牧民因减畜、禁牧所造成的损失提供生态补偿，即"生态保护补助奖励"。总体思路就是通过减人减畜来降低干扰强度或减少对草地不合理的干扰。

表 1-2-1　三江源草地管理政策的变迁

年份	政策及特征
1958—1982	人民公社，家畜和草场集体所有，生产大队或小组内共同使用。
1983—1984	实施家庭联产承包责任制。除了玉树州的治多县和曲麻莱县一次性承包到户，其他地区实际上"草场共有，家畜私有"。同时各地开展"四配套建设"，包括网围栏、畜棚、人工种草和定居房。
1994	实施第二轮草场承包，明确户与户之间的草场界限，真正实现"草场私有，家畜私有"，是后来草地管理和保护措施实施的基础。
2003	开始实施"退牧还草工程"。与"退耕还林工程""天然林资源保护工程"一样都是全国性的项目，涉及内蒙古、宁夏、甘肃、青海、新疆等省（区）的多个牧区。在三江源地区具体实施时以乡镇为单元，每年有 2～5 个乡镇作为项目点，逐渐扩展到整个区域。工程内容包括移民搬迁、围栏禁牧、以草定畜、减畜、饲料粮补助、草原补播等。
2005—2013	国务院通过《青海三江源自然保护区生态保护和建设总体规划》，涉及青海省四个州，16 个县，69 个乡镇，通常称为三江源一期工程。总投资 75 亿元，共包括三大类十三个建设项目二十四个子项目。三大类为：生态保护与建设项目、农牧民生产生活基础设施建设和支撑项目。之前的"退牧还草工程"被纳入"生态保护与建设项目"中。
2011—2016	草原生态保护补助奖励政策，也称为"草原奖补"，总投资 136 亿元。涉及内蒙古、新疆、西藏、青海、四川、甘肃、宁夏和云南等省（区）的 8 个主要草原牧区。目的是实现"两保一促进"，即"保护草原生态，保障牛羊肉等特色畜产品供给，促进牧民增收"。 主要内容是：1. 禁牧补助，2. 草畜平衡奖励，3. 生产性补贴，4. 绩效考核奖励。在三江源地区，该政策取代了"退牧还草工程"中的"饲料粮补助"。补偿的方式没变，都是在明晰草场产权的基础上，通过资金来"赎买"或者"限制"牧区草原的使用权，只是补偿的金额和标准提高了。
2011	国务院批准建立"青海三江源国家生态保护综合试验区"。与三江源工程相比，所涉及的区域面积扩大，行政上又增加了 5 个县，总面积从 363 000km² 扩展到 395 000km²。分成了重点保护区、一般保护区和承接转移发展区。
2013—2020	三江源生态保护和建设二期工程（通常称为三江源二期工程），所涉及的区域及规划内容与上述"生态保护综合试验区"相同，总投资是 160 亿元。

◎ MODIS-EVI 植被指数显示的草地变化

三江源有漫长的放牧历史，又受到社会、经济等方面的影响，形成人—草—畜相互作用的耦合系统。单一视角、单一尺度上的研究难以理解这样复杂的系统。因此本研究综合多种方法，包括遥感数据的空间分析、生态学样方调查及对草地使用者即当地牧民的社会学调查，从而多角度地评估草地状况及其变化。

通过遥感数据，快速获得整个三江源连续多年的植被空间分布和变化状况。本研究所用的遥感数据是 MODIS 植被指数。由美国大地调查局地球资源观察和科学中心的 MODIS 陆地科学研究小组制作和提供。空间分辨率为 250m，时间分辨率为 16d。下述分析中所用的 EVI（增强型植被指数，Enhanced Vegetation Index）综合了 MODIS 数据集的 EVI 和 PR（像元可信度，Pixel Reliability）数据，去掉了无数据、被冰雪或云覆盖的数据，相对更加准确。为了将 EVI 与草地实地状况联系起来，利用 2006—2016 年研究组积累的 248 个高寒草地样点的地上生物量实测数据，建立了二者之间的回归模型。如此，通过 2000 年以来连续的 EVI 数据就能获得三江源高寒草地的长时间序列、空间上连续的地上生物量信息。

除了通过遥感数据的空间分析和生态学样方调查，从外部视角了解草地的状况和变化，还需要从系统内部，也就是草地的使用者——当地牧民的角度来评估和了解这个系统。在此我们选择了 2 个有代表性的乡村，通过如半结构访谈、参与式观察、参与式绘图等社会学方法，调查牧民对草地状态和变化的认知（图 1-2-51）。三种方法的结果互相印证和补充，来获取更加全面立体的信息。

图 1-2-51　2012 年 8 月宋瑞玲向夏勒博士请教草地上的植物（摄影 / 董磊）

◎ 三江源草地的地上生物量

实地 248 个样点的实测地上生物量（Above Ground Biomass，AGB）数据处于 0.85 ~ 339.6g/m² 之间，平均（76.6 ± 70.15）g/m²。其中，高寒草甸的地上生物量平均为（116.25 ± 76.02）g/m²，高寒草原的地上生物量平均为（37.67 ± 32.16）g/m²。

实测地上生物量（图 1-2-52 ~ 图 1-2-54）与对应的 EVI 之间 Pearson 相关系数为 0.779，达到了 0.01 水平（双侧）上的显著相关。即可以通过 EVI 来监测植被地上生物量的变化。在 4 种回归模型（一元线性、多项式、乘幂函数、指数函数）中，乘幂函数的决定系数最大，而平均误差系数最小，为

图 1-2-52　2013 年 7 月，在做草地样方，剪取地上部分（摄影 / 靳代樱）

图 1-2-53　2013 年 7 月，做草地样方的间歇，大家在吃午饭（摄影 / 靳代樱）

其中的最优模型。因此选择乘幂模型来估算三江源高寒草地地上生物量。当 EVI < 0.3 时，估计值误差较小；而三江源高寒草地的 EVI 绝大部分都低于 0.3，用该模型能够得到较好的 AGB 估计值（图 1-2-55）。

　　根据以上确立的估算模型，用生长季 8 个时相，即 5 月 25 日（闰年 24 日）至 9 月 29 日（闰年 28 日）的 EVI 平均值，叠加中国科学院 1:100 万植被类型

图 1-2-54 2013 年 7 月，宋瑞玲做草地样方，以获取实测地上生物量，来自治多县的仁增和来自美国华盛顿州的高中生 Alex 在帮助她（摄影 / 靳代樱）

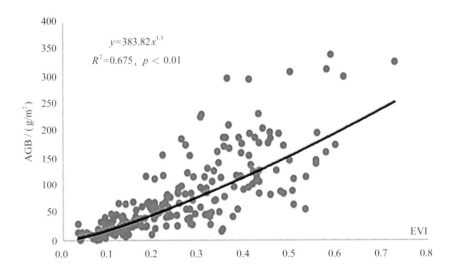

图 1-2-55 AGB-EVI 散点图和乘幂函数关系

数据集（2001），估算得到了2016年生长季三江源高寒草地地上生物量的空间分布格局（图1-2-56）。2016年生长季三江源两种高寒草地的地上生物量密度和总量见表1-2-2。

2016年，三江源的17个县（乡）中，生长季平均生物量密度最高的是河南县，140.16g/m²；最低的是唐古拉山镇，32.90g/m²。由高到低的排序是，河南县＞泽库县＞久治县＞同德县＞甘德县＞班玛县＞玉树市＞玛沁县＞囊谦县＞达日县＞兴海县＞称多县＞杂多县＞玛多县＞曲麻莱县＞治多县＞唐古拉山镇。

总体看来，地上生物量从东南到西北逐渐减少。生物量的这种分布格局与气温、降水量、人口密度的空间分布有很大的一致性。温度较高、降水量较多的地方，水热条件好，有利于草地植被的生长，产量较高，从而能够供养较多的人口及家畜。

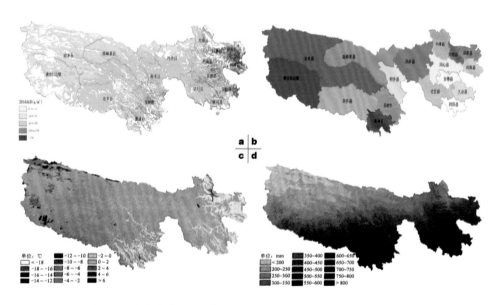

图1-2-56 2016年三江源高寒草地生长季地上生物量等
（a）地上生物量；（b）人口密度；（c）年均温；（d）年降水量

表 1-2-2　2016 年三江源高寒草甸和高寒草原的生物量密度及总量

草地类型	面积 / (10^4km^2)	AGB/ (g/m^2)	总和 / 万吨
高寒草甸	19.72	70（36.17）	1380
高寒草原	6.97	28.52（22.85）	199
总计	26.69	59.17	1579

注：括号内的数值为地上生物量的标准差。

2000 年以来高寒草地地上生物量的变化趋势

依据每年生长季的平均 EVI 估算得到 2000 年以来三江源高寒草地的地上生物量，通过线性回归获得其年际变化特征（图 1-2-57）。高寒草地的地上生物量年际波动较大，有 3 ～ 5 年左右的波动周期。当所选择的评估时段不同，得到的线性回归斜率的正负和大小就不同。2000 年以来，总体平均地上生物量有所减少，但趋势并不显著（ $p=0.363$ ）。而 2010 年以来，地上生物量则显著减少，斜率为 $-1.5g/（m^2·年）$（ $p<0.01$ ）。

使用线性回归的方法对 2000—2016 年每个像素的生长季 EVI 平均值做趋势分析，分布统计 EVI 显著增加、减少、不变的像素比例。结果表明，近 17 年来，无显著变化的栅格占 62%，显著增加的占 22%，显著降低的占 16%。从整个三江源来看，84% 的高寒草地的地上生物量并没有显著地减少。结合人口密度的分布，EVI 显著增加较多的县，人口密度大多也比较低。

由图 1-2-58 可知，EVI 显著增加的区域主要在三江源的北部和西部，如

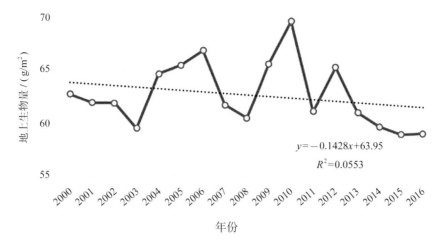

$$y = -0.1428x + 63.95$$
$$R^2 = 0.0553$$

图 1-2-57　2000—2016 年三江源高寒草地地上生物量年际变化

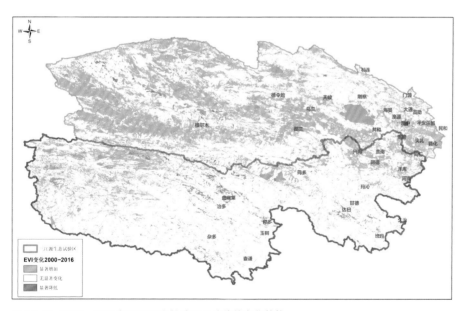

图 1-2-58　2000—2016 年三江源生长季 EVI 均值的变化趋势

可可西里保护区、玛多县、兴海县、同德县和泽库县的北部；EVI 显著减少的区域主要在三江源中部和南部，如玉树州的囊谦县、杂多县、称多县、曲麻莱县和治多县的东部，以及果洛州的久治县、甘德县，特别是甘德县与达日县交界的地方。从草地的地上生物量变化来看，只有囊谦县的地上生物量显著减少，其他各县变化都不显著。

依据图 1-2-58 的结果，叠加三江源 118 个乡镇的边界图层（由各县的行政区划地图扫描和数字化之后绘制得到），分别统计各个乡范围内 EVI 显著增加、减少的比例。EVI 显著降低的比例占 30% 以上的乡有 9 个，分别是囊谦县的着晓乡（57.6%）、东坝乡（32.4%），杂多县的结多乡（31.9%）、苏鲁乡（40.1%），称多县的珍秦乡（34.8%），达日县的吉迈镇（57.6%）和窝赛乡（37.6%），还有黄河源头的甘德县的上贡麻乡（31.2%），三江源西北部长江源头曲麻莱的秋智乡（33.2%）和治多县的治渠乡（32.7%）。

◎ 三江源草地的地下生物量

在 2012 年的调查中，我们在草原化高寒草甸、沼泽化高寒草甸和高寒草原三种不同的草地类型中随机选择样方测量地下生物量（图 1-2-59 ~ 图 1-2-61）。考虑到地表覆盖的均质性和所需劳力，草原化高寒草甸的样方大小为 0.5m×0.5m；沼泽化高寒草甸为 0.25m×0.25m；植被覆盖稀疏的高寒草原上的样方大小为 1m×1m。我们测量了样方中的植被高度、盖度，记录其物种构成，对于样方内植物的地上部分，齐地面刈割，清除杂物，置于实验室 60℃烘干 24h，获得地上生物量（干重）。通过挖掘法取出样方内植物的地下根，挖掘深度视根系的分布情况而定，至无根为止。一般草原化高寒草甸入土深 15 ~ 20cm；高寒草原的稍浅；沼泽化高寒草甸的挖掘深度达半米以上。然

图 1-2-59 在沼泽化高寒草甸挖土取根，测量地下生物量（摄影/董磊）

图 1-2-60 2012 年 8 月宋瑞玲在沼泽化高寒草甸挖土取根（摄影/王昊）

图 1-2-61 2016 年 8 月草地样方调查，山水自然保护中心研修生贡保（右）和达瓦（左）用土钻钻土，获取土壤样品和根（摄影/宋瑞玲）

后将土块洗净，保留根系。实验室 60℃烘干 24h，获得地下生物量（干重）。

草原化高寒草甸样方调查的结果显示，其优势种是莎草科嵩草属的小嵩草、矮嵩草，伴生种有针茅、龙胆、火绒草、蓼、马先蒿、委陵菜等，但双子叶植物的成分非常少。因牲畜取食和常年踩踏，植被高度大多不到 5cm，盖度超过 90%。地表以下由枯死的茎叶残基和根纠结形成密实的草毡层，厚度 5～10cm。在没有活植物体覆盖的地面，往往也覆盖有这种草毡，而并非直接裸露土壤。在围栏禁牧的山坡草地中，嵩草的成分减少，而珠芽蓼成为主要的优势种，群落中大量出现甘肃马先蒿 *Pedicularis kansuensis*、短距翠雀花 *Delphinium forrestii*、麻花艽 *Gentiana straminea* 等双子叶植物。地表盖度（x）与地上生物量（y）的回归方程：$y=3.9965x - 186.29$，$R^2=0.8781$，$n=4$。

沼泽化高寒草甸主要出现在水分条件特别好的地区，也是较好的放牧草场。优势种是青藏薹草和粗壮嵩草 Kobresia robusta，伴生极少量的禾本科植物和风毛菊等，植被高度超过 10cm，盖度将近 100%。草毡层厚可达 30 cm，主要由根构成，密集程度低于干草甸。湿草甸中时常可见由于冻融侵蚀形成的坑穴。

高寒草原的样方分布在干燥贫瘠的土壤或沙砾地上，优势种为珠芽蓼、棘豆 Oxytropis sp.、歧穗大黄 Rheum przewalskyi、委陵菜等双子叶植物，间有少量禾草和嵩草，植被盖度低于 50%。

表 1-2-3 的 13 个样方中草原化高寒草甸 9 个（处于不同的演替阶段），沼泽化高寒草甸 2 个，高寒草原 2 个。以小嵩草为优势种、处于放牧状态的草原化高寒草甸的地上生物量不超过 200g/m²，地下生物量可达 8000g/m²。地表盖度与地上生物量呈现较好的相关关系（回归方程：$y=3.9965x - 186.29$，$R^2=0.8781$，$n=4$）。

沼泽化高寒草甸的地上生物量依据被啃食的程度不同，有很大差异。牙曲_11 样方位于围栏内，未被啃食，地上生物量为 1157g/m²，而在牧户房屋周围、常年放牧的样方（牙曲_09）的地上生物量不到前者的 1/3。沼泽化高寒草甸的地下生物量是干草甸的 2 ~ 4 倍，同样的差异也表现在草毡层厚度和根系入地深度上。

高寒草原的植被盖度很低，地上生物量不到 100g/m²，地下根系也不如前二者的发达，入地浅且未构成草毡层。据观察，此类植被发生于草毡层因水蚀或冻融侵蚀损耗殆尽后露出的裸地上，很有可能是草地自然演替的一个环节，不能简单地视作过度放牧导致的草地退化。相关的生态过程还需要长时间的持续监测。

在不同的草地类型间，地下生物量与地上生物量的比值没有明显的差别，无法依据此比值推断其地表覆盖类型。本次调查中发现，两种草甸植被的地

表 1-2-3　各样方的地上和地下生物量

编号	样方大小 /m²	纬度 /(°) N	经度 /(°) E	海拔 /m	盖度 /(%)	地上干重 /(g/m²)	地下干重 /(g/m²)	地下 /地上	地表类别
隆宝 _01	0.5 × 0.5	33.22	96.48	4210	96	187	10 066	54	草原化高寒草甸
隆宝 _02	0.5 × 0.5	33.22	96.48	4210	86	178	8124	46	草原化高寒草甸
夏日寺 _04	0.5 × 0.5	33.74	96.25	4090	92	195	7007	36	草原化高寒草甸
LXX_06	0.5 × 0.5	33.60	96.13	4410	70	84	8662	103	草原化高寒草甸
牙曲 _08	0.5 × 0.5	34.16	94.19	4630	95	179	7102	40	草原化高寒草甸
隆宝 _03	0.25 × 0.25	33.21	96.48	4230	95	369	6376	17	草原化高寒草甸（围栏）
牙曲 _07	0.5 × 0.5	34.16	94.19	4640	70	108	896	8	草原化高寒草甸（非禾莎类）
牙曲 _13	0.5 × 0.5	34.12	94.17	4700	80	118	1294	11	草原化高寒草甸（非禾莎类）
夏日寺 _05	0.5 × 0.5				99	636	2318	4	草原化高寒草甸（非禾莎类 . 围栏）
牙曲 _09	0.5 × 0.5	34.16	94.19	4630	99	316	17 560	55	沼泽化高寒草甸
牙曲 _11	0.25 × 0.25	34.21	94.24	4560	100	1157	39 197	34	沼泽化高寒草甸
牙曲 _10	1 × 1	34.21	94.21	4560	40	56	1361	25	高寒草原
牙曲 _12	1 × 1	34.09	94.31	4660	30	17	239	14	高寒草原

下／地上生物量比值（最高可达 10^3 倍）均远高于文献记载（最高约 7 倍），这说明目前依据地上生物量估算的草地生态系统碳储量和固碳潜力可能被大大低估了。

◎ 三江源草地 8 个样方的传粉昆虫的访花频率

在 2012 年的调查中，我们还在几种不同的草地类型中随机选取了 8 个 1m×1m 的样方来了解传粉昆虫和植物的关系。每个样方记录其物种构成和花数，对于虫媒花较少的嵩草草甸，直接计数整个样方中的花数；对于虫媒花较多的草地，选取一到数株主要开花植物，记录花数。在选定的样方和开花植株中，从每天访花昆虫开始活动起，记录花被昆虫访问的次数，以及访花昆虫种类。观察方法为连续计数 5min，每两次计数间隔 10min，到昆虫停止访花为止。

访花频率监测对象包括 2 个放牧的干草甸样方（隆宝和夏日寺）、1 个禁牧的干草甸样方（隆宝）和 5 个单一物种样方（伏毛铁棒锤 *Aconitum flavum*、露蕊乌头 *A. gymnandrum*、粘毛鼠尾草 *Salvia roborowskii* 和甘肃马先蒿）。各样方的单花每日被访问次数如表 1-2-4，单日内样方被访问频率变化如图 1-2-62。

在禁牧 3 年的草甸中，虫媒花数量远高于前者，样方附近可见很多利用废弃鼠兔洞营造的熊蜂巢穴。在鼠洞附近以及人类活动产生的裸地上，植物主要是对动物有毒的伏毛铁棒锤、露蕊乌头和粘毛鼠尾草，但这些植物是典型的蜂类传粉植物，能开出大量的花向熊蜂提供花蜜，因此被访问的频率也很高，此外访花昆虫的活动受降雨影响很大。

在高强度放牧的嵩草草甸中，样方附近未见熊蜂巢穴。由于牲畜的取食和

表 1-2-4 各样方的单花每日被访问次数

样方编号	生境	开花植物	花数	样方全日被访问次数	单花平均日被访问次数	访花昆虫
LB-VF-01	放牧嵩草草甸	喉毛花、华丽龙胆	21	84	4.00	熊蜂
LB-VF-02	禁牧草甸	短距翠雀、麻花艽、沙参	133	1725	12.97	熊蜂和蝇类
XRS-VF-01	放牧嵩草草甸	喉毛花	27	30	1.11	熊蜂
XRS-VF-02	鼠洞附近植被	伏毛铁棒锤	65	3264	50.22	熊蜂，偶见蝇类
XRS-VF-03	鼠洞附近植被	露蕊乌头	59	1122	19.02	熊蜂，偶见蝇类
XRS-VF-04	裸地新生植被	粘毛鼠尾草	50	786	15.72	熊蜂
XRS-VF-05	裸地新生植被	露蕊乌头	46	1392	30.26	熊蜂
XRS-VF-06	禁牧草甸	甘肃马先蒿	98	615	6.27	熊蜂，偶见蝇类

践踏，物种结构趋向单一化，虫媒花的种类和数量都变得稀少，从而降低了支持传粉昆虫生存的能力。在本次调查中发现，相关样方中每朵花花期内被访问的次数已接近维持繁殖所需的底线［1次／（朵·天）］。虫媒植物和传粉昆虫之间的负反馈可能导致草地生态系统中物种结构的不可逆变化。在土壤条件许可的情况下，禁牧能带来草地物种多样性水平的提高，植物和传粉昆虫皆然。一个健康的草地生态系统需要足够的传粉者，因此保留一些虫媒植物群落以养育传粉昆虫是有必要的。

由于构成草甸的优势物种（如嵩草）扩散较慢，由鼠兔和人类活动造成的裸地往往先被一些双子叶植物占据。这些植物大多有毒（如乌头属等），不会被动物采食；它们开花很多，能吸引和支撑大量的熊蜂，而极高的熊蜂访问频

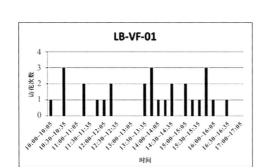

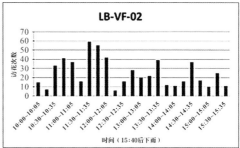

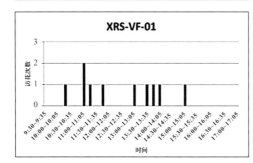

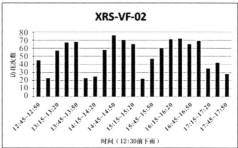

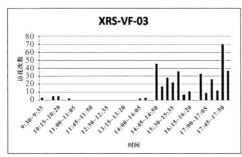

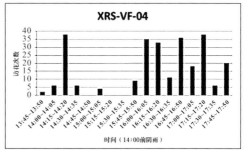

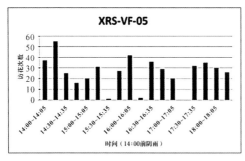

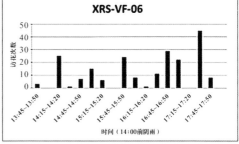

图 1-2-62　单日内样方被访问频率

率［可达 50 次 /（朵·天）］也保证了大量的种子生产；此外熊蜂还能利用废弃的鼠兔洞营巢。在这一过程中，鼠兔—熊蜂—有毒植物可能构成一个相互促进的系统，其中的互动关系及其对草地生态系统演替的影响值得进一步关注。

◎ 牧民眼中的草地质量及变化

由前述结果可知，三江源草地的地上生物量空间分布是不均衡的，随着海拔高度、水热条件、植被地带性格局等的变化，呈现一定的梯度。为了解局部尺度上草地的状况，我们以牧户草场为单元，对牧民如何看待自家草地的状态与变化进行了调查。在中南部水热条件较好、草地生物量较高的地方选了哈秀乡，在西北部水热条件较差、生物量较低的地方选了措池村作为研究地点。这两个地方在自然环境和草地利用与管理方面各不相同，代表三江源两类典型区域（表 1-2-5，图 1-2-63 ~ 图 1-2-65）。

表 1-2-5　哈秀乡和措池村的主要特点

	哈秀乡	措池村
年均温 /℃	2.9	—4
年均降水量 /mm	487	200 ~ 300
平均海拔 /m	4647	4600
植被类型	山地针叶林、高寒灌丛、高寒草甸	高寒草甸、高寒草原等
人口密度 /（人 /km²）	3.5	0.4
放牧历史	至少五六百年	1965 年迁入
草场管理	放牧小组联合经营	单户经营

图 1-2-63　2016 年 5 月在哈秀乡入户访谈牧民，了解草场及相关环境因素的变化（摄影 / 宋瑞玲）

图 1-2-64　2016 年 5 月在哈秀乡入户访谈，与牧民一起绘制自家草场边界图（摄影 / 宋瑞玲）

图 1-2-65　2013 年 9 月在哈秀乡甘宁村建立围栏监测样地（摄影 / 宋瑞玲）

措池村所在的地区在 1965 年之前是无人区。1965 年人民公社时期，因原来的地方草场不足，当时的措池大队在政府安排下迁移到现在的位置，后陆续又有三江源其他地方的牧民搬迁过来，形成现在的措池村。

1965—1984 年为人民公社时期，草场和家畜都是公有的，措池村划分为 3 个生产大队，每个大队共用一片草场。大队内部分为几个生产小组，承担不同的生产任务，如放牛、放羊、挤奶等。草场划分为春、夏、秋、冬 4 个季节的放牧地，如部落时代一样进行大范围游牧。1984 年开始实施"家庭联产承包责任制"，草场和家畜一次性承包到户。1985 年 10 月措池村发生了特大雪灾，大量家畜和野生动物死亡。家畜由雪灾之前的 7 万～8 万头（只）锐减到约 4000 头（只）。1995 年村里按照草场的面积大小、可利用和不可利用等标准做了调整，并明确了各户草场的边界。子女成家后，有的与父母一起共同使用草场和管理家畜，有的与父母分家，独立经营。2006 年措池村开始实施"退牧还草工程"和"生态移民工程"。随着移民搬迁，村里放牧的人口和家畜数量逐渐减少，2016 年人口总数 869 人，家畜总数约 1.5 万头（只）。

与措池村一样，哈秀乡在 1956—1984 年也是人民公社时期，草原和家畜都为集体所有。5～6 户组成一个生产小组，分开放牧。每年分别于 1 月、6 月、9 月搬迁到不同的草场轮牧。1984 年草场承包时，其中的甘宁、岗日、哇龙 3 个村家畜承包到户，但草场并没有承包到户，有血缘关系的家庭自由组合形成小组，小组内部共用一片草场。现在各村依据各户的情况和草场状况，既有保持小组共用的，也有从小组中脱离出来单户经营的。而云塔村在 1984 年草场承包到户，之后人口增加，子女成家后依然与父母共用一片草场，并没有进一步细分，两代人共同管理家畜，只是明晰各自对家畜的所有权。与措池村不同的是，哈秀乡的云塔、岗日、哇龙 3 个村都有虫草资源，近年来挖虫草的收入是主要的家庭经济来源，部分村民平时居住在城镇中，只在每年 5～6 月的虫草季节返回牧区挖虫草。如哇龙村现有近一半的村民搬到城镇中定居，不在牧区放牧；云塔村目前实际在牧区的人口与 1984 年划分草场时的人口相差无几。

哈秀乡的家畜数量在人民公社末期达到最高峰，近 10 万头（只），之后有所减少，至 1995 年特大雪灾后，减至 3.6 万头（只）。雪灾后家畜数量逐渐恢复。2015 年哈秀乡共有 4900 人，8.5 万只羊单位。在畜群结构上，两个研究区域的绵羊和山羊的数量都明显减少，目前只有少数牧户养羊。如哈秀乡哇龙村全村都没有羊，岗日村只有大约 1000 只。放羊需要全天看护，自 2006 年"退牧还草工程"和 2004 年在三江源开始普及义务教育的"两基"[1]工程开展之后，牧区的孩子到外地上学，且需家长跟随陪护，从而减少了牧区劳动力。羊群缺少看护，被大量出售。这是牧区羊只大量减少的主要原因。

本次调查包含措池村的 8 户和哈秀乡的 20 个放牧小组，都只有牦牛，没有山羊和绵羊。措池村受访牧户的平均家畜密度是 11 头牦牛 / km²，而哈秀乡的则是 30 头 / km²。相比而言，措池村更加地广人稀，家畜密度更低。

"好草场"和"差草场"

在调查中，我们询问各受访牧户，他家质量最好的和最差的草场在哪里，有什么特征，如何判断草场质量的好坏等。从牧民的回答来看，他们对草场质量的判断往往不是直接依据草场植被本身的特征，而是从家畜的行为或牛奶、酥油等畜产品的产量和品质上来间接判断。

"最好的草场"（图 1-2-66）的特征是：家畜会主动过去吃草，在那待的时

---

① 两基：是基本实施九年义务教育和基本扫除青壮年文盲的简称。

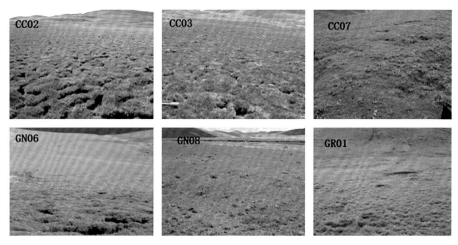

图 1-2-66　受访牧户认为最好的草场地块外貌（图中编号为访谈牧户的编号，后同）（摄影／宋瑞玲）

间最长。在那里吃草后家畜容易长膘，产的牛奶多，酸奶、酥油质量最好。圆穗蓼、珠芽蓼等有利于牛长膘的植物比较多。草长得高，植被盖度大，土壤营养充足。黑毛虫和鼠兔少等。图 1-2-67 中 CC02 和 CC03 为沼泽化高寒草甸，以西藏嵩草为优势种，高达 10cm 以上，当地人称为 Naza。有的牧民认为这种草地是最好的；而有的认为，家畜在这里吃草只管饱，并不利于长膘。其他主要是以小嵩草为优势种的草原化草甸，当地称为 Bangza。高度 1 ~ 3cm。牦牛用舌头舔着吃。绝大多数牧民都认为是好草场。

　　"最差的草场"（图 1-2-67）特征则相反：家畜不长膘。家畜去了后很快就离开。黑土滩或碎石很多，或者鼠兔和黑毛虫比较多。长不出草来。土壤营养差。冬天草会被风刮走等。如图 1-2-67 中的 GR01 是黑土滩，为草原化草甸退化后的状态，草皮层完全剥离，土壤裸露，以委陵菜、肉果草、火绒草等不可食的双子叶草本植物为主。CC02（上中）为草皮层破碎化严重的草原化高寒草甸，CC02（上右）是以紫花针茅或青藏薹草为优势种的高寒草原。还有如 GR03 所示的碎石滩，以不可食的或对家畜有毒的双子叶植物为主，植被稀疏，

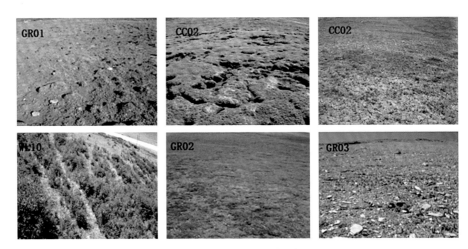

图 1-2-67　受访牧户认为最差的草场地块外貌（摄影／宋瑞玲）

当地称为 Xieza。WL10 主要是以小叶金露梅为优势种的高寒灌丛，虽然植被盖度和生物量很高，但有的牧民认为那是最差的，不是家畜喜欢的地方。

　　在上述最好和最差的草场地块进行生态学样方调查，结果表明，"好草场"多是沼泽化或典型高寒草甸，或草皮层比较完整的草原化高寒草甸；而"差草场"往往是碎石滩、黑土滩，以及草皮层破碎化严重、裸地比例较大的草原化高寒草甸。各村牧民都认为，蓼科的两种常见植物——珠芽蓼和圆穗蓼是使家畜长膘最好的草。研究也表明，珠芽蓼和圆穗蓼的种子富含淀粉和蛋白质，是家畜抓膘草（周兴民 等，2001）。牧民评价为"好草场"的地块的植被盖度、总 AGB 和禾莎类地上生物量、地下生物量、土壤含水量都显著高于"差草场"。"好草场"的土壤有机碳、全氮含量的均值大于"差草场"，而全磷含量则小于"差草场"，但均未检测到显著性差异（表1-2-6）。

　　生态学取样调查获得的是当时当地的草地状态，关注的是单个植被或土壤等特征变量；与牧民评价的依据有的类似，如对于高寒草甸，好草场是盖

表 1-2-6　牧户认为最好的草场与最差的草场内植被和土壤的样方调查结果

特征	最好的草场	最差的草场
植被盖度 */（%）	95 ± 5	63 ± 33
地上生物量 */（g/m²）	195.49 ± 92.35	97.13 ± 39.61
禾莎类地上生物量 */（g/m²）	159.59 ± 74.88	19.85 ± 25.73
不可食物种地上生物量 */（g/m²）	35.9 ± 45.32	77.28 ± 45.12
地下生物量（0 ~ 20cm）*/（g/m²）	4101.12 ± 2509.68	1905.71 ± 2190.94
土壤含水量 */（%）	23 ± 11	8 ± 6
土壤有机碳（0 ~ 20cm）/（g/kg）	63.3 ± 15.49	49.36 ± 32
土壤全氮（0 ~ 20cm）/（g/kg）	4.95 ± 0.99	4.19 ± 2.52
土壤全磷（0 ~ 20cm）/（g/kg）	0.57 ± 0.17	0.68 ± 0.29

注：* 表示有显著性差异。

度、生物量更高的，但也有不一致的地方，比如高寒灌丛。用样方测得的草地盖度或生物量高的地方，不一定就是牧民认为的好草场。牧民并不是直接关注草地本身特征，并不看某个单一变量，而主要以"结果"为导向，把家畜的喜好和生长状况作为指标。草地植被作为家畜几乎唯一的食物来源，其产量和质量是家畜生长状况的重要影响因素。牧民的评价可以看作是一种长期的累积效果。

牧户草场的变化

措池村牧民有的认为，1985 年特大雪灾之后草地明显变差，之后一直没有恢复过来；也有人说是从 1996 年后的一场旱灾开始；还有牧民认为草场时好时坏。普遍认为在 1984 年草场承包之前，草场质量极好，野生动物和家畜数量都很多。据村里的一位老人回忆，"那个时候草地特别好，全村放牧数万头牛羊也不成问题［1985 年雪灾之前有 7 万～8 万头（只）］，野生动物的数量和牛羊数量基本一样。""湿地里长得高的草能达到一米多，现在最高的草也不到半米。"

措池村的8户受访者中，有2户认为自己草场近十几年来没有明显的变化；有2户认为当降雨多的时候会变好，降雨少的时候就变差；另4户认为自家草场整体上都变差了，特别是一些阳坡、山顶田鼠很多的地方；没有说草场变好的［图 1-2-68（a）］。

在哈秀乡，有牧民反映，2005 年家畜数量是 1995 年大雪灾之后最多的，那时草场尚且够用。但 2006 年"退牧还草工程"之后，牧民逐渐把羊卖了，家畜数量减少，组与组之间也装了围栏。草场的质量开始变差，黑毛虫和鼠兔的数量明显增多，对草场的可持续利用产生了极大的威胁。牧民也普遍

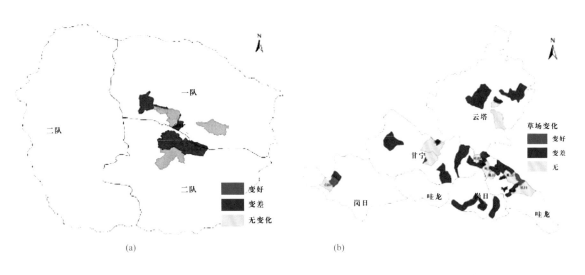

图 1-2-68　牧民对自家草场变化的评价。（a）措池村 8 户；（b）哈秀乡 20 个放牧小组

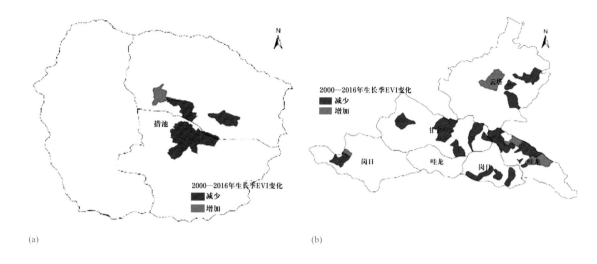

(a)   (b)

图 1-2-69　2000—2016 年受访牧户的草场生长季平均 EVI 变化。(a) 措池村；(b) 哈秀乡

反映草场不够用。所有受访者都认为自家草场近十几年来呈变差的趋势［图1-2-68（ b ）］。

　　牧民判断草场变差的依据，依然主要是他们最关心的牦牛的身体状况、精神状态及牛奶产量这些方面，如"牦牛的产奶量、酥油产量减少、变差""牛的体质变差""以前牛的体质好，心情好，会打闹玩耍，现在没有多余的精力了"，还有"草不够吃"，岗日村一个小组组长说，20 世纪 80 年代时有 400 多头牛和 100 多只羊，草都够吃；而现在只有 200 头牛也还是不够吃。有的牧民会从草场的特征来判断，如草变矮了，变少了，甚至成为黑土滩；草皮层破裂，土壤裸露；花的种类变少；原本有草覆盖的地方，变成了黑斑或秃斑；草干枯发黄；黑毛虫和鼠兔的数量明显增多等。

　　结合 2000—2016 年生长季平均 EVI 的变化结果（图 1-2-69），红色表示EVI 变化斜率为负，绿色表示 EVI 变化斜率为正。对于草地变差的情况，两种评价方法的一致性比较高，占 50%（24/48）。而对于草地变好的地方，有一

些差异。例如，措池村 CC05 北边一片山坡主要是碎石滩，以不可食的双子叶植物为主。可能植物生物量有所增加，但是对于家畜并没有饲用价值，牧民反而认为是变差了。由此可见，牧民对草地变化的判断也依然是从草地对家畜的供养能力来看的。

◎ 小结

三江源草地地上生物量的空间分布不均衡，呈现与人口密度、水热条件类似的梯度分布。2000 年以来，地上生物量总体没有显著变化。不同地区的时间变化格局不一样。研究范围中 22% 的草地面积显著增加，主要在三江源的北部和西部，如可可西里保护区、玛多县、兴海县、同德县和泽库县的北部，多为连片分布；有 16% 的面积显著降低，比较零星地分布在中部和南部；另有 62% 的面积没有显著变化。依据三江源行政单元的划分，草地明显变差的乡镇有：南部澜沧江源头杂多县的扎青乡、阿多乡、结多乡、苏鲁乡；囊谦县的尕羊乡、吉曲乡、白扎乡、觉拉乡、着晓乡、吉尼赛乡、东坝乡；东部黄河源头达日县的吉迈镇和窝赛乡，甘德县的上贡麻乡；西北部长江源头曲麻莱县的秋智乡和治多县的治渠乡，中部称多县的珍秦乡。

MODIS-EVI 的大小可以反映生物量的多少，用于评估草地的变化，可将 MODIS-EVI 纳入常规监测体系。用遥感评估草场变化，当监测到盖度或生物量降低时，有较大把握判断草地质量变差；反之，则需要谨慎。因为植被盖度或生物量的增加，不一定表明草地质量变好，还要更多地考虑群落结构等特征的变化。

牧民对草地的认识提供了别样的视角和更丰富的评价指标。牧民眼中的草场包含草地和家畜，草地对家畜的供养能力是牧民最看重的。家畜是其认识和管理草场的重要媒介，家畜长得好是好草场的标志。这些与研究和政策中的草场概念不同。要提高草地保护措施的成效，需深入了解牧民的状况和需求。

第二篇 无脊椎动物

第三章

3

昆虫的多样性

青海三江源地区是青藏高原的重要组成部分，国内外学者曾对该地区的昆虫与蜘蛛做过不少研究，发表了许多论文，出版了多部专著（如，印象初，1984；郑哲民，1986；薛万琦，王明福，2006；王保海 等，2011；胡胜昌 等，2013；胡金林，2001）。本章报道的种类，是基于对该地区 2 次调查所采集标本鉴定的结果，没有讨论文献记录的种类。

2013 年和 2014 年夏季（6 月下旬到 7 月上旬）进行的对青海省三江源地区动物的野外调查研究中，昆虫的调查主要在黄河源头地区（主要包括青海省玛沁县雪山乡，班玛县玛可河乡，久治县白玉乡，玛多县扎陵湖、鄂陵湖和县城周围），以及澜沧江源头地区（主要包括青海省囊谦县白扎乡和觉拉乡，杂多县的昂赛乡和扎青乡）进行。

这次对三江源地区昆虫的调查研究，黄河源头地区的野外调查工作主要由石福明和谢广林完成，澜沧江源头地区的野外调查研究主要由石福明和陈俊豪完成。我们邀请了国内有关专家对标本进行了鉴定，这些专家有郑哲民教授（鉴定蝗虫）、王明福教授和王勇博士（鉴定蝇类）、魏美才教授（鉴定叶蜂类）、李利珍教授（鉴定隐翅虫）、任国栋教授（鉴定拟步甲）、杜予州教授（鉴定襀翅目）、李强教授（鉴定泥蜂类）、张锋教授（鉴定蜘蛛类）、杨茂发

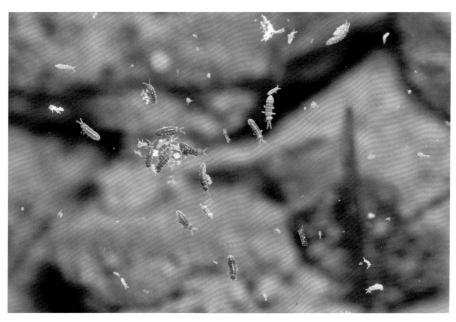

图 2-3-1 弹尾纲等节跳科和圆跳科的动物，是跟昆虫纲平行的一类无翅有触角的小节肢动物，是土壤中重要的分解者（摄影 / 陈尽）

图 2-3-2 双尾纲康虮科的一种小型节肢动物，与昆虫纲平行，无翅无眼身体细长，有两条尾须（摄影 / 陈尽）

图 2-3-3　石蛾目的一种小型昆虫，体色与石块接近，能起到保护的作用（摄影 / 陈尽）

图 2-3-4　革翅目的昆虫俗称蠼螋，有夸张的铗状尾须，可用于防御、捕食和求偶（摄影 / 李俊杰）

教授和戴仁怀教授（鉴定叶蝉类）、贾凤龙教授（鉴定水生甲虫）、陈振宁教授和王厚帅博士（鉴定蝶类）、邓维安教授（鉴定蚱类）、孙长海教授（鉴定毛翅目）、王新谱教授和潘昭博士（鉴定芫菁类）、郝淑莲研究员（鉴定羽蛾）、梁红斌博士（鉴定步甲类）、霍立志博士（鉴定瓢虫）、刘启飞博士（鉴定大蚊）、杨再华博士（鉴定水虻）和卜云博士（鉴定弹尾纲、双尾纲）。

在此后进行的多次三江源考察中，还采集到不少标本（图 2-3-1 ~ 图 2-3-4），本章主要介绍的还是 2013 年和 2014 年两次调查的结果。

◎ 调查研究方法

这些野外调查研究，对陆生昆虫，主要应用网捕的方法进行调查；对于水生昆虫，通常在河流两岸通过扫网采集；对于淡水湖泊，在沿岸进行采集；对于很小的湖泊，用捕虫网采集水生昆虫；对 2 个水浅、面积很小的湖泊，穿上防水衣（水中作业穿的衣服），用捕虫网调查采集水生昆虫。

海拔较低的班玛县马可河地区，夜晚气温相对较高，应用灯诱的方法，收集到了一些类群的标本。调查的其他地区，海拔较高，夜晚气温低，灯诱效果很不理想。

野外采集的标本，经初步分类后，用三角袋包好，带回实验室冷冻处理。部分标本，无水酒精中保存。经过冷冻处理的标本，初步分类后，寄送有关专家鉴定。

◎ 种类与多样性

这些野外调查，所采标本经过专家鉴定，隶属于昆虫纲的直翅目（蚱与蝗虫）（图2-3-5）、半翅目（叶蝉与沫蝉）（图2-3-6）、襀翅目、鞘翅目、双翅目、鳞翅目（大多数为蝶类）、毛翅目、膜翅目和蛛形纲蜘蛛目的种类（表2-3-1）。

表2-3-1　标本鉴定结果统计

类群	科	属	种	新种	中国、青海省新记录种
襀翅目	5	8	11	5	
直翅目	4	4	5		
半翅目	2	5	5		
鞘翅目	8	41	77		
双翅目	8	29	73	1	
鳞翅目	9	35	49		青海省新记录7种
毛翅目	1	4	4	1	
膜翅目	9	28	99	48	中国新记录1种，青海省新记录17种
蜘蛛目	8	17	35		
合　计	54	171	358	55	中国新记录1种，青海省新记录24种

(a)

(b)

图 2-3-5　直翅目昆虫。（a）直翅目斑腿蝗科原金蝗属的一种赤红色、非常漂亮的蝗虫（摄影 /
雷波）;（b）直翅目斑翅蝗科痂蝗属的一种蝗虫的幼体，通常称为蝗蝻，身体，包括复眼的颜色
和图案都与沙地一致（摄影 / 陈尽）

　　三江源地区海拔较高，水资源丰富，氧气稀薄，植被类型相对单一。调查
结果表明，昆虫资源的特点突出：特有种占的比例较高，水生昆虫丰富；调查
研究远远不够，一些类群发现数种，甚至数十种新种。

　　这些调查的昆虫，鳞翅目、鞘翅目、膜翅目、双翅目的种类占比例很高，
水生昆虫资源丰富，膜翅目叶蜂类新种数量令人意外。

　　鳞翅目　三江源地区是青海省著名的虫草之乡，这次调查研究尽管没有
采到虫草蝙蝠蛾 *Hepialus* sp. 的成虫，但在调查区域，这类昆虫分布相对较广。
虫草蝙蝠蛾对环境有严格的要求，只有在海拔、光照、气温、植被等适宜的地
区才有分布。这类昆虫的幼虫，可忍受 0℃以下的低温。尽管三江源地区虫草
蝙蝠蛾分布较广，但无序的采挖很不利于资源的保护。

　　鳞翅目的蝶类（图 2-3-7），在天气晴朗、白天气温高的时间段，活动较为
频繁。但总体讲，种群密度低，成群飞舞的景象不多见。在海拔较低的班玛
县马可河地区，由于灌木和低矮的乔木较多，适于蝶类幼虫取食的植物丰富，
栖息的蝶类相对较为丰富，6、7 月在花丛中，常能见到成群的蝶类翩翩起舞。
这季节是玛可河地区赏花、观蝶的季节。

(a)

(b)

(c)

图 2-3-6　半翅目昆虫（摄影 / 陈尽）。（a）角蝉科的一种角蝉，头背处生有一个突出物，与植物的枝刺很像，是一种拟态；（b）半翅目盲蝽科的一种植食性昆虫，这种盲蝽体型很小，正在刺吸花蕊；（c）半翅目黾蝽科的一种水黾，能够轻盈地在水面上行走，不慎落在水面上的昆虫往往会成为它的食物

图 2-3-7　鳞翅目昆虫。(a) 绢蝶科，绢蝶是蝶类中珍稀而美丽的品种，生活于高山区 (摄影 / 计云)；(b) 蛱蝶科的缕蛱蝶 *Litinga cottini*，蛱蝶行动能力较强，这只蛱蝶左前翅的缺损可能是受到攻击的结果 (摄影 / 雷波)；(c) 眼蝶科的西门珍眼蝶 *Coenonympha semenovi*，眼蝶翅上图案往往形似眼睛，受到攻击时用来吓唬捕食者，给自己争取逃生的机会 (摄影 / 雷波)；(d) 粉蝶科的箭纹绢粉蝶 *Aporia procris*，河边或潮湿的地面上常常可以看到聚集在一起的粉蝶 (摄影 / 雷波)；(e) 粉蝶科豆粉蝶属的一种豆粉蝶 *Colias* sp.，翅若被粉是粉蝶的特征，它们也是重要的传粉昆虫 (摄影 / 雷波)；(f) 灰蝶科的婀灰蝶 *Albulina orbitula*，灰蝶体型小，种类多，人类对它们的了解还非常少 (摄影 / 雷波)；(g) 灰蝶科，一群灰蝶聚在一起晒太阳 (摄影 / 雷波)；(h) 婀灰蝶 (摄影 / 雷波)

ff

120

绢蝶属 *Parnassius* 是珍稀的类群，其种类都是国家二级保护动物，然而在三江源地区相对分布较广，通常栖息在 3500～5000m 的高寒山区。绝大多数绢蝶生活于人迹罕至的雪线附近，这些地区气候恶劣，交通不便，一般的爱好者难于到达。

　　双翅目　蝇类、虻类与蚊类，也是三江源地区昆虫纲的主要成员（图 2-3-8），蝇类特有种占的比例很高，虻类与蚊类种类也很丰富。

　　双翅目的蝇类、虻类的幼虫在自然界物质循环中的作用不可忽视，寄蝇、

图 2-3-8　双翅目昆虫。(a) 大蚊科的一只成体，大蚊体大腿长，但不会叮人吸血，这只大蚊的头和背模仿了黄蜂的颜色图案（摄影/陈尽）；(b) 双翅目实蝇科的一只成体实蝇，实蝇是植食性，有的幼虫造成虫瘿，有的潜在叶片内部取食（摄影/雷波）；(c) 双翅目食虫虻科的两只食虫虻正忙着完成物种延续的使命（摄影/雷波）；(d) 双翅目长足虻科的一只成体，既擅飞行，还能涉水（摄影/雷波）；(e) 双翅目食蚜蝇科，食蚜蝇成体是重要的传粉昆虫（摄影/陈尽）；(f) 双翅目粪蝇科，粪蝇可以加速牛粪的分解，促进高原生态系统的物质循环（摄影/雷波）；(g) 双翅目蜂虻科雏蜂虻属，幼虫寄食蝗虫卵块，成体则传花授粉，加上一身的软绒毛，生来就是为做人类好朋友的吗？（摄影/雷波）

食蚜蝇是重要的天敌昆虫，在自然界的生态平衡方面作用显著，双翅目昆虫也是重要的传粉昆虫。

鞘翅目 甲虫是昆虫纲种类最丰富的类群（图2-3-9），适应能力强，分布广。三江源地区步甲科、拟步甲科种类丰富。在三江源高海拔地区，并不取食动物粪便的步甲、拟步甲往往把牛粪等当作避难所。这些甲虫在牛粪下面挖掘洞穴，气温低时隐藏其内。牛粪白天吸收太阳的热能，夜晚散热较慢，有利

(a)

(b)

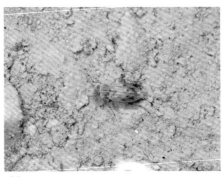

(c)

图 2-3-9 鞘翅目昆虫。（a）步甲科的一种步甲，成虫虽不善飞翔，然而在地面行动迅速，捕食在地面活动的昆虫和其他小型动物（摄影/陈尽）；（b）锹甲科一种锹甲的雌体，雌体的上颚比较正常，而雄体上颚发达，有些种的上颚形似鹿角（摄影/陈尽）；（c）牙甲科的一种牙甲，也称水龟虫，生活在水中，体色与底泥相近（摄影/陈尽）；（d）叩甲科的一只叩甲在花间觅食（摄影/李俊杰）；（e）芫菁科的一种小斑芫菁，很多芫菁科的甲虫都能分泌有毒的化学物质来防敌，鲜艳的色泽反而有警示的作用（摄影/计云）；（f）拟步甲科的一种拟步甲，不少种类扮演着回收动植物尸体的角色（摄影/雷波）；（g）金龟科金龟亚科一只金龟子，体型魁梧，红色的鞘翅非常显眼（摄影/计云）

于牛粪下面栖息的甲虫生活。粪食性甲虫与取食动物尸体的埋葬甲分布较广，在自然界物质循环中起了重要的作用。

膜翅目 这些调查中，采集最多的膜翅目是叶蜂类标本。叶蜂类的幼虫，在海拔低的地区，主要是以阔叶乔木和灌木的叶子为食。在三江源地区，木本植物极少，以草本植物叶片为食的叶蜂［图2-3-10（a）］种类相当丰富。调查期间，可能正好是叶蜂羽化的高峰期，采集的标本不仅种类多，且新种占的比例高。

观察研究表明，膜翅目捕食性种类，泥蜂类较为常见。蜜蜂总科的切叶蜂、蜜蜂与熊蜂［图2-3-10（b），（c）］，在三江源地区较为丰富。膜翅目寄生

(a)

(b)

(c)

图 2-3-10 膜翅目昆虫。（a）叶蜂科叶蜂属，叶蜂种类多，分布广，大部分都是植食性（摄影/李俊杰）;（b）熊蜂科，熊蜂是一种社会性昆虫，群内有组织和分工，对三江源植物的授粉繁殖贡献很大（摄影/雷波）;（c）蜜蜂科的一种隧蜂在树干上做出一个个的巢（摄影/陈尽）

性与捕食性类群是重要的天敌昆虫，在自然界对植食性害虫的抑制方面起重要作用。这些调查采集的寄生性蜂类群，如小蜂、姬蜂、茧蜂等标本很少，可能与调查方法有关，也可能与季节有关。

水生昆虫　三江源地区淡水资源丰富，且水质没有污染。水生甲虫、毛翅目、襀翅目等种类丰富（图 2-3-11 ~ 图 2-3-14）。这些调查研究的区域主要为三江源的源头地区，采集的标本有新种与稀有种。这说明三江源地区相关类群比想象的丰富，有待深入研究。

蜘蛛类　蛛形纲蜘蛛目全部为捕食性种类。在三江源地区，蜘蛛种群的密度大，游猎型种类随处可见。作者曾发现 1 种洞穴蜘蛛，洞口用杂草作了装饰，推测可能白天隐藏，夜晚出来活动、捕食。曾观察到有的个体，白天隐藏于洞

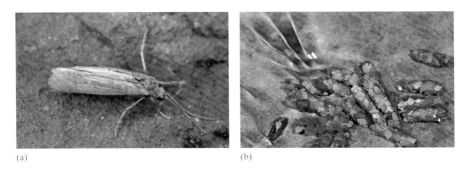

(a)   (b)

图 2-3-11　毛翅目昆虫。（a）昆虫的成体，可能属于细翅石蛾科（摄影 / 李俊杰）;（b）石蛾科的幼虫，俗称石蚕，生活在水质清洁的溪流中，会用石块做一个管状的巢来保护自己（摄影 / 陈尽）

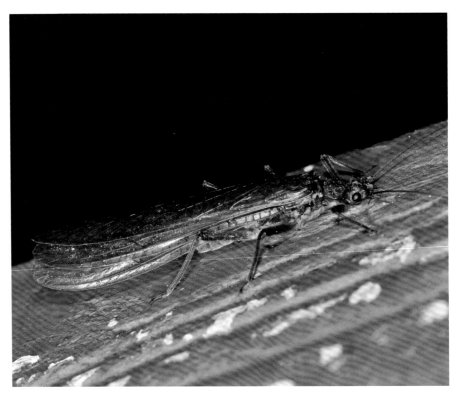

图 2-3-12　襀翅目襀科，可能是钩襀属中的一种，俗称石蝇，稚虫生活在水中，对水质敏感，可以作为水体质量监测的指标（摄影 / 陈尽）

(a)

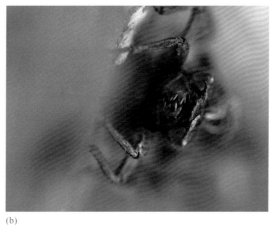
(b)

图 2-3-13　蜻蜓目昆虫。（a）大蜓科的一种角臀蜓，刚完成稚虫（水虿）向成虫的蜕变（摄影 / 陈尽）；（b）角臀蜓成虫离开后，留下的稚虫（水虿）的外壳，水虿是一种凶猛的捕食者，有一个厉害的口器（摄影 / 陈尽）

(a)

(b)

图 2-3-14　蜉蝣目昆虫。（a）扁蜉科的一种昆虫，羽化前的稚虫生活在溪流水体的底部，翻起石块常常就能看到它们（摄影 / 陈尽）；（b）蜉蝣科蜉蝣属羽化的成虫，蜉蝣的成虫期非常短，一般只有几小时或几天，完成交配产卵后，很快就会死去（摄影 / 陈尽）

口附近，可能准备在昆虫经过洞口时，随时出击。很遗憾的是没有有效的工具，没有采到相应的标本。

所采集的昆虫与蜘蛛标本，鉴定结果统计，总计358种，隶属2纲53科171属，其中新种55种（另文发表），中国新记录1种，青海省新记录24种。

◎ 鉴定种类名录

青海省三江源地区的黄河源头地区与澜沧江源头地区所采昆虫与蜘蛛标本鉴定种类名录与标本信息如下：

昆虫纲 Insecta

一、襀翅目 Plecoptera
（一）襀科 Perlidae
1. 刘氏钩襀 *Kamimuria liui* Wu
观察标本：5♀10♂，青海省班玛县玛可河乡，2013-06-26，石福明、谢广林采；1♂，青海省囊谦县白扎乡，2014-06-28，石福明采。
2. 钩襀 *Kamimuria* sp.
观察标本：1♂，青海省囊谦县白扎乡，2014-06-28，石福明采。
3. 锤襀 *Claassenia* sp.
观察标本：1♂，青海省班玛县玛可河乡，2013-06-26，石福明、谢广林采。
（二）黑襀科 Capniidae
4. 黑襀 *Capnia* sp.
观察标本：8♀，青海省班玛县玛可河乡，2013-07-08，谢广林采。

（三）网襀科 Perlodidae

5. 卡氏罗襀 *Perlodinella kozlovi* Klapálek

观察标本：1♂，青海省杂多县扎青乡，2014-07-07，石福明采。

（四）卷襀科 Leuctridae

6. 卷襀 *Leuctra* sp.

观察标本：1♀，青海省杂多县扎青乡，2014-07-07，石福明采。

（五）叉襀科 Nemouridae

7. 倍叉襀 *Amphinemura* sp.1

观察标本：1♀，青海省杂多县扎青乡，2014-07-07，石福明采；1♂，青海省杂多县扎青乡，2014-07-08，石福明采。

8. 倍叉襀 *Amphinemura* sp.2

观察标本：2♂1♀，青海省杂多县昂赛乡，2014-07-03，石福明采。

9. 倍叉襀 *Amphinemura* sp.3

观察标本：2♂1♀，青海省杂多县昂赛乡，2014-07-04，石福明采。

10. 中叉襀 *Mesonemoura* sp.

观察标本：3♂1♀，青海省杂多县昂赛乡，2014-07-03，石福明采；1♂，青海省杂多县昂赛乡，2014-07-04，陈俊豪采；4♂1♀，青海省杂多县扎青乡，2014-07-08，石福明采。

11. 叉襀 *Nemoura* sp.

观察标本：1♀，青海省杂多县扎青乡，2014-07-07，石福明采。

二、直翅目 Orthoptera

（六）蚱科 Tetrigidae

12. 日本蚱 *Tetrix japonica*（Bolivar，1887）

观察标本：2♂2♀，青海省班玛县玛可河乡，2013-06-27，石福明、谢广林采；1♂2♀，青海省班玛县玛可河乡，2013-06-28，石福明、谢广林采；1♂1♀，青海省班玛县玛可河乡，2013-06-29，石福明、谢广林采；1♂，青海省班玛县玛可河乡，2013-06-30，石福明、谢广林采；1♂1♀，青海省班玛县玛可河乡，2013-06-30，石福明采；1♀，青海省久治县白玉乡雅沟，2013-07-04，石福明采；1♂，青海省囊谦县白扎乡，2014-06-28，石福明采。

（七）斑翅蝗科 Oedipodidae

13. 白边痂蝗 *Bryodema luctuosum luctuosum*（Stoll，1813）

观察标本：1♀，青海省玛多县黄河乡，2013-07-12，石福明、谢广林采。

（八）网翅蝗科 Arcypteridae

14. 东方雏蝗 *Chorthippus intermedius*（B. Bienko，1926）

观察标本：3♂3♀，青海省班玛县玛可河乡，2013-06-27，石福明、谢广林采；1♀，青海省班玛县玛可河乡，2013-06-28，石福明采。

（九）槌角蝗科 Gomphoceridae

15. 高原拟蛛蝗 *Aeropedelloides altissimus* Liu，1981

观察标本：67♂32♀，青海省囊谦县觉拉乡，32.58°N，96.11°E，3900m，2014-06-30，石福明、陈俊豪采；31♂13♀，青海省囊谦县觉拉乡，32.47°N，96.32°E，3740m，2014-07-01，石福明、陈俊豪采；151♀，青海省杂多县昂赛乡，3950m，2014-07-03，石福明、陈俊豪采。

16. 宽须蚁蝗 *Myrmeleotettix palpalis* Zubowsky，1900

观察标本：17♂29♀，青海省玛多县星星海，2013-07-11，石福明、谢广林采；4♂4♀，青海省玛多县黄河乡，2013-07-12，石福明、谢广林采；12♂15♀，青海省玛多县扎陵湖乡牛头碑，2013-07-13，石福明、谢广林采。

三、半翅目 Hemiptera

（十）尖胸沫蝉科 Aphrophoridae

17. 白斑尖胸沫蝉 *Aphrophora quadriguttata* Melichar，1902

观察标本：1♂1♀，青海省班玛县玛可河乡，2013-06-27 至 2013-06-28，石福明、谢广林采。

（十一）叶蝉科 Cicadellidae

18. 黑色条大叶蝉 *Atkinsoniella insignata*（Haupt，1924）

观察标本：5♂19♀，青海省班玛县玛可河乡，2013-07-27，谢广林采。

19. 渐细透大叶蝉 *Nanatka attenuata* Dai & Zhang，2005

观察标本：4♂，青海省班玛县玛可河乡，2013-06-28，谢广林采。

20. 黑斑裂茎叶蝉 *Pinumius nigrinotatus* Kuoh，1981

观察标本：1♂，青海省囊谦县觉拉乡，2014-06-29 至 2014-07-01，石福明采。

21. 异条沙叶蝉 *Psammotettix alienulus* Vilbaste，1960

观察标本：3♀，青海省杂多县昂赛乡，2014-07-03 至 2014-07-04，石福明采；7♂5♀，青海省杂多县扎青乡，2014-07-07 至 2014-07-08，石福明采。

四、双翅目 Diptera

（十二）粪蝇科 Scathophagidae

22. 黄粪蝇 *Scathophaga stercoraria*（Linnaeus，1758）

观察标本：6♂，青海省班玛县玛可河乡，2013-06-28，石福明、谢广林采；4♂，青海省班玛县玛可河乡美浪沟，2013-06-29，石福明、谢广林采；9♂，青海省班玛县玛可河乡红军沟，2013-06-30，石福明、谢广林采；4♂，青海省久治县白玉乡圣湖，2013-07-03，石福明采；9♂，青海省久治县白玉乡雅沟，2013-07-03 至 2013-07-04，石福明、谢广林采；1♂，青海省玛沁县雪山乡切木曲林场，2013-07-07，石福明采；3♂，青海省久治县白玉乡科索沟，2013-07-12，石福明采；1♀，青海省杂多县昂赛乡，2014-07-04，陈俊豪采；1♀，青海省杂多县扎青乡，2014-07-07，陈俊豪采；1♀，青海省杂多县扎青乡，2014-07-07 至 2014-07-08，石福明采。

（十三）厕蝇科 Fanniidae

23. 靴厕蝇 *Fannia cothurnata*（Loew，1873）

观察标本：1♂，青海省囊谦县觉拉乡，2014-07-01，石福明采。

24. 胸刺厕蝇 *Fannia fuscula*（Fallen，1825）

观察标本：2♂，青海省久治县白玉乡雅沟，2013-07-04，石福明、谢广林采。

（十四）蝇科 Muscidae

25. 针踝胡蝇 *Drymeia aculeata*（Stein，1907）

观察标本：1♂，青海省囊谦县白扎乡，2014-06-28，石福明采；3♂，青海省杂多县扎青乡，2014-07-02，石福明采；1♂，青海省杂多县昂赛乡，2014-07-03 至 2014-07-05，石福明采；1♂，青海省杂多县昂赛乡，2014-07-04，陈俊豪采；2♂，青海省杂多县扎青乡，2014-07-08，石福明采。

26. 铜腹胡蝇 *Drymeia aeneoventrosa*（Fan，Jin & Wu，1990）

观察标本：1♂，青海省囊谦县觉拉乡，2014-07-01，石福明采。

27. 高山胡蝇 *Drymeia altica*（Pont，1981）

观察标本：3♂，青海省囊谦县觉拉乡，2014-07-01，石福明采；1♂，青海省杂多县昂赛乡，2014-07-05，石福明采；6♂，青海省囊谦县觉拉乡，2014-07-30，石福明采。

28. 甘孜胡蝇 *Drymeia ganziensis*（Fan，1992）

观察标本：2♂，青海省杂多县扎青乡，2014-07-02，石福明采。

29. 玛曲胡蝇 *Drymeia maquensis* Xue & Wu，1992

观察标本：1♂，青海省杂多县昂赛乡，2014-07-03 至 2014-07-05，石福明采。

30. 毛掌胡蝇 *Drymeia monsteroides* Xue，1992

观察标本：1♂，青海省杂多县扎青乡，2014-07-02，石福明采。

31. 毛头胡蝇 *Drymeia hirticeps*（Stein，1907）

观察标本：2♂，青海省玛沁县雪山乡至千顶帐篷雪山，2013-07-08，石福明、谢广林采；2♂，青海省玛多县星星海，2013-07-11，石福明采；1♂，青海省玛多县扎陵湖乡牛头碑，2013-07-13，石福明、谢广林采；1♂，青海省杂多县扎青乡，2014-07-07 至 2014-07-08，石福明采。

32. 缨足胡蝇 *Drymeia metatarsata*（Stein，1907）

观察标本：1♂，青海省久治县白玉乡科索沟，2013-07-02，石福明、谢广林采；1♂，青海省玛沁县雪山乡切木曲林场，2013-07-07，石福明采。

33. 栉胫胡蝇 *Drymeia pectinitibia*（Fan，Jin & Wu，1990）

观察标本：1♂，青海省囊谦县觉拉乡，2014-06-28 至 2014-06-30，石福明采。

34. 粉腹胡蝇 *Drymeia pollinosa*（Stein，1907）

观察标本：4♂，青海省班玛县玛可河乡，2013-06-28 至 2013-06-30，石福明、谢广林采；2♂，青海省班玛县玛可河乡美浪沟，2013-06-29，石福明、谢广林采；5♂，青海省久治县白玉乡科索沟，2013-07-02，石福明、谢广林采；1♂，青海省久治县白玉乡圣湖，2013-07-03，石福明采；4♂，青海省玛沁县雪山乡切木曲林场，2013-07-07，石福明采；3♂，青海省玛沁县雪山乡至千顶帐篷雪山，2013-07-08，石福明采；3♂，青海省久治县白玉乡科索沟，2013-07-12，石福明采；1♂，青海省杂多县扎青乡，2014-07-02，石福明采；1♂，青海省杂多县昂赛乡，2014-07-04，陈俊豪采；1♂，青海省杂多县扎青乡，2014-07-07 至 2014-07-08，石福明采。

35. 栉缘胡蝇 *Drymeia spinicosta* Xue，1992

观察标本：1♂，青海省杂多县昂赛乡，2014-07-03 至 2014-07-05，石福明采。

36. 亚东胡蝇 *Drymeia yadongensis*（Zhong，Wu & Fen，1982）

观察标本：1♂，青海省杂多县扎青乡，2014-07-02，石福明采；2♂，青海省杂多县扎青乡，2014-07-07 至 2014-07-08，石福明采。

37. 古阳蝇 *Helina annosa*（Zetterstedt，1838）

观察标本：1♂，青海省杂多县昂赛乡，2014-07-03 至 2014-07-05，石福明采。

38. 并鬃阳蝇 *Helina combinisetata* Xue & Du，2008

观察标本：1♂，青海省杂多县扎青乡，2014-07-08，石福明采。

39. 横山阳蝇 *Helina hengshanensis*（Wang & Ma，1984）

观察标本：1♂，青海省班玛县玛可河乡美浪沟，2013-06-29，石福明、谢广林采。

40. 毛叶阳蝇 *Helina hirtisurstyla* Feng，2000

观察标本：1♂，青海省囊谦县白扎乡，2014-06-28 至 2014-06-30，石福明采；1♂，青海省杂多县扎青乡，2014-07-08，石福明采。

41. 胡氏阳蝇 *Helina huae* Xue，2001

观察标本：2♂，青海省杂多县扎青乡，2014-07-07 至 2014-07-08，石福明采。

42. 类介阳蝇 *Helina mimintermedia*（Feng & Xue，2002）

观察标本：1♂，青海省玛沁县雪山乡切木曲林场，2013-07-07，谢广林、石福明采。

43. 双阳蝇 *Helina reversion*（Harris，1780）

观察标本：1♂，青海省杂多县昂赛乡，2014-07-04，陈俊豪采。

44. 西藏阳蝇 *Helina xizangensis* Fang & Fan，1987

观察标本：1♂，青海省囊谦县白扎乡，2014-06-28 至 2014-06-30，石福明采。

45. 突尾阳蝇 *Helina prominenicauda* Wu，1989

观察标本：1♂，青海省杂多县扎青乡，2014-07-07，石福明采；2♂，青海省杂多县扎青乡，2014-07-08，石福明采。

46. 张氏阳蝇 *Helina zhangi* Wang，Zhang & Wang，2008

观察标本：1♂，青海省囊谦县觉拉乡，2014-06-30，石福明采；3♂，青海省杂多县扎青乡，2014-07-02，石福明采。

47. 阳蝇 *Helina* sp.

观察标本：1♀，青海省囊谦县白扎乡，2014-06-28，石福明采；3♀，青海省杂多县扎青乡，2014-07-02，石福明采；1♀，青海省杂多县扎青乡，2014-07-07 至 2014-07-08，石福明采；2♀，青海省杂多县扎青乡，2014-07-08，石福明采。

48. 二刺齿股蝇 *Hydrotaea bispinosa*（Xue & Zhang，1998）

观察标本：1♂，青海省玛沁县雪山乡至千顶帐篷雪山，2013-07-08，石福明采。

49. 曲胫齿股蝇 *Hydrotaea scambus*（Zett，1838）

观察标本：1♂，青海省囊谦县觉拉乡，2014-06-28，石福明采。

50. 西藏林莫蝇 *Morellia hortorum tibetana* Fan，1974

观察标本：8♀，青海省囊谦县觉拉乡，2014-06-28 至 2014-06-30，石福明采；1♂，青海省杂多县昂赛乡，2014-07-03，石福明采。

51. 绿翠蝇 *Neomyia cornicina*（Fabricius，1781）

观察标本：1♂，青海省玛沁县雪山乡切木曲林场，2013-07-07，石福明采；4♀，青海省囊谦县觉拉乡，2014-06-30，石福明采；1♂，青海省囊谦县觉拉乡，

2014-07-01，石福明采；1♂，青海省杂多县扎青乡，2014-07-02，石福明采；1♀，青海省杂多县昂赛乡，2014-07-03，石福明采；1♀，青海省杂多县扎青乡，2014-07-07 至 2014-07-08，石福明采。

52. 四鬃翠蝇 *Neomyia viridescens*（Robineau-Desvoidy，1830）

观察标本：1♂，青海省囊谦县白扎乡，2014-06-28，石福明采；1♂，青海省囊谦县觉拉乡，2014-07-01，石福明采。

53. 棕斑棘蝇 *Phaonia fuscata*（Fallen，1825）

观察标本：1♂，青海省班玛县玛可河乡美浪沟，2013-06-29，石福明、谢广林采；1♂，青海省班玛县玛可河乡，2013-06-30，谢广林、石福明采；1♂，青海省班玛县玛可河乡红军沟，2013-06-30，石福明、谢广林采。

54. 杂棘蝇 *Phaonia hybrida*（Schnabl，1888）

观察标本：1♂，青海省班玛县玛可河乡美浪沟，2013-06-29，石福明、谢广林采。

55. 拟细鬃棘蝇 *Phaonia mimotenuiseta*（Ma et Wu，1989）

观察标本：1♂，青海省玛多县扎陵湖乡牛头碑，2013-07-13，谢广林、石福明采。

56. 天山棘蝇 *Phaonia tianshanensis* Xue，1998

观察标本：1♂，青海省班玛县玛可河乡美浪沟，2013-06-29，石福明、谢广林采；1♂，青海省班玛县玛可河乡红军沟，2013-06-30，石福明、谢广林采。

57. 棘蝇 *Phaonia* sp.

观察标本：1♀，青海省班玛县玛可河乡，2013-06-30，谢广林、石福明采。

58. 黑缘直脉蝇 *Polietes nigrolimbata*（Bonsdorff，1866）

观察标本：1♂，青海省班玛县玛可河乡，2013-06-28，石福明、谢广林采；1♀，青海省久治县白玉乡圣湖，2013-07-03，石福明采；1♂，青海省玛沁县雪山乡至千顶帐篷雪山，2013-07-08，石福明采。

59. 秽蝇 *Coenosia* sp.

观察标本：3♂，青海省玛沁县雪山乡切木曲林场，2013-07-07，石福明采；2♂，青海省玛沁县雪山乡至千顶帐篷雪山，2013-07-08，石福明采；2♂，青海省杂多县昂赛乡，2014-07-04，陈俊豪采；1♂，青海省杂多县扎青乡，2014-07-07，陈俊豪采；1♂，青海省杂多县扎青乡，2014-07-08，石福明采。

60. 毛膝蝇 *Hebecnema* sp.

观察标本：1♂，青海省囊谦县白扎乡，2014-06-28，石福明采。

（十五）花蝇科 Anthomyiidae

61. 林植种蝇 *Botanophila silva*（Suwa，1974）

观察标本：2♂，青海省班玛县玛可河乡，2013-06-28，石福明、谢广林采。

62. 植种蝇 *Botanophila* sp.

观察标本：1♂，青海省杂多县昂赛乡，2014-07-04，陈俊豪采；2♂，青海省杂多县昂赛乡，2014-07-05，石福明采。

63. 青泽菊泉种蝇 *Botanophila qinghaisenecio*（Fan，1984）

观察标本：1♂，青海省玛沁县雪山乡切木曲林场，2013-07-07，石福明、谢广林采；1♂，青海省杂多县昂赛乡，2014-07-04，陈俊豪采。

64. 沟跗地种蝇 *Delia canalis*（Fan & Wu，1984）

观察标本：1♂，青海省久治县白玉乡雅沟，2013-07-04，石福明、谢广林采。

65. 细阳地种蝇 *Delia tenuipenis*（Fan & Zhong，1989）

观察标本：1♂，青海省玛沁县雪山乡至千顶帐篷雪山，2013-07-08，石福明采。

66. 肖帚腹地种蝇 *Delia penicillosa* Fan，1984

观察标本：1♂，青海省杂多县扎青乡，2014-07-02，石福明采。

67. 地种蝇 *Delia* sp.

观察标本：1♂，青海省杂多县扎青乡，2014-07-08，石福明采。

68. 密胡邻种蝇 *Paregle densibarbata* Fan，1982

观察标本：1♂，青海省杂多县扎青乡，2014-07-08，石福明采。

69. 虎牙亮叶花蝇 *Paraprosalpia denticauda*（Zetterstedt，1838）

观察标本：1♂，青海省班玛县玛可河乡美浪沟，2013-06-29，石福明、谢广林采。

70. 亮叶花蝇 *Paraprosalpia* sp.

观察标本：1♂，青海省杂多县扎青乡，2014-07-04，石福明采。

71. 黑角摩花蝇 *Monochrotogaster atricornis*（Fan & Wu，1981）

观察标本：1♂，青海省玛沁县雪山乡，2013-07-08，石福明、谢广林采。

72. 花蝇 *Anthomyiidae* sp.

观察标本：1♀，青海省久治县白玉乡科索沟，2013-07-02，石福明、谢广林采。

（十六）丽蝇科 Calliphoridae

73. 壮叶陪丽蝇 *Bellardia sastylata* Qian & Fan，1981.

观察标本：1♂，青海省囊谦县觉拉乡，2014-06-29，石福明采；1♂，青海省囊谦县觉拉乡，2014-07-01，石福明采。

74. 反吐丽蝇 *Calliphora*（*s.str.*）*vomitoria*（Linnaeus，1758）

观察标本：1♂，青海省班玛县玛可河乡，2013-06-28，石福明、谢广林采。

75. 中华绿蝇 *Lucilia*（*Luciliella*）*sinensis*（Aubertin，1933）

观察标本：1♂，青海省久治县白玉乡雅沟，2013-07-04，石福明、谢广林采；1♂，青海省玛沁县雪山乡切木曲林场，2013-07-07，石福明采。

76. 斑腹绿蝇 *Lucilia*（*Sinolucilia*）*appendicifera*（Fan，1965）

观察标本：1♂，青海省班玛县玛可河乡，2013-06-28，石福明、谢广林采。

77. 叉叶绿蝇 *Lucilia*（*Bufolucilia*）*bufonivora*（Moniez，1914）

观察标本：2♂，青海省班玛县玛可河乡美浪沟，2013-06-29，石福明、谢广林采；4♂，青海省久治县白玉乡雅沟，2013-07-04，石福明、谢广林采。

78. 丝光绿蝇 *Lucilia*（*Phaenicina*）*sericata*（Meigen，1826）

观察标本：1♂，青海省班玛县玛可河乡，2013-06-28，石福明、谢广林采。

79. 卧龙蚓蝇 *Onesia wolongensis*（Chen & Fan，1992）

观察标本：2♂，青海省班玛县玛可河乡，2013-06-28，石福明、谢广林采；3♂，青海省久治县白玉乡雅沟，2013-07-04，石福明、谢广林采。

80. 反曲金粉蝇 *Xanthotryxus mongol*（Aldrich，1930）

观察标本：13♂，青海省久治县白玉乡雅沟，2013-07-04，石福明、谢广林采。

（十七）麻蝇科 Sarcophagidae

81. 肥须亚麻蝇 *Parasarcophaga*（*Jantia*）*crassipalpis*（Macquart，1838）

观察标本：1♂，青海省杂多县扎青乡，2014-07-02，石福明采；1♂，青海省杂多县昂赛乡，2014-07-04，陈俊豪采；2♂，青海省杂多县扎青乡，2014-07-07 至 2014-07-08，石福明采；3♂，青海省杂多县扎青乡，2014-07-08，石福明采。

82. 华北亚麻蝇 *Parasarcophaga*（*Liosarcophaga*）*angarosinica* Rohdendorf，1937

观察标本：1♂，青海省杂多县扎青乡，2014-07-02，石福明采；2♂，青海省杂多县扎青乡，2014-07-08，石福明采。

83. 急钩亚麻蝇 *Parasarcophaga*（*Liosarcophaga*）*portschinskyi* Rohdendorf，1937

观察标本：1♂，青海省杂多县扎青乡，2014-07-02，石福明采；1♂，青海省杂多县昂赛乡，2014-07-03 至 2014-07-05，石福明采。

84. 亚麻蝇 *Parasarcophaga* sp.

观察标本:1♀,青海省班玛县玛可河乡,2013-06-30,谢广林、石福明采;1♀,青海省久治县白玉乡雅沟,2013-07-04,石福明、谢广林采。

85. 红尾拉麻蝇 *Ravinia striata*（Fabricius,1794）

观察标本:1♂,青海省杂多县扎青乡,2014-07-02,石福明采。

（十八）大蚊科 Tipulidae

86. 裸大蚊 *Angarotipula qinghaiensis* Yang & Yang, 1996

观察标本:1♂,青海省杂多县扎青乡,2014-07-09,陈俊豪采。

87. 黑棒短柄大蚊 *Nephrotoma nigrohalterata* Edwards,1928

观察标本:1♂1♀,青海省囊谦县白扎乡,2014-06-28,石福明采;6♂5♀,青海省囊谦县白扎乡,2014-06-29,石福明、陈俊豪采;2♂4♀,青海省囊谦县觉拉乡,2014-07-01,石福明、陈俊豪采;4♂3♀,青海省杂多县昂赛乡,2014-07-04,石福明、陈俊豪采;1♂3♀,青海省杂多县扎青乡,2014-07-09,陈俊豪采;1♀,青海省杂多县扎青乡,2014-07-09,石福明采。

88. 短柄大蚊 *Nephrotoma* sp.

观察标本:1♂3♀,青海省杂多县昂赛乡,2014 年 7 月,石福明采。

89. 交齿尖大蚊 *Tipula*（*Acutipula*）*pertinax* Alexander,1936

观察标本:3♂（液浸）,青海省班玛县玛可河乡,2013-06-28 至 2013-06-29,石福明采（CAU）;1♂（液浸）,青海省久治县白玉乡雅沟,2013-07-04,石福明采。

90. 无柄阔大蚊 *Tipula*（*Platytipula*）*sessilis* Edwards,1921

观察标本:1♂,青海省杂多县昂赛乡,2014-07-04,石福明采。

91. 古北长叶大蚊黑水亚种 *Tipula*（*Beringotipula*）*unca amurensis* Alexander,1925

观察标本:3♂1♀（液浸）,青海省班玛县玛可河乡,32.70°N,100.88°E,3292 m,2013-06-26 至 2013-06-29,石福明采;1♂（液浸）,青海省久治县白

白玉乡雅沟，2013-07-04，石福明采。

92. *Tipula（Vestiplex）opilionimorpha opilionimorpha* Savchenko，1955

观察标本：1♂（液浸），青海省玛多县黄河乡，2013-07-12，石福明采。

（十九）水虻科 Stratiomyidae

93. 侧斑距水虻 *Allognosta maculipleura* Frey，1960

观察标本：1♂，青海省久治县白玉乡雅沟，2013-07-04，谢广林采。

94. 三叶柱角水虻 *Beris trilobata* Li，Zhang & Yang，2009

观察标本：1♂，青海省久治县白玉乡雅沟，2013-07-04，石福明采。

五、鳞翅目 Lepidoptera

（二十）凤蝶科 Papilionidae

95. 金凤蝶 *Papilio machaon* Linnaeus，1758

观察标本：2♂1♀，青海省班玛县玛可河乡沙沟，2013-04-26，陈振宁采。

（二十一）绢蝶科 Parnassiidae

96. 君主绢蝶 *Parnassius imperator* Oberthür，1883

观察标本：1♀，青海省班玛县玛可河乡上俄沟，2013-07-01，陈振宁采。

97. 白绢蝶 *Parnassius stubbendorfii* Ménétries，1849

观察标本：3♂4♀，青海省班玛县玛可河乡下俄沟，2013-07-02，陈振宁采。

98. 小红珠绢蝶 *Parnassius nomion* Fischer de Waldheim，1823

观察标本：2♂1♀，青海省杂多县昂赛乡，2014-07-04，陈俊豪采。

（二十二）粉蝶科 Pieridae

99. 皮氏尖襟粉蝶 *Anthocharis bieti* Oberthür，1884

观察标本：2♂，青海省班玛县玛可河乡沙沟，2013-06-28，石福明采；4♂1♀，青海省班玛县玛可河乡满子沟，2013-06-28，陈振宁采。

100. 红襟粉蝶 *Anthocharis cardamines*（Linnaeus，1758）

观察标本：2♂，青海省班玛县玛可河乡格日则沟，2013-06-27，石福明、谢广林采；1♂，青海省班玛县玛可河乡沙沟，2013-06-28，石福明采；2♂，青海省班玛县玛可河乡满子沟，2013-06-28，陈振宁采；1♂，青海省班玛县玛可河乡美浪沟，2013-06-29，石福明采。

101. 暗色绢粉蝶西北亚种 *Aporia bieti lihsieni* Bang-Haas，1933

观察标本：1♂4♀，青海省囊谦县觉拉乡，2014-07-01，石福明、陈俊豪采。

102. 绢粉蝶 *Aporia crataegi*（Linnaeus，1758）

观察标本：1♂，青海省班玛县玛可河乡下俄沟，2013-07-02，陈振宁采。

103. 小檗绢粉蝶 *Aporia hippia*（Bremer，1861）

观察标本：22♂17♀，青海省班玛县玛可河乡美浪沟，2013-06-26，陈振宁采；10♂4♀，青海省班玛县玛可河乡格日则沟，2013-06-27，石福明、谢广林采；2♂6♀，青海省班玛县玛可河乡沙沟，2013-06-28，石福明采；6♂3♀，青海省班玛县玛可河乡红军沟（子母达沟），2013-06-30，石福明采；2♂，青海省久治县白玉乡雅沟，2013-07-04，石福明采；1♂1♀，青海省囊谦县白扎乡，2014-06-28，石福明采；2♂2♀，青海省囊谦县觉拉乡，2014-07-01，石福明、陈俊豪采。

104. 箭纹绢粉蝶 *Aporia procris* Leech，1890

观察标本：12♂15♀，青海省班玛县玛可河乡满子沟，2013-06-28，陈振宁采；2♂，青海省囊谦县白扎乡，2014-06-28，石福明采。

105. 锯纹绢粉蝶 *Aporia goutellei*（Oberthür，1886）

观察标本：2♂1♀，青海省班玛县玛可河乡满子沟，2013-06-28，张营采。

106. 山豆粉蝶 *Colias montium*（Oberthür，1886）

观察标本：2♀，青海省囊谦县觉拉乡，2014-06-30，石福明采；1♂1♀，青海省囊谦县觉拉乡，2014-07-01，石福明采；1♂，青海省杂多县昂赛乡，2014-07-03，陈俊豪采；1♂，青海省杂多县昂赛乡，2014-07-05，石福明采。

107. 钩粉蝶 *Gonepteryx rhamni*（Linnaeus，1758）

观察标本：1♀，青海省班玛县玛可河乡沙沟，2013-04-26，陈振宁采。

108. 菜粉蝶 *Pieris rapae*（Linnaeus，1758）

观察标本：1♂1♀，青海省班玛县玛可河乡满子沟，2013-06-28，陈振宁采。

109. 暗脉菜粉蝶 *Pieris napi*（Linnaeus，1758）

观察标本：1♂1♀，青海省班玛县玛可河乡满子沟，2013-06-28，陈振宁采。

110. 大卫粉蝶 P*ieris davidis* Oberthür，1876

观察标本：3♂1♀，青海省班玛县玛可河乡下俄沟，2013-07-02，张营采。

111. 妹粉蝶指名亚种 *Mesapia peloria peloria*（Hewitson，1853）

观察标本：1♀，青海省囊谦县昂赛乡，2014-07-03，石福明采；1♀，青海省杂多县扎青乡，2014-07-07，石福明采；1♀，青海省囊谦县扎青乡，2014-07-08，石福明采。

（二十三）眼蝶科 Satyridae

112. 荨麻蛱蝶 *Aglais urticae*（Linnaeus，1758）

观察标本：1♂，青海省班玛县玛可河乡美浪沟，2013-06-26，陈振宁采。

113. 阿芬眼蝶 *Aphantopus hyperanthus*（Linnaeus，1758）

观察标本：2♂，青海省班玛县玛可河乡烧柴沟，2013-06-25，陈振宁采。

114. 牧女珍眼蝶 *Coenonympha amaryllis*（Stoll，1782）

观察标本：1♂，青海省班玛县玛可河乡烧柴沟，2013-06-25，陈振宁采；3♂4♀，青海省班玛县玛可河乡美浪沟，2013-06-26，陈振宁采；1♂1♀，青海省班玛县玛可河乡格日则沟，2013-06-27，石福明采；1♂，青海省久治县白玉乡雅沟，2013-07-04，石福明采。

115. 西门珍眼蝶 *Coenonympha semenovi* Alphéraky，1887

观察标本：1♂，青海省班玛县玛可河乡美浪沟，2013-06-26，陈振宁采；
1♂，青海省班玛县玛可河乡红军沟（子母达沟），2013-06-30，石福明采。

116. 小毛眼蝶 *Lasiommata minuscule*（Oberthür，1923）

观察标本：1♂，青海省班玛县玛可河乡沙沟，2013-04-26，陈振宁采。

117. 菩萨酒眼蝶 *Oeneis buddha*（Grum-Grshimailo，1891）

观察标本：1♂，青海省班玛县玛可河乡红军沟，2013-06-30，石福明采；
2♂，青海省班玛县玛可河乡下俄沟，2013-07-02，陈振宁采；1♂，青海省杂
多县扎青乡，2014-07-09，石福明采。

118. 乱云瞿眼蝶 *Ypthima megalomma* Butler，1874；青海省新记录种

观察标本：3♂，青海省班玛县玛可河乡沙沟，2013-04-26，陈振宁、张营、
段培采。

（二十四）蛱蝶科 Nymphalidae

119. 大卫蜘蛱蝶 *Araschnia davidis* Poujade，1885；青海省新记录种

观察标本：1♂1♀，青海省班玛县玛可河乡下俄沟，2013-07-02，陈振宁
采；1♀，青海省班玛县玛可河乡林业局院内，2013-07-03，陈振宁采。

120. 珍蛱蝶 *Clossiana gong*（Oberthür，1884）

观察标本：2♂，青海省班玛县玛可河乡格日则沟，2013-06-27，石福明采；
1♀，青海省班玛县玛可河乡沙沟，2013-06-28，石福明采；1♂1♀，青海省班
玛县玛可河乡上俄沟，2013-07-01，陈振宁采。

121. 灿福蛱蝶 *Fabriciana adippe*（Denis & Schiffermüller，1775）

观察标本：1♀，青海省班玛县玛可河乡美浪沟，2013-06-26，陈振宁采。

122. 孔雀蛱蝶 *Inachis io*（Linnaeus，1758）

观察标本：1♂，青海省班玛县玛可河乡美浪沟，2013-05-28，陈振宁采。

123. 缕蛱蝶 *Litinga cottini*（Oberthür，1884）

观察标本：3♂1♀，青海省班玛县玛可河乡沙沟，2013-04-26，陈振宁采；2♂2♀，青海省班玛县玛可河乡美浪沟，2013-06-26，陈振宁采；2♂，青海省班玛县玛可河乡格日则沟，2013-06-27，石福明采；4♂1♀，青海省班玛县玛可河乡红军沟，2013-06-27，陈振宁采；1♂1♀，青海省班玛县玛可河乡美浪沟，2013-06-29，石福明采；。

124. 黑网蛱蝶 *Melitaea jezabel* Oberthür，1888

观察标本：2♀，青海省玛沁县雪山乡切木曲，2013-07-08，谢广林采；1♂，青海省杂多县昂赛乡，2014-07-05，石福明采。

125. 白钩蛱蝶 *Polygonia c-album*（Linnaeus，1758）

观察标本：1♂，青海省班玛县玛可河乡沙沟，2013-04-26，陈振宁采。

（二十五）灰蝶科 Lycaenidae

126. 婀灰蝶 *Albulina orbitula* Prunner，1798

观察标本：1♂，青海省杂多县扎青乡，2014-07-08，石福明采。

127. 枯灰蝶 *Cupido minimus*（Füessly，1775）

观察标本：10♂6♀，青海省班玛县玛可河乡美浪沟，2013-06-26，陈振宁采；4♂1♀，青海省班玛县玛可河乡格日则沟，2013-06-27，石福明采；1♂3♀，青海省班玛县玛可河乡红军沟（子母达沟），2013-06-30，石福明采；1♀，青海省久治县白玉乡雅沟，2013-07-04，石福明采；2♂，青海省玛沁县雪山乡切木曲，2013-07-08，石福明、谢广林采；1♀，青海省囊谦县白扎乡，2014-06-27，石福明采；1♀，青海省囊谦县白扎乡，2014-06-28，石福明采；1♀，青海省囊谦县觉拉乡，2014-06-30，石福明采；6♀，青海省囊谦县觉拉乡，2014-07-01，石福明采；2♀，青海省杂多县昂赛乡，2014-07-03，石福明采。

128. 丽罕莱灰蝶 *Helleia li* Oberthür，1886；青海省新记录种

观察标本：1♂，青海省班玛县玛可河乡美浪沟，2013-06-26，陈振宁采；

2♂，青海省班玛县玛可河乡下俄沟，2013-07-02，陈振宁采。

129. 霾灰蝶 *Maculinea arion*（Linnaeus，1758）

观察标本：1♂，青海省班玛县玛可河乡红军沟（子母达沟），2013-06-30，石福明采；1♂，青海省班玛县玛可河乡上俄沟，2013-07-01，陈振宁采。

130. 胡麻霾灰蝶青海省亚种 *Maculinea teleia sinalcon* Murayama，1992

观察标本：3♂，青海省囊谦县觉拉乡，2014-07-01，石福明采。

131. 珞灰蝶 *Scolitantides orion* Hübner，1819

观察标本：2♂，青海省班玛县玛可河乡沙沟，2013-04-26，陈振宁采；1♂1♀，青海省班玛县玛可河乡红军沟（子母达沟），2013-06-27，陈振宁采；1♂1♀，青海省班玛县玛可河乡沙沟，2013-06-28，石福明采。

132. 珞灰蝶 *Scolitantides* sp.

观察标本：1♂，青海省班玛县玛可河乡沙沟，2013-04-26，陈振宁采；2♂，青海省班玛县玛可河乡上俄沟，2013-07-01，陈振宁采；1♂，青海省久治县白玉乡科索沟，2013-07-02，石福明采；1♂，青海省久治县白玉乡圣湖，2013-07-03，石福明采；1♂，青海省玛沁县雪山乡切木曲，2013-07-08，谢广林采；1♂，青海省玛多县星星海，2013-07-11，石福明采。

133. 豆灰蝶 *Plebejus argus*（Linnaeus，1758）

观察标本：1♀，青海省班玛县玛可河乡满子沟，2013-06-28，陈振宁采。

134. 多眼灰蝶 *Polyommatus erotides*（Staudinger，1892）

观察标本：2♂，青海省班玛县玛可河乡烧柴沟，2013-06-25，陈振宁采；2♂，青海省班玛县玛可河乡上俄沟，2013-07-01，陈振宁采；1♂，青海省久治县白玉乡雅沟，2013-07-04，石福明采。

135. 维纳斯眼灰蝶 *Polyommatus venus*（Staudinger，1886）

观察标本：2♂，青海省班玛县玛可河乡美浪沟，2013-06-26，陈振宁采；1♂，青海省班玛县玛可河乡美浪沟，2013-06-29，石福明采。

（二十六）弄蝶科 Hesperiidae

136. 腌翅弄蝶 *Astictopterus jama* Felder & Felder，1860；青海省新记录种

观察标本：1♂，青海省班玛县玛可河乡美浪沟，2013-04-25，张营采；1♂，青海省班玛县玛可河乡沙沟，2013-04-26，陈振宁采。

137. 白斑银弄蝶 *Carterocephalus dieckmanni* Graeser，1888

观察标本：2♂1♀，青海省班玛县玛可河乡沙沟，2013-04-26，陈振宁采；2♂，青海省班玛县玛可河乡格日则沟，2013-06-27，石福明采；1♂，青海省班玛县玛可河乡美浪沟，2013-06-29，石福明采；1♂1♀，青海省班玛县玛可河乡红军沟（子母达沟），2013-06-30，石福明采。

138. 头银弄蝶 *Carterocephalus* sp.

观察标本：1♂，青海省班玛县玛可河乡美浪沟，2013-06-26，陈振宁采；1♂，青海省班玛县玛可河乡格日则沟，2013-06-27，石福明采；1♂，青海省班玛县玛可河乡满子沟，2013-06-28，陈振宁采；1♂，青海省班玛县玛可河乡美浪沟，2013-06-29，石福明采。

139. 稀点弄蝶 *Muschampia staudingeri*（Speyer，1879）；青海省新记录种

观察标本：1♂，青海省班玛县玛可河乡沙沟，2013-04-26，陈振宁采。

140. 小赭弄蝶 *Ochlodes venata*（Bremer et Grey，1853）

观察标本：1♂，青海省班玛县玛可河乡美浪沟，2013-06-26，陈振宁采；1♂，青海省班玛县玛可河乡格日则沟，2013-06-27，石福明采；1♂，青海省班玛县玛可河乡沙沟，2013-06-28，石福明采；1♂1♀，青海省班玛县玛可河乡美浪沟，2013-06-29，石福明采。

（二十七）羽蛾科 Pterophoridae

141. 多齿钝羽蛾 *Amblyptilia punctidactyla*（Haworth，1811）；青海省新记录种

观察标本：1♂，青海省班玛县玛可河乡美浪沟，2013-06-29，石福明采。

142. 佳择盖羽蛾 *Capperia jozana*（Matsumura，1931）；青海省新记录种

观察标本：1♂，青海省班玛县玛可河乡美浪沟，2013-06-29，石福明采。

（二十八）螟蛾科 Pyralididae

143. 夏枯草展须野螟 *Eurrhyparodes hortulata* Linnaeus

观察标本：1♀，青海省杂多县昂赛乡，2014-07-03，石福明采。

六、鞘翅目 Coleoptera

（二十九）龙虱科 Dytiscidae

144. 长端毛龙虱 *Agabus longissimus* Régimbart

观察标本：6 头，青海省杂多县扎青乡，2014-07-07 至 2014-07-09，石福明、陈俊豪采。

145. 西藏端毛龙虱 *Agabus tibetanus* Zaitzev

观察标本：1 头，青海省杂多县扎青乡，2014-07-07 至 2014-07-09，陈俊豪采。

146. 艾氏博龙虱 *Boreonectes emmerichi*（Falkenström）

观察标本：4 头，青海省杂多县扎青乡，2014-07-07 至 2014-07-09，石福明、陈俊豪采。

147. 短刻切眼龙虱 *Colymbetes minimus* Zaitzev

观察标本：2 头，青海省杂多县扎青乡，2014-07-07 至 2014-07-09，石福明、陈俊豪采。

148. 里海水龙虱 *Hygrotus caspius*（Wehncke）

观察标本：1 头，青海省杂多县扎青乡，2014-07-07 至 2014-07-09，石福明采。

149. 水龙虱 *Hygrotus* sp.

观察标本：1♀，青海省杂多县扎青乡，2014-07-07 至 2014-07-09，陈俊

豪采。

150. *Nebrioporus formasterjaechi* Toledo

观察标本：8 头，青海省杂多县扎青乡，2014-07-07 至 2014-07-09，石福明、陈俊豪采。

（三十）沟背甲科 Helophoridae

151. 伊玛沟背甲 *Helophorus imaensis* d'Orchymont

观察标本：1♀，青海省杂多县扎青乡，2014-07-07 至 2014-07-09，陈俊豪采。

152. 沟背甲 *Helophorus* sp.

观察标本：2♀，青海省杂多县扎青乡，2014-07-07 至 2014-07-09，石福明、陈俊豪采。

（三十一）埋葬甲科 Silphidae

153. 赛氏负葬甲 *Nicrophorus semenowi*（Reitter）

观察标本：1♀，青海省玛多县黄河乡，2013-07-12，王昊采。

154. 寡肋亡葬甲 *Thanatophilus roborowskyi*（Jakovlev）

观察标本：1♂2♀，青海省玛多县黄河乡，2013-07-12，谢广林采。

155. 齿亡葬甲 *Thanatophilus dentiger*（Semenov）

观察标本：1♂1♀，青海省囊谦县白扎乡，3720m，云杉林动物尸体上，2014-07-28，石福明采。

（三十二）隐翅甲科 Staphilinidae

156. *Philonthus purpuripennis* Reitter，1887

观察标本：10 头，青海省玛沁县雪山乡朗日沟，2013-07-09，谢广林采。

157. *Stenus comma* Le Conte，1863

观察标本：2 头，青海省玛沁县雪山乡朗日沟，2013-07-09，谢广林采。

158. *Sphaerobulbus* sp.

观察标本：1头，青海省囊谦县白扎乡，2014-06-29，石福明采。

159. *Platydracus* sp.

观察标本：2头，青海省玛沁县雪山乡朗日沟，2013-07-09，谢广林采。

160. *Tachinus* sp.

观察标本：3头，青海省玛沁县雪山乡朗日沟，2013-07-09，谢广林采。

161. *Miobdelus* sp.

观察标本：1头，青海省玛沁县雪山乡朗日沟，2013-07-09，谢广林采。

（三十三）步甲科 Carabidae

162. *Acalathus semirufescens* Semenov，1889

观察标本：1头，青海省班玛县玛可河乡，2013-06-29，谢广林采；2头，青海省玛沁县切木曲林场，2013-07-07，石福明采；5头，青海省玛沁县千顶帐篷雪山，2013-07-08，石福明采；5头，青海省玛沁县千顶帐篷雪山，2013-07-08，石福明采；8头，青海省玛多县朗日沟，2013-07-09，石福明采；5头，青海省玛多县扎陵湖乡，2013-07-11，谢广林采；1头，青海省玛多县黄河乡，2013-07-12，谢广林采；1头，青海省囊谦县白扎乡，2014-06-29，石福明采；4头，青海省杂多县扎青乡，2014-07-07，石福明采。

163. *Agonum* sp.1

观察标本：8头，青海省班玛县玛可河乡，2013-06-26，谢广林采；2头，青海省班玛县玛可河乡美浪沟，2013-06-27，石福明采；1头，青海省班玛县玛可河乡，2013-06-29，谢广林采。

164. *Agonum* sp.2

观察标本：2头，青海省班玛县玛可河乡，2013-06-27，谢广林采；2头，青海省玛多县朗日沟，2013-07-09，石福明采。

165. *Agonum* sp.3

观察标本：1头，青海省囊谦县觉拉乡，2014-07-01，石福明采；2头，青海省杂多县昂赛乡，2014-07-03，石福明采；5头，青海省杂多县昂赛乡，2014-07-04，陈俊豪、石福明采；2头，青海省杂多县扎青乡，2014-07-08，石福明采。

166. *Amara singularis* Tschitscherine，1894

观察标本：7头，青海省久治县白玉乡圣湖，2013-07-03，石福明采；12头，青海省玛沁县千顶帐篷雪山，2013-07-08，石福明采；1头，青海省玛多县扎陵湖乡，2013-07-11，谢广林采；25头，青海省杂多县扎青乡，2014-07-07，石福明采；7头，青海省杂多县扎青乡，2014-07-08，石福明采。

167. *Amara vagans* Tschitscherin，1897

观察标本：1头，青海省玛多县扎陵湖乡，2013-07-11，谢广林采；8头，青海省玛多县扎陵湖乡，2013-07-11，谢广林采。

168. *Amara harpaloides* Dejean，1828

观察标本：1头，青海省班玛县玛可河乡，2013-06-29，谢广林采。

169. *Amara chalciope*（Bates，1891）

观察标本：17头，青海省班玛县玛可河乡，2013-06-29，谢广林采。

170. *Amara congrua* Morawitz，1862

观察标本：4头，青海省班玛县玛可河乡，2013-06-27，谢广林采；1头，青海省囊谦县白扎乡，2014-06-29，陈俊豪采。

171. *Amara communis*（Panzer，1796）

观察标本：1头，青海省久治县白玉乡圣湖，2013-07-03，石福明采。

172. *Amara* sp.

观察标本：1头，青海省玛多县朗日沟，2013-07-09，石福明采。

173. *Andrewesius* sp.

观察标本：1头，青海省班玛县玛可河乡美浪沟，2013-06-27，石福明采；3头，青海省班玛县玛可河乡，2013-06-29，谢广林采；1头，青海省久治县白玉乡圣湖，2013-07-03，石福明采；1头，青海省囊谦县白扎乡，2014-06-29，石福明采。

174. *Aristochroa freyi* Straneo，1939

观察标本：1头，青海省杂多县扎青乡，2014-07-08，石福明采。

175. *Asaphidion* sp.

观察标本：1头，青海省杂多县昂赛乡，2014-07-03，石福明采；1头，青海省杂多县昂赛乡，2014-07-04，石福明采。

176. *Bembidion* sp.1

观察标本：1头，青海省班玛县玛可河乡美浪沟，2013-06-27，石福明采；1头，青海省班玛县玛可河乡，2013-06-29，谢广林采；1头，青海省玛多县扎陵湖乡，2013-07-11，谢广林采。

177. *Bembidion* sp.2

观察标本：2头，青海省杂多县昂赛乡，2014-07-04，石福明采；6头，青海省杂多县扎青乡，2014-07-07，石福明采；4头，青海省杂多县扎青乡，2014-07-08，石福明采。

178. 粗皱步甲 *Carabus crassesculptus* Kraatz，1881

观察标本：2头，青海省囊谦县白扎乡，2014-06-29，石福明采。

179. *Carabus* sp.

观察标本：4头，青海省玛多县扎陵湖乡牛头碑，2013-07-13，谢广林采。

180. 虎甲 *Cicindela hybrida* Linné，1758

观察标本：2头，青海省囊谦县觉拉乡，2014-06-30，石福明采。

181. *Cychrus* sp.

观察标本：2头，青海省囊谦县白扎乡，2014-06-29，石福明采；1头，青海省杂多县昂赛乡，2014-07-04，陈俊豪采。

182. 双斑猛步甲 *Cymindis binotata* Fischer-Waldheim，1820

观察标本：1 头，青海省玛多县扎陵湖乡，2013-07-11，谢广林采；1 头，青海省玛多县扎陵湖乡，2013-07-11，谢广林采；8 头，2013-07-12，青海省玛多县黄河乡，谢广林采；2 头，青海省杂多县昂赛乡，2014-07-03，陈俊豪采。

183. *Cymindis* sp.

观察标本：3 头，青海省杂多县扎青乡，2014-07-07，石福明采。

184. *Harpalus melaneus* Bates，1878

观察标本：8 头，青海省囊谦县觉拉乡，2014-07-01，陈俊豪、石福明采。

185. *Harpalus tibeticus* Andrewes，1930

观察标本：1 头，青海省班玛县玛可河乡，2013-06-27，谢广林采；1 头，青海省班玛县玛可河乡，2013-06-29，谢广林采；1 头，青海省囊谦县白扎乡，2014-06-29，石福明采；3 头，青海省囊谦县觉拉乡，2014-07-01，石福明采；2 头，青海省杂多县昂赛乡，2014-07-03，石福明采；2 头，青海省杂多县昂赛乡，2014-07-04，石福明、陈俊豪采。

186. *Harpalus* sp.

观察标本：1 头，青海省玛沁县切木曲林场，2013-07-07，石福明采。

187. *Loricera mirabilis* Jedlicka，1932

观察标本：2 头，青海省久治县白玉乡圣湖，2013-07-03，石福明采；1 头，青海省杂多县扎青乡，2014-07-07，石福明采。

188. 黄缘心步甲 *Nebria livida angulata* Bänninger，1949

观察标本：2 头，青海省杂多县昂赛乡，2014-07-05，石福明采。

189. *Nebria* sp.

观察标本：1 头，青海省班玛县玛可河乡美浪沟，2013-06-27，石福明采；2 头，青海省班玛县玛可河乡，2013-06-29，谢广林采。

190. *Pristosia* sp.

观察标本：2 头，青海省玛多县朗日沟，2013-07-09，石福明采。

191. 铜绿通缘步甲 *Pterostichus aeneocupreus*（Fairmaire，1887）

观察标本：2 头，青海省班玛县玛可河乡，2013-06-27，谢广林采；2 头，青海省班玛县玛可河乡，2013-06-29，谢广林采；9 头，青海省久治县白玉乡圣湖，2013-07-03，石福明采；2 头，青海省玛沁县切木曲林场，2013-07-07，石福明采；6 头，青海省玛多县朗日沟，2013-07-09，石福明采；7 头，青海省囊谦县白扎乡，2014-06-29，石福明、陈俊豪采；3 头，青海省杂多县昂赛乡，2014-07-05，石福明采；7 头，青海省杂多县扎青乡，2014-07-07，石福明采。

192. 波塔通缘步甲 *Pterostichus potanini* Tschitscherine，1889

观察标本：2 头，青海省班玛县玛可河乡，2013-06-26，谢广林采；3 头，青海省班玛县玛可河乡，2013-06-29，谢广林采。

193. 多彩通缘步甲 *Pterostichus polychromus* Tschitscherine，1888

观察标本：1 头，青海省囊谦县觉拉乡，2014-07-01，石福明采。

194. *Pterostichus pseudosinensis* Sciaky & Facchini，2003

观察标本：5 头，青海省囊谦县白扎乡，2014-06-29，石福明、陈俊豪采。

195. *Pterostichus semenowi*（Tschitscherine，1888）

观察标本：4 头，青海省杂多县扎青乡，2014-07-08，石福明采。

196. *Trichotichnus*（*Amaroschesis*）sp.

观察标本：4 头，青海省班玛县玛可河乡，2013-06-27，谢广林采；1 头，青海省班玛县玛可河乡美浪沟，2013-06-27，石福明采；4 头，青海省班玛县玛可河乡，2013-06-29，谢广林采。

197. *Trigonognatha* sp.

观察标本：4 头，青海省囊谦县白扎乡，2014-06-29，石福明、陈俊豪采。

198. 普氏距步甲 *Zabrus przewalskii* Semenov，1889

观察标本：2头，青海省玛沁县千顶帐篷雪山，2013-07-08，石福明采；9头，青海省玛多县扎陵湖乡，2013-07-11，谢广林采；46头，青海省玛多县扎陵湖乡，2013-07-11，谢广林采；9头，青海省玛多县扎陵湖乡，2013-07-11，谢广林采；2头，青海省囊谦县觉拉乡，2014-07-01，石福明采。

（三十四）拟步甲科 Tenebrionidae

199. 安多贞琵甲 *Agnaptoria amdoensis* G. Medvedev，2006

观察标本：4头，青海省班玛县玛可河乡，2013-06-27，石福明采。

200. 端脊琵甲 *Blaps*（*Prosoblapsia*）*apicecostata* Blair，1922

观察标本：1♂1♀，青海省囊谦县白扎乡，2014-06-27 至 2014-06-29，石福明采。

201. 赫勒琵甲 *Blaps*（*Prosoblapsia*）*helleri* Schuster，1923

观察标本：1♀，青海省囊谦县白扎乡，2014-06-27 至 2014-06-29，石福明采。

202. 脊琵甲 *Blaps*（*Prosoblapsia*）sp.

观察标本：13头，青海省囊谦县白扎乡，2014-06-27 至 2014-06-29，陈俊豪、石福明采。

203. 琵甲 *Blaps*（*Prosoblapsia*）sp.2

观察标本：42头，青海省囊谦县白扎乡，2014-06-27 至 2014-06-29，石福明、陈俊豪采；5头，青海省杂多县昂赛乡，2014-07-05，石福明、陈俊豪采。

204. 琵甲 *Blaps*（*Blaps*）sp.1

观察标本：2♂2♀，青海省囊谦县白扎乡，2014-06-27 至 2014-06-29，石福明、陈俊豪采。

205. 琵甲 *Blaps*（*Blaps*）sp. 2

观察标本：1♂1♀，青海省囊谦县白扎乡，2014-06-27 至 2014-06-29，

石福明采。

206. 皱小琵甲 *Gnaptorina rugosipennis* G. Medvedev，1998

观察标本：1♂2♀，青海省囊谦县白扎乡，2014-06-27 至 2014-06-29，石福明采。

207. 黑色小琵甲 *Gnaptorina nigera* Shi，Ren & Merkl，2007

观察标本：8 头，青海省囊谦县白扎乡，2014-06-27 至 2014-06-29，石福明、陈俊豪采。

208. 皱小琵甲 *Gnaptorina* sp.1

观察标本：9 头，青海省囊谦县白扎乡，2014-06-27 至 2014-06-29，石福明、陈俊豪采。

209. 鲨皮小琵甲 *Gnaptorina* sp.2

观察标本：8 头，青海省囊谦县白扎乡，2014-06-27 至 2014-06-29，石福明采。

210. 扎青乡小琵甲 *Gnaptorina* sp.3

观察标本：4 头，青海省囊谦县白扎乡，2014-06-27 至 2014-06-29，石福明采。

211. 心形小琵甲 *Gnaptorina*（*Boreoptorina*）*cordicollis* Medvedev，1998

观察标本：1♀，青海省杂多县昂赛乡，2014-07-03 至 2014-07-05，石福明采；3♂2♀，青海省杂多县扎青乡，2014-07-07 至 2014-07-08，石福明采；1♀，青海省杂多县扎青乡，2014-07-07 至 2014-07-08，石福明采；3♂，青海省囊谦县觉拉乡，2014-08-01，石福明采。

212. 钱氏双刺甲 *Bioramix*（*Cardiobioramix*）*championi*（Reitter，1891）

观察标本：2♂，青海省班玛县玛可河乡，2013-06-26 至 2013-06-29，石福明、谢广林采。

213. 莱光双刺甲 *Bioramix*（*Leipopleura*）*reinigi*（Kaszab，1940）

观察标本：3♂1♀，青海省玛多县扎陵湖乡，2013-07-11，石福明、谢广林；14♂10♀，青海省玛多县黄河乡，2013-07-11至2013-07-12，石福明、谢广林采；3♂1♀，青海省玛多县扎陵湖乡，2013-07-13，石福明、谢广林采；1♂，青海省囊谦县，2014-06-27至2014-06-29，石福明采；1♂，青海省杂多县昂赛乡，2014-07-03至2014-07-05，石福明采。

（三十五）芜菁科 Meloidae

214. 西藏绿芜菁 *Lytta*（*Lytta*）*roborowskyi*（Dokhtouroff，1887）

观察标本：3♂6♀，青海省囊谦县觉拉乡，2014-07-01，石福明采。

215. 心胸短翅芜菁 *Meloe*（*Meloe*）*subcordicollis* Fairmaire，1887

观察标本：2♂，青海省杂多县扎青乡，2014-07-08，石福明采。

216. 斑芜菁 *Mylabris* sp.

观察标本：2头，青海省囊谦县觉拉乡，2014-06-30，石福明、陈俊豪采。

（三十六）瓢甲科 Coccinellidae

217. 二星瓢虫 *Adalia bipunctata*（Linnaeus，1758）

观察标本：2头，青海省囊谦县觉拉乡，2014-07-01，石福明、陈俊豪采；1头，青海省杂多县昂赛乡，2014-07-03，石福明采。

218. 锯毛腹瓢虫 *Aaages prior* Barovskij，1926

观察标本：2头，青海省杂多县昂赛乡，2014-07-03，陈俊豪、石福明采。

219. 大斑瓢虫 *Coccinella magnopunctata* Rybakow，1889

观察标本：1头，青海省囊谦县白扎乡，2014-06-27，石福明采；2头，青海省囊谦县觉拉乡，2014-06-30，石福明、陈俊豪采；2头，青海省囊谦县觉拉乡，2014-06-30，陈俊豪采；1头，青海省杂多县扎青乡，2014-07-08，陈俊豪采。

220. 纵条瓢虫 *Coccinella longifasciata* Liu，1962

观察标本：1头，青海省囊谦县觉拉乡，2014-07-01，石福明采。

七、毛翅目 Trichoptera

221. *Apatania mongolica* Martynov

观察标本：4♂，青海省玛沁县雪山乡至千顶帐篷雪山，2013-07-08，石福明采；17♂，青海省玛沁县雪山乡至千顶帐篷雪山，2013-07-08，石福明、谢广林采。

222. 扁肢纹石蛾 *Hydropsyche rhomboana* Martynov

观察标本：6♂1♀，青海省班玛县玛可河乡，2013-06-26，石福明、谢广林采。

223. *Pseudostenophylax* sp.

观察标本：4♀，青海省久治县白玉乡圣湖，2013-07-03，石福明采。

224. *Psychomyia* sp.

观察标本：1♂2♀，青海省班玛县玛可河乡，2013-06-26，石福明采；9♂4♀，青海省班玛县玛可河乡，2013-06-26，谢广林采。

八、膜翅目 Hymenoptera

（三十七）三节叶蜂科 Argidae

225. 小斑弯钳三节叶蜂 *Arge forcipata* Malaise，1934；青海省新记录种

观察标本：2♀1♂，青海省班玛县玛可河乡雅沟，2013-07-04，石福明、谢广林采。

226. 小刺黑头三节叶蜂 *Arge fumipennis*（Smith，1878）；中国新记录种

观察标本：1♀，青海省班玛县玛可河乡，2013-06-27 至 2013-06-30，石福明、谢广林采。

227. 斑胫弯钳三节叶蜂 *Arge lutea*（Cameron，1876）；青海省新记录种

观察标本：4♀，青海省班玛县玛可河乡雅沟，2013-07-04，石福明、谢广林采。

228. 三节叶蜂 *Arge* sp. 1

观察标本：3♀，青海省班玛县玛可河乡，2013-06-27 至 2013-06-30，石福明，谢广林；1♀，青海省班玛县玛可河乡红军沟，2013-06-30，石福明、谢广林采。

229. 三节叶蜂 *Arge* sp. 2

观察标本：1♀，青海省杂多县昂赛乡，4200m，95.62°E，32.79°N，2014-07-03，石福明采。

230. 三节叶蜂 *Arge* sp. 4

观察标本：1♂，青海省班玛县玛可河乡，2013-06-27 至 2013-06-30，石福明、谢广林采。

231. 三节叶蜂 *Arge* sp.5

观察标本：1♀，青海省班玛县玛可河乡，2013-06-27 至 2013-06-30，石福明、谢广林采。

232. 三节叶蜂 *Arge* sp. 6

观察标本：3♀，青海省班玛县玛可河乡，2013-06-27 至 2013-06-30，石福明、谢广林采。

233. 三节叶蜂 *Arge* sp. 7

观察标本：1♂，青海省班玛县玛可河乡，2013-06-27 至 2013-06-30，石福明、谢广林采。

234. 三节叶蜂 *Arge* sp. 8

观察标本：2♀，青海省班玛县玛可河乡，2013-06-27 至 2013-06-30，石福明、谢广林采。

（三十八）叶蜂科 Tenthredinidae

235. 小斑残青叶蜂 *Athalia minor* Wei, 2007

观察标本：2♀，青海省久治县白玉乡科索沟，2013-07-02，石福明、谢广林采；1♀2♂，青海省久治县白玉乡圣湖，2013-07-03，石福明、谢广林采；1♀，青海省班玛县玛可河乡雅沟，2013-07-04，石福明、谢广林采。

236. 残青叶蜂 *Athalia* sp.

观察标本：1♀，青海省班玛县玛可河乡，2013-06-27 至 2013-06-30，石福明、谢广林采。

237. 残青叶蜂 *Athalia* sp.

观察标本：1♂，青海省久治县白玉乡科索沟，2013-07-02，石福明、谢广林采；1♂，青海省久治县白玉乡圣湖，2013-07-03，石福明、谢广林采；1♀1♂，青海省玛沁县雪山乡切木曲林场，2013-07-07，石福明、谢广林采。

238. 单带沟角叶蜂 *Casipteryx roborowskyi*（Jakovlev, 1887）

观察标本：1♀1♂，青海省囊谦县觉拉乡，4600m，96.14°E，32.54°N，2014-07-01，石福明采。

239. 麦叶蜂 *Dolerus* sp.

观察标本：1♀，青海省班玛县玛可河乡，2013-06-27 至 2013-06-30，石福明、谢广林采。

240. 麦叶蜂 *Dolerus* sp.

观察标本：1♀，青海省班玛县玛可河乡红军沟，2013-06-30，石福明、谢广林采。

241. 麦叶蜂 *Dolerus* sp.

观察标本：1♀，青海省班玛县玛可河乡，2013-06-27 至 2013-06-30，石福明、谢广林采。

242. 武氏麦叶蜂 *Dolerus* sp.

观察标本：2♂，青海省班玛县玛可河乡，2013-06-27 至 2013-06-30，石福明、谢广林采；2♀，青海省班玛县玛可河乡红军沟，2013-06-30，石福明、谢广林采；1♂，青海省班玛县玛可河乡子母达沟，2013-06-30，石福明采；

1♀，青海省班玛县玛可河乡雅沟，2013-07-04，石福明、谢广林采。

243. 斜齿斑腹叶蜂 *Empria* sp.

观察标本：1♂，青海省杂多县昂赛乡，4400m，95.19°E，33.10°N，2014-07-08，石福明采。

244. 吕氏宽距叶蜂 *Eurhadinoceraea lui* Wei，1999

观察标本：2♂，青海省班玛县玛可河乡，2013-06-27 至 2013-06-30，石福明、谢广林采。

245. 宽距叶蜂 *Eurhadinoceraea* sp.

观察标本：1♀，青海省班玛县玛可河乡，2013-06-27 至 2013-06-30，石福明、谢广林采。

246. 刻点宽距叶蜂 *Eurhadinoceraea punctata* Wei，1999

观察标本：1♀，青海省班玛县玛可河乡红军沟，2013-06-30，石福明、谢广林采。

247. 斑腹长颊叶蜂 *Hypsathalia przewalskyi*（Jakovlev，1887）

观察标本：1♀1♂，青海省久治县白玉乡科索沟，2013-07-02，石福明、谢广林采。

248. 弱脊金叶蜂 *Metallopeus inermis* Malaise，1945；青海省新记录种

观察标本：1♂，青海省囊谦县白扎乡，96.55°E，32.06°N，4800m，2014-06-29，石福明采。

249. 方颜叶蜂 *Pachyprotasis* sp.

观察标本：1♀，青海省玛沁县雪山乡切木曲林场，2013-07-07，石福明、谢广林采。

250. 方颜叶蜂 *Pachyprotasis* sp.

观察标本：1♀，青海省班玛县玛可河乡红军沟，2013-06-30，石福明、谢广林采。

251. 车前方颜叶蜂 *Pachyprotasis nigronotata* Kriechbaumer，1874；青海省新记录种

观察标本：1♀，青海省班玛县玛可河乡，2013-06-27 至 2013-06-30，石福明、谢广林采。

252. 周氏方颜叶蜂 *Pachyprotasis zhoui* Wei & Zhong，2007；青海省新记录种

观察标本：1♀1♂，青海省班玛县玛可河乡，2013-06-27 至 2013-06-30，石福明、谢广林采；1♀，青海省班玛县玛可河乡红军沟，2013-06-30，石福明、谢广林采；4♀，青海省班玛县玛可河乡雅沟，2013-07-04，石福明、谢广林采。

253. 玄参方颜叶蜂 *Pachyprotasis rapae*（Linnaeus，1767）

观察标本：10♀3♂，青海省班玛县玛可河乡，2013-06-27 至 2013-06-30，石福明、谢广林采；2♀，青海省班玛县玛可河乡红军沟，2013-06-30，石福明、谢广林采；8♀3♂，青海省久治县白玉乡科索沟，2013-07-02，石福明、谢广林采；2♀，青海省玛沁县雪山乡切木曲林场，2013-07-07，石福明、谢广林采。

254. 齿唇叶蜂 *Rhogogaster* sp.

观察标本：3♀1♂，青海省班玛县玛可河乡，2013-06-27 至 2013-06-30，石福明、谢广林采。

255. 绿叶蜂 *Rhogogaster* sp.

观察标本：1♀，青海省囊谦县白扎乡，96.55°E，32.06°N，4800m，2014-06-27，石福明采；1♀，青海省囊谦县觉拉乡，96.14°E，32.54°N，4600m，2014-07-01，石福明采；1♀，青海省杂多县昂赛乡，95.62°E，32.79°N，4200m，2014-07-03，石福明采。

256. 元叶蜂 *Taxonus* sp.

观察标本：3♀3♂，青海省杂多县昂赛乡，95.62°E，32.79°N，4200m，2014-07-03，石福明、陈俊豪采。

257.元叶蜂 *Taxonus* sp.

观察标本：2♂，青海省班玛县玛可河乡红军沟，2013-06-30，石福明、谢广林采。

258.绅元叶蜂 *Taxoblenus* sp.

观察标本：1♀1♂，青海省囊谦县白扎乡，96.55°E，32.06°N，4800m，2014-06-28，石福明采。

259.美丽绅元叶蜂 *Taxoblenus formosus* Wei & Nie，1999

观察标本：1♀，青海省囊谦县白扎乡，96.55°E，32.06°N，4800m，2014-06-28，石福明采。

260.绅元叶蜂 *Taxoblenus* sp.

观察标本：1♀，青海省杂多县昂赛乡，95.62°E，32.79°N，4200m，2014-07-03，石福明采。

261.红足绅元叶蜂 *Taxoblenus rufipes* Wei & Nie，1999

观察标本：1♀，青海省玛沁县雪山乡切木曲林场，2013-07-07，石福明、谢广林采。

262.中华绅元叶蜂 *Taxoblenus sinicus* Wei & Nie，1999

观察标本：2♀，青海省班玛县玛可河乡，2013-06-27 至 2013-06-30，石福明，谢广林采；1♀，青海省班玛县玛可河乡雅沟，2013-07-04，石福明、谢广林采。

263.叶蜂 *Tenthredo* sp.

观察标本：1♀，青海省久治县白玉乡科索沟，2013-07-02，石福明、谢广林采；1♀，青海省玛沁县雪山乡朗日沟，2013-07-09，石福明、谢广林采。

264.叶蜂 *Tenthredo* sp.

观察标本：1♀，青海省班玛县玛可河乡，2013-06-27 至 2013-06-30，石福明、谢广林采。

265. 叶蜂 *Tenthredo* sp.

观察标本：1♀，青海省班玛县玛可河乡雅沟，2013-07-04，石福明、谢广林采。

266. 叶蜂 *Tenthredo* sp.

观察标本：1♀1♂，青海省囊谦县白扎乡，96.55°E，32.06°N，4800m，2014-06-29，石福明采；1♂，青海省杂多县昂赛乡，95.62°E，32.79°N，4200m，2014-07-03，石福明采。

267. 窄带长突叶蜂 *Tenthredo bullifera* Malaise，1945；青海省新记录种

观察标本：2♀4♂，青海省班玛县玛可河乡，2013-06-27 至 2013-06-30，石福明、谢广林采；1♀1♂，青海省班玛县玛可河乡雅沟，2013-07-04，石福明、谢广林采；1♂，青海省囊谦县白扎乡，96.55°E，32.06°N，4800m，2014-06-28，石福明采。

268. 叶蜂 *Tenthredo* sp.

观察标本：1♀，青海省班玛县玛可河乡子母达沟，2013-06-30，石福明采。

269. 叶蜂 *Tenthredo* sp.

观察标本：4♀1♂，青海省班玛县玛可河乡，2013-06-27 至 2013-06-30，石福明、谢广林采；1♀，青海省班玛县玛可河乡红军沟，2013-06-30，石福明、谢广林采；1♂，青海省久治县白玉乡科索沟，2013-07-02，石福明、谢广林采；1♀，青海省班玛县玛可河乡雅沟，2013-07-04，石福明、谢广林采；1♀1♂，青海省玛沁县雪山乡朗日沟，2013-07-09，石福明、谢广林采；1♀，青海省囊谦县白扎乡，96.55°E，32.06°N，4800m，2014-06-29，石福明采。

270. 叶蜂 *Tenthredo* sp.

观察标本：1♀，青海省班玛县玛可河乡红军沟，2013-06-30，石福明、

谢广林采;1♀,青海省班玛县玛可河乡,2013-06-27 至 2013-06-30,石福明、谢广林采。

271.叶蜂 *Tenthredo* sp.

观察标本:9♀6♂,青海省班玛县玛可河乡,2013-06-27 至 2013-06-30,石福明、谢广林采;4♂,青海省班玛县玛可河乡雅沟,2013-07-04,石福明、谢广林采。

272.长颊斑黄叶蜂 *Tenthredo helveicornis* Malaise,1945;青海省新记录种

观察标本:1♀,青海省班玛县玛可河乡,2013-06-27 至 2013-06-30,石福明、谢广林采。

273.叶蜂 *Tenthredo* sp.

观察标本:1♀,青海省班玛县玛可河乡雅沟,2013-07-04,谢广林采。

274.双带短角叶蜂 *Tenthredo intercincta*(Malaise,1934);青海省新记录种

观察标本:3♀,青海省班玛县玛可河乡,2003-06-27 至 2003-06-30,石福明、谢广林采;2♀,青海省班玛县玛可河乡红军沟,2013-06-30,石福明、谢广林采;1♂,青海省班玛县玛可河乡子母达沟,2013-06-30,石福明采;2♀,青海省囊谦县白扎乡,96.55°E,32.06°N,4800m,2014-06-27,石福明采。

275.短角红环叶蜂 *Tenthredo labrangensis* Haris,2009;青海省新记录种

观察标本:1♀,青海省玛沁县雪山乡切木曲林场,2013-07-07,石福明、谢广林采。

276.叶蜂 *Tenthredo* sp.

观察标本:1♀,青海省班玛县玛可河乡,2013-06-27 至 2013-06-30,石福明、谢广林采。

277. 淡痣短角叶蜂 *Tenthredo maculiger*（Jakovlev，1891）

观察标本：1♀，青海省班玛县玛可河乡，2013-06-27 至 2013-06-30，石福明、谢广林采；2♂，青海省班玛县玛可河乡红军沟，2013-06-30，石福明、谢广林采；1♀，青海省班玛县玛可河乡子母达沟，2013-06-30，石福明采。

278. 平盾短角叶蜂 *Tenthredo maculiger dioctrioides*（Jakovlev，1891）；青海省新记录种

观察标本：2♀，青海省囊谦县白扎乡，4800m，96.55°E，32.06°N，2014-06-28 至 2014-06-29，石福明采；1♀，青海省杂多县昂赛乡，95.62°E，32.79°N，4200m，2014-07-03，石福明采；1♀，青海省杂多县扎青乡，95.19°E，33.10°N，4400m，2014-07-08，石福明采。

279. 微小短角叶蜂 *Tenthredo minuta*（Jakovlev，1891）

观察标本：8♀7♂，青海省班玛县玛可河乡，2013-06-27 至 2013-06-30，石福明、谢广林采。

280. 叶蜂 *Tenthredo* sp.

观察标本：1♂，青海省杂多县扎青乡，95.19°E，33.10°N，4400m，2014-07-08，石福明采。

281. 叶蜂 *Tenthredo* sp.

观察标本：2♀，青海省杂多县昂赛乡，95.62°E，32.79°N，4200m，2014-07-03，石福明采。

282. 叶蜂 *Tenthredo* sp.

观察标本：1♀，青海省囊谦县白扎乡，96.55°E，32.06°N，4800m，2014-06-29，石福明采。

283. 叶蜂 *Tenthredo* sp.

观察标本：1♂，青海省班玛县玛可河乡红军沟，2013-06-30，石福明、谢广林采；2♀，青海省班玛县玛可河乡雅沟，2013-07-04，石福明、谢广林采。

284. 淡痣低突叶蜂 Tenthredo nimbata Konow，1906

观察标本：1♀1♂，青海省玛沁县雪山乡朗日沟，2013-07-09，石福明、谢广林采；3♀3♂，青海省囊谦县白扎乡，96.55°E，32.06°N，4800m，2014-06-27 至 2014-06-29，石福明、陈俊豪采；3♀，青海省囊谦县觉拉乡，96.14°E，32.54°N，4600m，2014-06-30，石福明采；1♀1♂，青海省囊谦县觉拉乡，96.14°E，32.54°N，4600m，2014-07-01，石福明采；3♀1♂，青海省杂多县昂赛乡，95.62°E，32.79°N，4200m，2014-07-03 至 2014-07-05，石福明、陈俊豪采；8♀6♂，青海省杂多县昂赛乡，95.62°E，32.79°N，4200m，2014-07-04 至 2014-07-05，石福明、陈俊豪采。

285. 短突绿叶蜂 Tenthredo olivacea Klug，1817

观察标本：2♂，青海省囊谦县白扎乡，96.55°E，32.06°N，4800m，2014-06-27，石福明采；1♀，青海省杂多县昂赛乡，95.62°E，32.79°N，4200m，2014-07-03，石福明采；1♂，青海省杂多县昂赛乡，95.62°E，32.79°N，4200m，2014-07-04，石福明采；1♀，青海省杂多县扎青乡，95.19°E，33.10°N，4400m，2014-07-08，石福明采。

286. 叶蜂 Tenthredo sp.

观察标本：5♀5♂，青海省班玛县玛可河乡，2013-06-27 至 2013-06-30，石福明、谢广林采。

287. 绿胸短角叶蜂 Tenthredo pusilloides（Malaise，1934）；青海省新记录种

观察标本：2♀3♂，青海省班玛县玛可河乡，2013-06-27 至 2013-06-30，石福明、谢广林采。

288. 叶蜂 Tenthredo sp.

观察标本：1♀，青海省玛沁县雪山乡切木曲林场，2013-07-07，石福明、谢广林。

289. 斑眶低突叶蜂 Tenthredo parcepilosa Malaise，1945；青海省新记录种

观察标本：1♂，青海省囊谦县白扎乡，96.55°E，32.06°N，4800m，2014-06-27，石福明采。

290. 斜头短角叶蜂 Tenthredo plagiocephalia Wei，2002；青海省新记录种

观察标本：1♀，青海省班玛县玛可河乡，2013-06-27 至 2013-06-30，石福明、谢广林采。

291. 叶蜂 Tenthredo sp.

观察标本：4♀2♂，青海省杂多县昂赛乡，95.62°E，32.79°N，4200m，2014-07-04，石福明、陈俊豪采。

292. 黑唇红环叶蜂 Tenthredo pulchra Jakovlev，1891；青海省新记录种

观察标本：1♂，青海省久治县白玉乡科索沟，2013-07-02，石福明、谢广林采；1♂，青海省囊谦县白扎乡，96.55°E，32.06°N，4800m，2014-06-29，石福明采。

293. 叶蜂 Tenthredo sp.

观察标本：1♀1♂，青海省班玛县玛可河乡，2013-06-27 至 2013-06-30，石福明、谢广林采；1♀，青海省班玛县玛可河雅沟，2013-07-04，谢广林采。

294. 红端突绿叶蜂 Tenthredo rufoviridis Malaise，1945

观察标本：1♂，青海省班玛县玛可河乡，2013-06-27 至 2013-06-30，石福明、谢广林采；3♂，青海省囊谦县白扎乡，96.55°E，32.06°N，4800m，2014-06-27，石福明、陈俊豪采；2♀，青海省杂多县昂赛乡，4200m，95.62°E，32.79°N，2014-07-05，石福明采。

295. 叶蜂 Tenthredo sp.

观察标本：3♀，青海省杂多县扎青乡，95.19°E，33.10°N，4400m，2014-07-08，石福明、陈俊豪采。

296. 蓝背红环叶蜂 Tenthredo rufizonata Malaise，1945；青海省新记录种

观察标本：8♀，青海省久治县白玉乡科索沟，2013-07-02，石福明、谢广林。

297. 叶蜂 *Tenthredo* sp.

观察标本：1♀，青海省玛沁县雪山乡毛干顶，2013-07-08，石福明、谢广林采。

298. 叶蜂 *Tenthredo* sp.

观察标本：1♀，青海省久治县白玉乡科索沟，2013-07-02，石福明、谢广林采。

299. 收敛低突叶蜂 *Tenthredo sublimis* Konow，1908；青海省新记录种

观察标本：10♀3♂，青海省班玛县玛可河乡，2013-06-27 至 2013-06-30，石福明、谢广林采；2♀1♂，青海省班玛县玛可河乡子母达沟，2013-06-30，石福明采；1♀，青海省班玛县玛可河乡红军沟，2013-06-30，石福明、谢广林采；2♂，青海省久治县白玉乡科索沟，2013-07-02，石福明、谢广林采；1♀2♂，青海省班玛县玛可河乡雅沟，2013-07-04，石福明、谢广林采；1♀，青海省玛沁县雪山乡朗日沟，2013-07-09，石福明、谢广林采。

300. 多斑高突叶蜂 *Tenthredo triangulimacula* Wei & Hu，2013；青海省新记录种

观察标本：1♂，青海省班玛县玛可河乡，2013-06-27 至 2013-06-30，石福明、谢广林采。

301. 叶蜂 *Tenthredo* sp.

观察标本：1♀，青海省班玛县玛可河乡，2013-06-27 至 2013-06-30，石福明、谢广林采。

302. 叶蜂 *Tenthredo* sp.

观察标本：1♀，青海省班玛县玛可河乡红军沟，2013-06-30，石福明、谢广林采；1♀，青海省久治县白玉乡圣湖，2013-07-03，石福明、谢广林采。

303. 叶蜂 *Tenthredo* sp.

观察标本：1♂，青海省班玛县玛可河乡，2013-06-27 至 2013-06-30，石福明、谢广林采。

304. 叶蜂 *Tenthredo* sp.

观察标本：1♀，青海省班玛县玛可河乡，2013-06-27 至 2013-06-30，石福明、谢广林采；1♀，青海省班玛县玛可河乡雅沟，2013-07-04，石福明、谢广林采；4♀，青海省囊谦县白扎乡，96.55°E，32.06°N，4800m，2014-06-29 至 2014-06-30，石福明采；1♀，青海省杂多县昂赛乡，95.62°E，32.79°N，4200m，2014-07-03，石福明采。

（三十九）切叶蜂科 Megachilidae

305. 凹唇壁蜂 *Osmia heudei* Cockerell

观察标本：4♂，青海省杂多县昂赛乡，2014-07-03、2014-07-08，石福明、陈俊豪采。

306. 黑孔蜂 *Heriades sauteri* Cockerell

观察标本：2♀，青海省囊谦县觉拉乡，2014-07-01，石福明采。

307. 细切叶蜂 *Megachile spissula* Cockerell

观察标本：1♂，青海省囊谦县觉拉乡，2014-07-01，石福明采。

（四十）分舌蜂科 Colletidae

308. 叶舌蜂 *Hylaeus floralis* Smith

观察标本：4♂，青海省杂多县昂赛乡，2014-07-03，石福明、陈俊豪采。

（四十一）隧蜂科 Halictidae

309. 切淡脉隧蜂 *Lasioglossum excisum* Ebmer

观察标本：1♀，青海省囊谦县觉拉乡，2014-07-01，陈俊豪采。

310. 内蒙淡脉隧蜂 *Lasioglossum neimengensis* Zhang，Niu et Li

观察标本：2♀，青海省囊谦县觉拉乡，2014-07-01，陈俊豪采。

311. 直沟淡脉隧蜂 *Lasioglossum speculinum*（Cockerell）

观察标本：2♀，青海省囊谦县觉拉乡，2014-07-01，陈俊豪采；2♀，青海省杂多县昂赛乡，2014-07-03、2014-07-07，石福明采。

312. 红腹蜂 *Sphecodes* sp.

观察标本：1♀，青海省囊谦县觉拉乡，2014-07-01，石福明采。

（四十二）蜜蜂科 Apidae

313. 彩艳斑蜂 *Nomada versicolor* Smith

观察标本：1♀，青海省囊谦县觉拉乡，2014-06-30，陈俊豪采；1♀，青海省杂多县昂赛乡，2014-07-03，石福明采。

314. 熊蜂 *Bombus* sp.1

观察标本：4♀，青海省杂多县昂赛乡，2014-07-08，石福明、陈俊豪采。

315. 熊蜂 *Bombus* sp.2

观察标本：1♀，青海省囊谦县觉拉乡，2014-07-01，陈俊豪采。

（四十三）准蜂科 Melittidae

316. 准蜂 *Melitta* sp.1

观察标本：5♀，青海省囊谦县觉拉乡，2014-07-01，石福明、陈俊豪采。

317. 准蜂 *Melitta* sp.2

观察标本：9♀，青海省杂多县昂赛乡，2014-07-08，石福明、陈俊豪采。

（四十四）泥蜂科 Sphecidae

318. 齿爪长足泥蜂齿爪亚种 *Podalonia affinis affinis*（Kirby，1798）

观察标本：2♀，青海省杂多县昂赛乡，2014-07-03，石福明采；1♀，青海省囊谦县觉拉乡，2014-06-30，石福明采。

（四十五）方头泥蜂科 Crabronidae

319. 盾阔额短柄泥蜂 *Passaloecus clypealis* Faester，1947

观察标本：1♀1♂，青海省杂多县昂赛乡，2014-07-03，石福明采。

320. 角额短翅泥蜂倾斜亚种 *Trypoxylon*（*Trypoxylon*）*fronticorne obliquum* Tsuneki，1981

观察标本：1♀，青海省囊谦县觉拉乡，2014-06-30，石福明采。

321. 隐短柄泥蜂 *Diodontus* sp.

观察标本：1♂，青海省杂多县扎青乡，2014-07-07，石福明采。

322. 滑腹泥蜂 *Encopognathus* sp.

观察标本：1♂，青海省杂多县昂赛乡，2014-07-03，石福明采。

323. 脊短柄泥蜂 *Psenulus* sp.

观察标本：1♂，青海省囊谦县觉拉乡，2014-06-30，石福明采；1♂，青海省杂多县昂赛乡，2014-07-03，石福明采。

蛛形纲 Arachnida

九、蜘蛛目 Araneae

（四十六）平腹蛛科 Gnaphosidae

324. 梳齿掠蛛 *Drassodes pectinifer* Schenkel，1936

观察标本：1♂，青海省班玛县玛可河乡美浪沟，2013-06-29，石福明采。

325. 小近狂蛛 *Drassyllus pusillus* C. L. Koch，1833

观察标本：1♀，青海省杂多县昂赛乡，2014-07-03，石福明采。

326. 欠虑平腹蛛 *Gnaphosa inconspecta* Simon，1878

观察标本：1♀，青海省班玛县玛可河乡美浪沟，2013-06-29，石福明采。

327. 甘肃平腹蛛 *Gnaphosa kansuensis* Schenkel，1936

观察标本：1♀，青海省班玛县玛可河乡美浪沟，2013-06-29，石福明采。

328. 曼平腹蛛 *Gnaphosa mandschurica* Schenkel，1963

观察标本：1♂，青海省囊谦县白扎乡，2014-06-29，石福明采。

329. 细平腹蛛 *Gnaphosa gracilior* Kulczynski，1901

观察标本：1♀，青海省杂多县昂赛乡，2014-07-04，石福明采。

330. 西宁小蚁蛛 *Micaria xiningensis* Hu，2001

观察标本：1♀，青海省囊谦县觉拉乡，2014-07-01，陈俊豪采。

（四十七）狼蛛科 Lycosidae

331. 田野豹蛛 *Pardosa agrestis*（Westring，1861）

观察标本：1♂，青海省班玛县玛可河乡格日则沟，2013-06-27，石福明采；1♂，青海省班玛县玛可河乡美浪沟，2013-06-29，石福明采；1♀，青海省久治县白玉乡雅沟，2013-07-04，石福明采；4♂1♀，青海省囊谦县白扎乡，2014-06-29，石福明、陈俊豪采；2♀1♂，青海省囊谦县觉拉乡，2014-07-01，石福明采；2♂1♀，青海省杂多县昂赛乡，2014-07-03，石福明采；6♀，青海省杂多县昂赛乡，2014-07-04，石福明采。

332. 星豹蛛 *Pardosa astrigera* L. Koch，1878

观察标本：3♀1♂，青海省囊谦县觉拉乡，2014-07-01，石福明、陈俊豪采。

333. 黑暗豹蛛 *Pardosa atronigra* Song，1995

观察标本：1♀，青海省班玛县玛可河乡格日则沟，2013-06-27，石福明采；1♂，青海省杂多县扎青乡，2014-07-07，石福明采。

334. 双带豹蛛 *Pardosa bifasciata* C. L. Koch，1834

观察标本：2♀，青海省囊谦县觉拉乡，2014-06-30，石福明采。

335. 海北豹蛛 *Pardosa haibeiensis* Yin et al.，1995

观察标本：1♀，青海省久治县白玉乡科索沟，2013-07-02，石福明采；9♀2♂，青海省杂多县扎青乡，2014-07-07，石福明采；5♀，青海省杂多县扎青乡，2014-07-08，石福明采。

336. 豪氏豹蛛 *Pardosa haupti* Song，1995

观察标本：1♀，青海省玛多县扎陵湖乡，2013-07-11，石福明采。

337. 理塘豹蛛 *Pardosa litangensis* Xu, Zhu & Kim, 2010

观察标本：1♂，青海省囊谦县觉拉乡，2014-06-28，石福明采；1♂，青海省杂多县昂赛乡，2014-07-04，石福明采。

338. 羽状豹蛛 *Pardosa plumipes*（Thorell，1875）

观察标本：1♀，青海省班玛县玛可河乡美浪沟，2013-06-29，石福明采。

339. 似荒漠豹蛛 *Pardosa tesquorumoides* Song & Yu, 1990

观察标本：1♂，青海省杂多县扎青乡，2014-07-08，陈俊豪采。

340. 蒙古豹蛛 *Pardosa mongolica* Kulczyn'ski, 1901

观察标本：1♀，青海省杂多县扎青乡，2014-07-08，石福明采。

341. 豹蛛 *Pardosa* sp.1

观察标本：1♀，青海省杂多县昂赛乡，2014-07-04，陈俊豪采。

342. 豹蛛 *Pardosa* sp.2

观察标本：1♀，青海省杂多县昂赛乡，2014-07-04，石福明采。

343. 豹蛛 *Pardosa* sp.3

观察标本：1♀，青海省杂多县扎青乡，2014-07-08，石福明采。

（四十八）肖蛸科 Tetragnathidae

344. 前齿肖蛸 *Tetragnatha praedonia* L. Koch, 1878

观察标本：1♂，青海省班玛县玛可河乡，2013-06-30，石福明采。

345. 圆尾肖蛸 *Tetragnatha vermiformis* Emerton, 1884

观察标本：3♀4♂，青海省班玛县玛可河乡美浪沟，2013-06-29，石福明采；1♂，青海省班玛县玛可河乡，2013-06-30，石福明采；1♂，青海省班玛县玛可河乡，2013-06-30，石福明采。

（四十九）球蛛科 Theridiidae

346. 珍珠齿螯蛛 *Enoplognatha margarita* Yaginuma, 1964

观察标本：3♂，青海省班玛县玛可河乡，2013-06-26，石福明采；2♂，青海省班玛县玛可河乡美浪沟，2013-06-29，石福明采。

347. 印痕菲娄蛛 *Phylloneta impressa*（L. Koch，1881）

观察标本：1♀1♂，青海省久治县白玉乡雅沟，2013-07-04，石福明采；2♀，青海省囊谦县觉拉乡，2014-06-30，石福明采。

348. 白斑肥腹蛛 *Steatoda albomaculata*（De Geer，1778）

观察标本：8♀，青海省玛多县扎陵湖乡，2013-07-11，石福明采；1♀，青海省玛多县黄河乡，2013-07-12，石福明采；1♀，青海省玛多县扎陵湖乡，2013-07-13，石福明采；2♂，青海省囊谦县觉拉乡，2014-07-01，石福明采；6♀，青海省杂多县昂赛乡，2014-07-04，石福明、陈俊豪采。

（五十）皿蛛科 Linyphiidae

349. 门源皿蛛 *Linyphia menyuanensis* Hu，2001（雌性新发现）

观察标本：2♀，青海省班玛县玛可河乡，2013-06-26，石福明采；3♀1♂，青海省班玛县玛可河乡美浪沟，2013-06-29，石福明采。

350. 黑疣舟蛛 *Nematogmus nigripes* Hu，2001

观察标本：1♀，青海省杂多县扎青乡，2014-07-08，石福明采。

351. 盖蛛 *Neriene* sp.

观察标本：6♀，青海省杂多县昂赛乡，2014-07-03，石福明采；2♀，青海省杂多县昂赛乡，2014-07-04，石福明采。

（五十一）蟹蛛科 Thomisidae

352. 梅氏毛蟹蛛 *Heriaeus melloteei* Simon，1886

观察标本：1♂，青海省久治县白玉乡雅沟，2013-07-04，石福明采。

353. 巴尔花蟹蛛 *Xysticus baltistanus* Caporiacco，1935

观察标本：1♂，青海省囊谦县觉拉乡，2014-06-30，陈俊豪采。

354. 花蟹蛛 *Xysticus* sp.

观察标本：1♀，青海省杂多县昂赛乡，2014-07-03，石福明采。

（五十二）园蛛科 Araneidae

355. 太白尖蛛 *Aculepeira taibaishanensis* Zhu & Wang，1995

观察标本：1♂1♀，青海省杂多县扎青乡，2014-07-08，石福明采。

356. 六痣蛛 *Araniella displicata* Hentz，1847

观察标本：1♂，青海省囊谦县觉拉乡，2014-06-30，石福明采。

（五十三）管巢蛛科 Clubionidae

357. 褐管巢蛛 *Clubiona neglecta* O. P. -Cambridge，1862

观察标本：1♀，青海省囊谦县觉拉乡，2014-06-30，石福明采。

358. 钳形管巢蛛 *Clubiona forcipa* Yang，Song & Zhu，2003

观察标本：2♀，青海省囊谦县白扎乡，2014-06-29，石福明采。

◎ 讨论

青藏高原是世界物种多样性最丰富的地区之一，青海三江源地区位于青藏高原的腹地，其生态系统的特殊性，决定了栖息昆虫与蜘蛛的特殊性。从鉴定种类来看，一方面特有种占的比例很高，另一方面同属分化形成许多亲缘关系相近的种。

我们试图从野外调查和对文献资料的梳理总结两方面，来对三江源昆虫和蜘蛛的状况给出系统和全面的描述。然而随团队进行的野外调查研究时间较短，每个点上停留和调查的时间有限，采集的类群还很不全面，每个类群都欠缺系统的采集；文献记载的种类，由于时期不同、研究者侧重不同，他们所调查的地区和季节不同，而且由于三江源地区交通不便，之前的研究者所进行的调查多数沿主干公路附近，偏远地区涉及的极少，例如调查中所涉及的扎青乡、昂赛乡等，因此也难以反映出该地区的整体情况。由于上述的原因，我们的总结仅能够反映三江源地区所分布的昆虫与蜘蛛的大致特点，要基本搞清三江源地区昆虫与蜘蛛物种多样性的状况，还是一项任重而道远的工作。

这次调查采集的新种标本，已送研究相关类群的专家，鉴定结果会在合适的时间，以合适的形式发表。

第四章

CHAPTER

蚂
蚁

◎ 背景

  蚂蚁隶属于昆虫纲 Insecta，膜翅目 Hymenoptera，蚁科 Formicidae，是一类常见的社会性昆虫，截至 2018 年 12 月 21 日，全球已记载 17 亚科 334 属 13 483 种（Bolton，2018）。我国大陆已记载 939 种，台湾地区记载 294 种（Guenard et al.，2012）。蚂蚁的生物量大，具有改良土壤、传播植物种子、帮助植物授粉、消耗小型动物尸体、控制害虫等功用（徐正会，2002）。

  西方人对青藏高原蚂蚁的分类研究起步较早。Mayr（1889）首先报道西藏的蚂蚁 2 亚科 6 属 6 种。Ruzsky（1915）报道西藏和戈壁的蚂蚁 2 亚科 7 属 16 种。Menozzi（1939）汇集前人研究成果，报道西藏喜马拉雅地区蚂蚁 2 亚科 6 属 15 种。Eidmann（1941）报道西藏东部和四川西部蚂蚁 4 亚科 17 属 38 种。Dlussky（1965）报道西藏东北部蚁属 Formica 物种 4 个。我国分类学家唐觉等（1993）在《横断山区昆虫》一书中报道喜马拉雅山区蚂蚁 2 亚科 2 属 3 种。吴坚和王常禄（1995）在《中国蚂蚁》一书中报道了青海的部分蚂蚁种类。长有德和贺达汉（1998，2001a，2001b，2001c，2002a，

2002b，2002c）连续报道了我国西北地区的蚂蚁。但是上述报道主要限于分类研究，缺乏对三江源地区物种的记述，因此对三江源地区蚂蚁多样性开展专题调查实属必要。2013—2014 年山水自然保护中心组织开展了黄河源头、大渡河源头地区和澜沧江源头地区蚂蚁多样性调查。调查结果总结如下。

◎ 调查概况

2013 年 6—7 月依次对青海省班玛县灯塔乡（玛可河、格日则沟、沙沟、美浪沟、子母达沟 5 个小地点）和久治县白玉乡（科索沟、圣湖、隆格尔寺、加根沟、雅沟 5 个小地点）、玛沁县雪山乡（达娃沟、雪山村、阿尼玛卿山、查那沟、朗日沟、安普沟 6 个小地点）和玛多县（玛多镇星星海、扎陵湖乡扎陵湖、牛头碑，黄河乡黄河村、江旁村计 5 个小地点）的蚂蚁多样性进行调查并采集标本，1 人在上述灯塔乡、白玉乡、雪山乡和玛多县 4 个地点各调查 3 天，各调查点概况见表 2-4-1。其中班玛县灯塔乡和久治县白玉乡属于大渡河源头区域，玛沁县雪山乡和玛多县玛多镇、扎陵湖乡、黄河乡属于黄河源头区域。

2014 年 6—7 月依次对澜沧江源头地区青海省囊谦县白扎乡和觉拉乡、杂多县昂赛乡和扎青乡共 4 个地点的蚂蚁多样性进行调查并采集标本，1 人在上述 4 个地点各调查 2 天，各调查点概况见表 2-4-2。

◎ 调查方法

采用搜索调查法调查并采集蚂蚁标本。沿着预定线路，使用手镐、铲子、

表 2-4-1 黄河源头和大渡河源头地区蚂蚁调查点概况

调查点（海拔范围）	小地点	经纬度	调查海拔 /m	调查植被
青海省班玛县灯塔乡（3310 ~ 3750m）	玛可河	32.71°N，100.87°E	3310 ~ 3400	云杉林，灌丛，草地
	格日则沟	32.74°N，101.17°E	3310 ~ 3420	云杉林，阔叶林，灌丛，草地
	沙沟	32.77°N，101.08°E	3440 ~ 3620	云杉林，阔叶林，柏木林，灌丛，草地
	美浪沟	32.82°N，100.96°E	3500 ~ 3740	云杉林，阔叶林，柏木林，草地
	子母达沟	32.85°N，100.90°E	3500 ~ 3750	云杉林，阔叶林，灌丛，草地
青海省久治县白玉乡（3640 ~ 4160m）	科索沟	33.20°N，100.77°E	3900 ~ 4160	灌丛，草地
	圣湖	33.23°N，100.98°E	4080 ~ 4085	灌丛，草地
	隆格尔寺	33.24°N，100.86°E	3973 ~ 4000	灌丛，草地
	加根沟	37.30°N，100.74°E	3890 ~ 3920	灌丛，草地
	雅沟	33.10°N，100.73°E	3640 ~ 3720	灌丛，草地
青海省玛沁县雪山乡（3580 ~ 4586m）	达娃沟	34.78°N，99.82°E	3580 ~ 3680	柏木林，灌丛，草地
	雪山村	34.80°N，99.73°E	3663 ~ 3690	阔叶林，柏木林，灌丛，草地
	阿尼玛卿山	34.87°N，99.47°E	3940 ~ 4586	灌丛，草地，流石滩
	查那沟	34.66°N，99.69°E	3950 ~ 4000	灌丛，草地
	朗日沟	34.71°N，99.67°E	3820 ~ 3860	灌丛，草地
	安普沟	34.73°N，99.71°E	3830 ~ 3840	灌丛，草地

调查点（海拔范围）	小地点	经纬度	调查海拔/m	调查植被
青海省玛多县 （4219～4617m）	扎陵湖	35.09°N，97.91°E	4271～4360	草地，湿地
	牛头碑	34.90°N，97.53°E	4380～4617	草地，湿地
	星星海	34.83°N，98.12°E	4245～4295	草地，湿地
	黄河村	34.60°N，98.27°E	4219～4250	草地，湿地
	江旁村	34.65°N，98.23°E	4253～4300	草地，湿地

表 2-4-2　澜沧江源头地区蚂蚁调查点概况

调查点	小地点	经纬度	调查海拔/m	调查植被
青海省囊谦县 白扎乡	白扎林场	31.88°N，96.56°E	3880～3980	云杉林，灌丛，草地
	尕尔寺	31.82°N，96.54°E	3720～3900	云杉林，柏木林，灌丛，草地
	青尼	31.88°N，96.59°E	3780～3980	柏木林，灌丛，草地
青海省囊谦县 觉拉乡	觉拉寺	32.58°N，96.11°E	3820～3900	柏木林，灌丛，草地
	觉拉村	32.47°N，96.32°E	3740～3860	柏木林，灌丛，草地
青海省杂多县 昂赛乡	熊达塘	32.64°N，95.78°E	3900～4080	柏木林，灌丛，草地
	龙登垭口	32.69°N，95.63°E	4040～4140	柏木林，灌丛，草地
青海省杂多县 扎青乡	拉荣	33.23°N，94.87°E	4480～4530	灌丛，草地
	扎西拉吾寺	33.15°N，94.89°E	4270～4380	灌丛，草地

塑料盘等便携式工具对土壤内、石块下、朽木下、朽木内、地被内、牛粪下、地表筑巢，以及在地表、树干上、植物叶上、花上活动的蚂蚁进行调查并采集标本。发现蚁巢时，每巢采集 30 头个体，尽可能采集到工蚁、兵蚁、雌蚁、雄蚁各型。发现在地表、树干上、植物叶上、花内活动的蚂蚁时，每种采集 30 头个体，尽可能采集到工蚁和兵蚁；不足 30 头时，尽可能多采集一些个体。用 95% 或无水乙醇将蚂蚁标本分别保存于容积为 2mL 的冻存管内，用碳素笔书写采集标签，投入冻存管内对标本进行标记（徐正会 等，2011）。

标本制作与鉴定

实验室内，依据"同种形态相同原则"和"同种同巢原则"将野外采集的蚂蚁标本进行归类登记，以同种个体或同巢个体为单位编号；将每号标本的 9 头或 9 头以内个体制作成三角纸干制标本，剩余个体制作成浸渍标本。采用形态分类方法对三角纸干制标本进行分类鉴定（吴坚 等，1995；徐正会，2002；Bingham，1903; Bolton，1994；Radchenko，2004；Radchenko et al.，2010）。

优势种、常见种、稀有种的确定

依据各物种的个体数占全部物种个体总数的百分比确定：> 10% 为优势种，以 A 表示；1% ~ 10% 之间为常见种，以 B 表示；< 1% 为稀有种，以 C 表示（徐正会，2002）。

蚂蚁群落主要指标的测定

（1）Shannon-Wiener 多样性指数：$H = -\sum\limits_{i=1}^{s} P_i \ln P_i$

式中：$P_i = N_i / N$，N_i 是第 i 个物种的个体数，N 是 S 个物种的个体总数。

（2）Pielou 均匀度指数：$E = H / \ln S$

式中：H 是 Shannon-Wiener 多样性指数，S 是物种数目。

（3）Simpson 优势度指数：$C = \sum\limits_{i=1}^{s} (P_i)^2$

式中：$P_i = N_i / N$，N_i 是第 i 个物种的个体数，N 是 S 个物种的个体总数。

（4）Jaccard 群落相似性系数：$q = c / (a + b - c)$

式中：c 为两个群落的共同物种数，a 和 b 分别为群落 A 和群落 B 的物种数。根据 Jaccard 相似性系数原理，当 q 为 0.00 ~ 0.25 时，群落之间极不相似；当 q 为 0.26 ~ 0.50 时，群落之间中等不相似；当 q 为 0.51 ~ 0.75 时，群落之间中等相似；当 q 为 0.76 ~ 1.00 时，群落之间极相似。

◎ 黄河源头和大渡河源头地区蚂蚁调查结果

在黄河源头和大渡河源头地区采集蚂蚁标本 11 537 头，经分类鉴定有 2 亚科 4 属 13 种，其中发现 1 个待定种，1 个中国新记录种，8 个青海省新记录种。切叶蚁亚科 Myrmicinae 2 属 5 种，蚁亚科 Formicinae 2 属 8 种，蚁亚科的物种更丰富。4 个属的物种丰富度依次为：蚁属 Formica（7 种）> 红蚁属 Myrmica（4 种）> 盘腹蚁属 Aphaenogaster（1 种）= 弓背蚁属 Camponotus（1 种）。物种名录见表 2-4-3。

表 2-4-3　黄河源头和大渡河源头地区蚂蚁名录

（1）红蚁待定种 *Myrmica* sp.
已知分布：中国（青海）
（2）岩缝红蚁 *Myrmica rupestris* Forel，中国新记录种
已知分布：印度、尼泊尔、不丹、阿富汗
（3）科氏红蚁 *Myrmica kozlovi* Ruzsky，青海省新记录种
已知分布：中国（西藏）、印度、尼泊尔
（4）吉市红蚁 *Myrmica jessensis* Forel，青海省新记录种
已知分布：中国（黑龙江、吉林、内蒙古、河北、湖北、四川、西藏）、日本、朝鲜、韩国
（5）西藏盘腹蚁 *Aphaenogaster tibetana* Donisthorpe，青海省新记录种
已知分布：中国（西藏）
（6）深井凹头蚁 *Formica fukaii* Wheeler，青海省新记录种
已知分布：中国（西藏、黑龙江、陕西）、俄罗斯、蒙古、日本
（7）四川凹唇蚁 *Formica sentschuensis* Ruzsky，青海省新记录种
已知分布：中国（四川、西藏）
（8）中华红林蚁 *Formica sinensis* Wheeler
已知分布：中国（西藏、云南、四川、青海、甘肃、北京、河北、山西）
（9）光亮黑蚁 *Formica candida* Smith
已知分布：中国（西藏、四川、青海、宁夏、内蒙古、黑龙江、吉林、河北、北京、山西、湖北）、蒙古、朝鲜、韩国、日本、亚洲北部、欧洲
（10）亮腹黑褐蚁 *Formica gagatoides* Ruzsky，青海省新记录种
已知分布：中国（西藏、四川、新疆、甘肃、湖北）、俄罗斯、日本、欧洲
（11）莱曼蚁 *Formica lemani* Bondroit，青海省新记录种
已知分布：中国（西藏、四川）、蒙古、朝鲜、韩国、日本、欧洲
（12）丝光蚁 *Formica fusca* Linnaeus，青海省新记录种
已知分布：中国（新疆、四川、云南）、欧洲
（13）广布弓背蚁 *Camponotus herculeanus* Linnaeus
已知分布：中国（四川、青海、甘肃、新疆、内蒙古）、日本、欧洲、北美洲

有趣的发现

调查记录到的有趣物种包括 1 个待定种，1 个中国新记录种和 8 个青海省新记录种，分述如下。

待定种

红蚁待定种 *Myrmica* sp.

该待定种与威廉姆斯红蚁 *Myrmica williamsi* Radchenko，Elmes & Collingwood，1999 接近，但是头后部具网状刻纹，后胸沟很浅，并胸腹节刺很短，中胸背面和并胸腹节背面光滑。

观察标本：40 工蚁，青海省班玛县灯塔乡美浪沟，32.82°N，100.96°E，3740m，柏木林，石下巢，2013-06-29，徐正会采，No.A13-1221；16 工蚁，青海省久治县白玉乡雅沟，33.10°N，100.73°E，3680m，草地，石下巢，2013-07-04，徐正会采，No.A13-1389；23 工蚁，青海省玛沁县雪山乡达娃沟，34.78°N，99.82°E，3680m，草地，石下巢，2013-07-07，徐正会采，No.A13-1452。

分布：中国（青海）。

中国新记录种

岩缝红蚁 *Myrmica rupestris* Forel（图 2-4-1）

Myrmica smythiesii var. *rupestris* Forel，A. 1902: 227（w.）INDIA.

Myrmica rupestris Forel: Radchenko & Elmes，2002: 44.

已知分布：印度、尼泊尔、不丹、阿富汗。

新增分布：中国（青海）。

观察标本：39 工蚁，青海省班玛县灯塔乡美浪沟，32.82°N，100.96°E，

图 2-4-1　岩缝红蚁在植物上觅食（摄影 / 雷波）

3500m，云杉林，石下巢，2013-06-29，徐正会采，No.A13-1197；30 工蚁，青海省久治县白玉乡科索沟，33.20°N，100.77°E，3900m，草地，土壤巢，2013-07-02，徐正会采，No.A13-1300；23 工蚁，青海省玛沁县雪山乡达娃沟，34.78°N，99.82°E，3680m，草地，石下巢，2013-07-07，徐正会采，No.A13-1451。

青海省新记录种

1. 科氏红蚁 *Myrmica kozlovi* Ruzsky

Myrmica kozlovi Ruzsky，1915：435，figs. 10，11（w.）TIBET.

已知分布：中国（西藏）、印度、尼泊尔。

新增分布：中国（青海）。

观察标本：25 工蚁，青海省班玛县灯塔乡玛可河，32.71°N，100.87°E，3310m，云杉林，石下巢，2013-06-26，徐正会采，No.A13-1015；30 工蚁，青海省久治县白玉乡科索沟，33.20°N，100.77°E，4000m，草地，石下巢，2013-07-02，徐正会采，No.A13-1304b；33 工蚁，青海省玛沁县雪山乡查那沟，34.66°N，99.69°E，4000m，灌丛，石下巢，2013-07-09，徐正会采，No.A13-1536。

2. 吉市红蚁 *Myrmica jessensis* Forel

Myrmica lobicornis var. *jessensis* Forel，1901: 371（w.）JAPAN.

Myrmica jessensis Forel: Collingwood，1976: 302.

已知分布：中国（黑龙江、吉林、内蒙古、河北、湖北、四川、西藏）、日本、朝鲜、韩国。

新增分布：中国（青海）。

观察标本：10 工蚁，青海省班玛县灯塔乡格日则沟，32.74°N，101.17°E，3400m，云杉林，地表，2013-06-27，徐正会采，No.A13-1066；1 工蚁，青海省久治县白玉乡雅沟，33.10°N，100.73°E，3650m，灌丛，地表，2013-07-04，徐正会采，No.A13-1378。

3. 西藏盘腹蚁 *Aphaenogaster tibetana* Donisthorpe

Aphaenogaster tibetana Donisthorpe，1929: 447（w.）TIBET.

已知分布：中国（西藏）。

新增分布：中国（青海）。

观察标本：35 工蚁，青海省久治县白玉乡科索沟，33.20°N，100.77°E，4020m，草地，石下巢，2013-07-02，徐正会采，No.A13-1330；20 工蚁，青海省久治县白玉乡雅沟，33.10°N，100.73°E，3680m，草地，石下巢，2013-07-04，徐正会采，No.A13-1392。

4. 深井凹头蚁 *Formica fukaii* Wheeler（图 2-4-2）

Formica exsecta var. *fukaii* Wheeler，1914: 26（w.）JAPAN.

Formica fukaii Wheeler: Sonobe & Dlussky，1977: 23.

已知分布：中国（黑龙江、陕西、西藏）、俄罗斯、蒙古、日本。

新增分布：中国（青海）。

观察标本：36 工蚁，青海省班玛县灯塔乡格日则沟，32.74°N，101.17°E，3320m，阔叶林，地表碎屑巢，2013-06-27，徐正会采，No.A13-1092；10 工

图 2-4-2　深井凹头蚁在植物上觅食（摄影／雷波）

蚁，青海省久治县白玉乡科索沟，33.20°N，100.77°E，4020m，草地，地表碎屑巢，2013-07-02，徐正会采，No.A13-1333；39 工蚁，青海省玛沁县雪山乡阿尼玛卿山，34.87°N，99.47°E，3940m，灌丛，石下巢，2013-07-08，徐正会采，No.A13-1509。

5. 四川凹唇蚁 *Formica sentschuensis* Ruzsky

Formica sentschuensis Ruzsky，1915a：428，figs. 7，8（w.q.）TIBET.

已知分布：中国（四川、西藏）。

新增分布：中国（青海）。

观察标本：10 工蚁，青海省班玛县灯塔乡玛可河，32.71°N，100.87°E，3310m，灌丛，石下巢，2013-06-26，徐正会采，No.A13-1020；18 工蚁，青海省久治县白玉乡雅沟，33.10°N，100.73°E，3650m，灌丛，石下巢，2013-07-04，徐正会采，No.A13-1367；10 工蚁，青海省玛沁县雪山乡达娃沟，34.78°N，99.82°E，3680m，草地，石下巢，2013-07-07，徐正会采，No.A13-1443。

6. 亮腹黑褐蚁 *Formica gagatoides* Ruzsky（图 2-4-3）

Formica fusca var. *gagatoides* Ruzsky，1904a：289（w.q.）RUSSIA.

Formica gagatoides Ruzsky：Holgersen，1942：15.

图 2-4-3　亮腹黑褐蚁（左）和光亮黑蚁（右）在争斗（摄影 / 雷波）

已知分布：中国（西藏、四川、新疆、甘肃、湖北）、俄罗斯、日本、欧洲。

新增分布：中国（青海）。

观察标本：9 工蚁，青海省班玛县灯塔乡美浪沟，32.82°N，100.96°E，3700m，阔叶林，石下巢，2013-06-29，徐正会采，No.A13-1208；12 工蚁，青海省玛沁县雪山乡达娃沟，34.78°N，99.82°E，3600m，灌丛，石下巢，2013-07-07，徐正会采，No.A13-1482。

7. 莱曼蚁 *Formica lemani* Bondroit

Formica lemani Bondroit，1917b: 186（w.q.）FRANCE.

已知分布：中国（西藏、四川）、蒙古、朝鲜、韩国、日本、欧洲。

新增分布：中国（青海）。

观察标本：17 工蚁，青海省班玛县灯塔乡玛可河，32.71°N，100.87°E，3310m，灌丛，石下巢，2013-06-26，徐正会采，No.A13-1019；26 工蚁，青海省班玛县灯塔乡格日则沟，32.74°N，101.17°E，3390m，阔叶林，朽木内巢，2013-06-27，徐正会采，No.A13-1049；36 工蚁，青海省班玛县灯塔乡沙沟，32.77°N，101.08°E，3560m，云杉林，石下巢，2013-06-28，徐正会采，No.A13-1106。

8. 丝光蚁 *Formica fusca* Linnaeus

Formica fusca Linnaeus，1758: 580（w.）EUROPE.

已知分布：中国（新疆、四川、云南）、欧洲。

新增分布：中国（青海）。

观察标本：3 工蚁，青海省班玛县灯塔乡格日则沟，32.74°N，101.17°E，3400m，云杉林，地表，2013-06-27，徐正会采，No.A13-1068；18 工蚁，青海省班玛县灯塔乡沙沟，32.77°N，101.10°E，3440m，灌丛，石下巢，2013-06-28，徐正会采，No.A13-1131；2 工蚁，青海省班玛县灯塔乡美浪沟，32.82°N，100.96°E，3540m，草地，石下，2013-06-29，徐正会采，No.A13-1189。

蚂蚁群落结构分析

在黄河源头和大渡河源头地区采获 13 个物种：优势种 4 个，常见种 6 个，稀有种 3 个。优势种依次为四川凹唇蚁、科氏红蚁、光亮黑蚁和莱曼蚁，其中四川凹唇蚁最占优势，其个体比例高达 30.29%；广布弓背蚁、丝光蚁、吉市红蚁为稀有种，吉市红蚁的个体比例仅占 0.16%，是该地区最稀少的物种（表2-4-4）。

表 2-4-4　黄河源头和大渡河源头地区蚂蚁物种组成及优势度

序号	物种名称	个体数量 / 头	百分比 / （%）	优势度
1	四川凹唇蚁 *Formica sentschuensis* Ruzsky	3495	30.29	A
2	科氏红蚁 *Myrmica kozlovi* Ruzsky	2915	25.27	A
3	光亮黑蚁 *Formica candida* Smith	1565	13.57	A
4	莱曼蚁 *Formica lemani* Bondroit	1430	12.39	A
5	岩缝红蚁 *Myrmica rupestris* Forel	556	4.82	B
6	深井凹头蚁 *Formica fukaii* Wheeler	386	3.35	B
7	中华红林蚁 *Formica sinensis* Wheeler	341	2.96	B
8	亮腹黑褐蚁 *Formica gagatoides* Ruzsky	288	2.50	B
9	红蚁待定种 *Myrmica* sp.	248	2.15	B
10	西藏盘腹蚁 *Aphaenogaster tibetana* Donisthorpe	175	1.52	B
11	广布弓背蚁 *Camponotus herculeanus* Linnaeus	70	0.61	C
12	丝光蚁 *Formica fusca* Linnaeus	49	0.42	C
13	吉市红蚁 *Myrmica jessensis* Forel	19	0.16	C
	合计	11 537	100.00	—

注：依据物种个体数量所占百分比确定其优势度。A，>10%，为优势种；B，1% ~ 10%，为常见种；C，<1%，为稀有种。

区域蚂蚁群落结构

在黄河源头区域玛沁县雪山乡和玛多县扎陵湖乡采获 6 个物种：优势种 3 个，常见种 3 个，未见稀有种；在大渡河源头区域班玛县灯塔乡和久治县白玉乡采获 13 个物种：优势种 3 个，常见种 6 个，稀有种 4 个。相比之下，海拔较低的大渡河源头区域拥有更多的物种，而海拔较高的黄河源头区域物种相对较少。黄河源头区域最占优势的物种是四川凹唇蚁，而大渡河源头区域最占优势的物种是科氏红蚁（表 2-4-5）。

表 2-4-5　黄河源头区域和大渡河源头区域蚂蚁物种组成及优势度

序号	调查区域 （海拔范围）	物种名称	个体数量／头	百分比／（%）	优势度
1	黄河源头 （3580 ~ 4617m）	四川凹唇蚁	1201	38.51	A
2		光亮黑蚁	861	27.61	A
3		科氏红蚁	378	12.12	A
4		亮腹黑褐蚁	279	8.95	B
5		深井凹头蚁	273	8.75	B
6		红蚁待定种	127	4.07	B
合计		—	3119	100.00	—
1	大渡河源头 （3310 ~ 4160m）	科氏红蚁	2537	30.14	A
2		四川凹唇蚁	2294	27.25	A
3		莱曼蚁	1430	16.99	A
4		光亮黑蚁	704	8.36	B
5		岩缝红蚁	556	6.60	B
6		中华红林蚁	341	4.05	B
7		西藏盘腹蚁	175	2.08	B
8		红蚁待定种	121	1.44	B
9		深井凹头蚁	113	1.34	B
10		广布弓背蚁	70	0.83	C
11		丝光蚁	49	0.58	C
12		吉市红蚁	19	0.23	C
13		亮腹黑褐蚁	9	0.11	C
合计		—	8418	100.00	—

注：依据物种个体数量所占百分比确定其优势度。A，>10%，为优势种；B，1% ~ 10%，为常见种；C，<1%，为稀有种。

各调查点蚂蚁群落结构

在灯塔乡采获 12 个物种：优势种 3 个，常见种 4 个，稀有种 5 个。在白玉乡采获 8 个物种：优势种 4 个，常见种 3 个，稀有种 1 个。在雪山乡采获 6 个物种：优势种 3 个，常见种 3 个，稀有种 0 个。在班玛县扎陵湖乡仅采获 1 个物种，在玛多镇和黄河乡未发现蚂蚁。在 4 个调查点之中，灯塔乡的物种最丰富，白玉乡次之，雪山乡第三，扎陵湖乡物种最贫乏。4 个调查点优势种不尽相同，灯塔乡最占优势的物种是科氏红蚁，白玉乡和雪山乡最占优势的物种是四川凹唇蚁，扎陵湖乡仅见光亮黑蚁 1 个物种（图 2-4-4）。4 个调查点的稀有种也不同，灯塔乡稀有种最丰富（5 种），白玉乡只有 1 种，雪山乡和扎陵湖乡未见稀有种。随着海拔升高，科氏红蚁在 4 个调查点的优势度降低，而光亮黑蚁的优势度升高（表 2-4-6）。

图 2-4-4　光亮黑蚁在地表觅食（摄影／雷波）

表 2-4-6　黄河源头和大渡河源头地区各调查点物种组成及优势度

序号	调查地点（海拔范围）	物种名称	个体数量 / 头	百分比 / （ % ）	优势度
1	班玛县灯塔乡（3310 ~ 3750m）	科氏红蚁	2045	36.17	A
2		莱曼蚁	1430	25.29	A
3		四川凹唇蚁	1330	23.52	A
4		中华红林蚁	341	6.03	B
5		岩缝红蚁	212	3.75	B
6		红蚁待定种	71	1.26	B
7		广布弓背蚁	70	1.24	B
8		丝光蚁	49	0.87	C
9		光亮黑蚁	43	0.76	C
10		深井凹头蚁	36	0.64	C
11		吉市红蚁	18	0.32	C
12		亮腹黑褐蚁	9	0.16	C
合计		—	5654	100.00	—
1	久治县白玉乡（3640 ~ 4160m）	四川凹唇蚁	964	34.88	A
2		光亮黑蚁	661	23.91	A
3		科氏红蚁	492	17.80	A
4		岩缝红蚁	344	12.45	A
5		西藏盘腹蚁	175	6.33	B
6		深井凹头蚁	77	2.79	B
7		红蚁待定种	50	1.81	B
8		吉市红蚁	1	0.04	C
合计		—	2764	100.00	—
1	玛沁县雪山乡（3580 ~ 4586m）	四川凹唇蚁	1201	42.42	A
2		光亮黑蚁	573	20.24	A
3		科氏红蚁	378	13.35	A

序号	调查地点（海拔范围）	物种名称	个体数量 / 头	百分比 /（％）	优势度
4	玛沁县雪山乡（3580 ~ 4586m）	亮腹黑褐蚁	279	9.86	B
5		深井凹头蚁	273	9.64	B
6		红蚁待定种	127	4.49	B
合计		—	2831	100.00	—
	玛多县（4219 ~ 4617m）	光亮黑蚁	288	100.00	A
合计		—	288	100.00	—

注：依据物种个体数量所占百分比确定其优势度。A，>10%，为优势种；B，1% ~ 10%，为常见种；C，<1%，为稀有种。

多样性指标分析

在整个黄河源头和大渡河源头地区采获蚂蚁 11 537 头，计 13 种，多样性指数 1.9060，均匀度指数 0.7431，优势度指数 0.1951。其中黄河源头区域采获蚂蚁 3119 头，计 6 种，多样性指数 1.5381，均匀度指数 0.8584，优势度指数 0.2565；大渡河源头区域采获蚂蚁 8418 头，计 13 种，多样性指数 1.8240，均匀度指数 0.7111，优势度指数 0.2079。相比之下，海拔较低的大渡河源头区域蚂蚁个体密度明显较高，物种较丰富，多样性较高，优势度较低，但是黄河源头区域蚂蚁群落的均匀度较高（表 2-4-7）。

4 个调查点的物种数目在 1 ~ 12 种之间，物种丰富度顺序为：灯塔乡 > 白玉乡 > 雪山乡 > 玛多县，与海拔高度呈反相关关系。多样性指数在 0.0000 ~ 1.6260 之间，多样性大小顺序为：白玉乡 > 灯塔乡 > 雪山乡 > 玛多县，多样性最大值出现在海拔较低的白玉乡年保玉则核心区域，而不是海拔最低、物种最丰富的灯塔乡。均匀度指数在 0.6426 ~ 0.8646 之间，均匀度大小顺序为：雪山乡 > 白玉乡 > 灯塔乡，均匀度与海拔高度成正相关关系，受人类干扰最小的雪山乡均匀度最高，而受干扰最大的灯塔乡均匀度最低。优势度指数在0.2311 ~ 1.0000之间，优势度大小顺序为：玛多县 > 雪山乡 > 灯塔乡 > 白玉乡，与多样性成反相关关系，海拔较低的白玉乡优势度最低，海拔最高的玛多县优势度最高（表2-4-7）。

表2-4-7　黄河源头和大渡河源头地区蚂蚁群落主要指标

调查点名称	海拔范围/m	个体总数/头	物种数目 S/种	多样性指数 H	均匀度指数 E	优势度指数 C
青海省班玛县灯塔乡	3310 ~ 3745	5654	12	1.5968	0.6426	0.2557
青海省久治县白玉乡	3640 ~ 4160	2764	8	1.6260	0.7819	0.2311
青海省玛沁县雪山乡	3580 ~ 4586	2831	6	1.5491	0.8646	0.2598
青海省玛多县	4219 ~ 4617	288	1	0.0000	—	1.0000
黄河源头区域	3580 ~ 4617	3119	6	1.5381	0.8584	0.2565
大渡河源头区域	3310 ~ 4160	8418	13	1.8240	0.7111	0.2079
黄河源头和大渡河源头地区	3310 ~ 4617	11 537	13	1.9060	0.7431	0.1951

各调查点蚂蚁群落之间的相似性

　　黄河源头和大渡河源头地区蚂蚁群落之间相似性系数平均值为0.3282，达到中等不相似水平。黄河源头及邻近区域与大渡河源头及邻近区域蚂蚁群落之间相似性系数为0.4615，处于中等不相似水平，说明两个区域蚂蚁群落间存在明显差异。4 个调查点蚂蚁群落之间的相似性系数在 0.0833 ~ 0.5556 之间，处于极不相似至中等相似水平。其中白玉乡与雪山乡、灯塔乡与白玉乡、灯塔乡与雪山乡蚂蚁群落之间相似性较高，达到中等相似水平；灯塔乡与玛多县、白玉乡与玛多县、雪山乡与玛多县蚂蚁群落之间相似性较低，处于极不相似水平。随着调查点之间空间距离增加，蚂蚁群落间相似性降低（表 2-4-8）。

表 2-4-8 黄河源头和大渡河源头地区蚂蚁群落间相似性系数（q）

调查点名称	灯塔乡	白玉乡	雪山乡
白玉乡	0.5385		
雪山乡	0.5000	0.5556	
玛多县	0.0833	0.1250	0.1667

注：根据 Jaccard 相似性系数原理，当 q 为 0.00 ~ 0.25 时，群落之间极不相似；当 q 为 0.26 ~ 0.50 时，群落之间中等不相似；当 q 为 0.51 ~ 0.75 时，群落之间中等相似；当 q 为 0.76 ~ 1.00 时，群落之间极相似。

物种分布格局分析

水平分布

在 4 个调查点之中，灯塔乡的物种最丰富（12 种），白玉乡的物种次之（8 种），雪山乡的物种第三（6 种），玛多县物种最贫乏（只有 1 种）（表 2-4-9）。

在 13 个物种之中，光亮黑蚁的分布最广，在 4 个调查点均有分布；红蚁待定种、科氏红蚁、深井凹头蚁、四川凹唇蚁 4 个种的分布较广，分布于 3 个调查点；岩缝红蚁、吉市红蚁、亮腹黑褐蚁 3 个种的分布较窄，分布于 2 个调查点；西藏盘腹蚁、中华红林蚁、莱曼蚁、丝光蚁、广布弓背蚁 5 个种的分布最窄，仅分布于 1 个调查点（表 2-4-9）。

表 2-4-9　黄河源头和大渡河源头地区蚂蚁物种的水平分布

物种名称	班玛县 灯塔乡	久治县 白玉乡	玛沁县 雪山乡	玛多县	地点 合计
光亮黑蚁	4	38	29	9	4
红蚁待定种	3	5	7	0	3
科氏红蚁	92	40	25	0	3
深井凹头蚁	1	5	9	0	3
四川凹唇蚁	56	51	71	0	3
岩缝红蚁	7	19	0	0	2
吉市红蚁	3	1	0	0	2
亮腹黑褐蚁	1	0	22	0	2
西藏盘腹蚁	0	8	0	0	1
中华红林蚁	16	0	0	0	1
莱曼蚁	78	0	0	0	1
丝光蚁	7	0	0	0	1
广布弓背蚁	4	0	0	0	1
物种合计	12	8	6	1	—

注：表中数据为标本采获频数。

物种的垂直分布

在 13 个物种之中，光亮黑蚁的生态适应幅度中等，垂直分布高差达到 1070m；科氏红蚁、深井凹头蚁、四川凹唇蚁、岩缝红蚁 4 个种的生态适应幅度较窄，垂直分布高差在 500～850m 之间；其余 8 个种的生态适应幅度均狭窄，垂直分布高差在 90～450m 之间。此外，光亮黑蚁是垂直分布海拔最高的物种，达到 4380m；西藏盘腹蚁、红蚁待定种是垂直分布下限最高的物种，最低分布海拔为 3680m（表 2-4-10）。

表 2-4-10　黄河源头和大渡河源头地区蚂蚁物种的垂直分布

物种名称	垂直分布范围 /m	垂直分布高差 /m	生态适应幅度
光亮黑蚁	3310 ~ 4380	1070	中等
科氏红蚁	3310 ~ 4160	850	较窄
深井凹头蚁	3320 ~ 4020	700	较窄
四川凹唇蚁	3310 ~ 4000	690	较窄
岩缝红蚁	3500 ~ 4000	500	较窄
莱曼蚁	3310 ~ 3760	450	狭窄
丝光蚁	3310 ~ 3760	450	狭窄
西藏盘腹蚁	3680 ~ 4020	340	狭窄
吉市红蚁	3380 ~ 3650	270	狭窄
亮腹黑褐蚁	3600 ~ 3860	260	狭窄
广布弓背蚁	3300 ~ 3560	260	狭窄
红蚁待定种	3680 ~ 3840	160	狭窄
中华红林蚁	3310 ~ 3400	90	狭窄

注：生态适应幅度依据垂直分布高差划分：<500m，狭窄；500 ~ 1000m，较窄；1000 ~ 1500m，中等；1500 ~ 2000m，较宽；>2000 m，宽阔。

栖息生境

在 5 类生境之中，灌丛中的蚂蚁物种最丰富，多达 11 种；草地的物种次之，有 10 种；云杉林和阔叶林的物种列第三，均有 8 种；柏木林的物种最贫乏，只有 6 种（表 2-4-11）。

在 13 个物种之中，科氏红蚁、四川凹唇蚁、莱曼蚁在 5 类生境中均有分布；占据 4 类生境的物种有岩缝红蚁、丝光蚁；占据 3 类生境的物种有红蚁待定种、深井凹头蚁、光亮黑蚁、亮腹黑褐蚁；占据 2 类生境的物种有吉市红蚁、西藏盘腹蚁、中华红林蚁、广布弓背蚁（表 2-4-11）。

表 2-4-11　黄河源头和大渡河源头地区蚂蚁物种的栖息生境

物种名称	云杉林	阔叶林	柏木林	灌丛	草地	生境合计
科氏红蚁	34	28	10	36	44	5
四川凹唇蚁	6	8	12	53	100	5
莱曼蚁	18	18	4	13	25	5
岩缝红蚁	2	2	0	2	25	4
丝光蚁	2	2	0	1	2	4
红蚁待定种	0	0	3	2	10	3
深井凹头蚁	0	1	0	11	3	3
光亮黑蚁	0	0	3	21	56	3
亮腹黑褐蚁	0	5	8	10	0	3
吉市红蚁	2	0	0	1	0	2
西藏盘腹蚁	0	0	0	6	2	2
中华红林蚁	15	1	0	0	0	2
广布弓背蚁	3	0	0	0	1	2
物种合计	8	8	6	11	10	—

注：表中数据为标本采获频数。

觅食场所

在 7 类觅食场所之中，地表觅食的物种最丰富（12 种），石下觅食的物种次之（9 种），土壤内和树干上觅食的物种第三（均为 3 种），朽木内和花上觅食的物种第四（均为 2 种），朽木下觅食的物种最少（只有 1 种）。其中在花上觅食的物种是科氏红蚁和光亮黑蚁，它们能帮助植物授粉（表 2-4-12）。

在 13 个物种之中，科氏红蚁的觅食场所最丰富，可以在 6 类场所中觅食；莱曼蚁次之，可以在 4 类场所中觅食；在 3 类场所中觅食的物种有红蚁待定种、光亮黑蚁、四川凹唇蚁、丝光蚁；在 2 类场所中觅食的物种有岩缝红蚁、中华红林蚁、亮腹黑褐蚁；仅在 1 类场所中觅食的物种有吉市红蚁、西藏盘腹蚁、深井凹头蚁、广布弓背蚁（表 2-4-12）。

表 2-4-12 黄河源头和大渡河源头地区蚂蚁物种的觅食场所

物种名称	土壤内	石下	地表	朽木下	朽木内	树干上	花上	场所合计
科氏红蚁	1	24	22	0	1	1	9	6
莱曼蚁	0	4	9	1	1	0	0	4
红蚁待定种	1	3	1	0	0	0	0	3
光亮黑蚁	0	9	9	0	0	0	4	3
四川凹唇蚁	3	23	13	0	0	0	0	3
丝光蚁	0	2	1	0	0	2	0	3
岩缝红蚁	0	5	3	0	0	0	0	2
中华红林蚁	0	0	5	0	0	1	0	2
亮腹黑褐蚁	0	5	3	0	0	0	0	2
吉市红蚁	0	0	3	0	0	0	0	1
西藏盘腹蚁	0	2	0	0	0	0	0	1
深井凹头蚁	0	0	2	0	0	0	0	1
广布弓背蚁	0	0	2	0	0	0	0	1
物种合计	3	9	12	1	2	3	2	—

注：表中数据为标本采获频数。

筑巢场所

在 7 类筑巢场所之中，石下巢的物种最丰富（多达 12 种），土壤内巢次之（7 种），牛粪下巢和朽木下巢列第三（均为 3 种），地表碎屑巢和朽木内巢列第四（均为 2 种），构筑地被下巢的物种最少（仅 1 种）（表 2-4-13）。

在 13 个物种之中，科氏红蚁的筑巢场所最丰富（6 类），莱曼蚁的筑巢场所次之（5 类），四川凹唇蚁的筑巢场所第三（4 类），深井凹头蚁的筑巢场所第四（3 类），在 2 类场所中筑巢的物种有红蚁待定种、岩缝红蚁、中华红林

表 2-4-13　黄河源头和大渡河源头地区蚂蚁物种的筑巢场所

物种名称	土壤内巢	石下巢	地表碎屑巢	地被下巢	牛粪下巢	朽木下巢	朽木内巢	场所合计
科氏红蚁	2	77	0	1	1	4	13	6
莱曼蚁	1	54	0	0	1	2	6	5
四川凹唇蚁	24	115	0	0	2	1	0	4
深井凹头蚁	1	2	10	0	0	0	0	3
红蚁待定种	1	9	0	0	0	0	0	2
岩缝红蚁	2	15	0	0	0	0	0	2
中华红林蚁	0	3	7	0	0	0	0	2
光亮黑蚁	3	55	0	0	0	0	0	2
西藏盘腹蚁	0	6	0	0	0	0	0	1
亮腹黑褐蚁	0	16	0	0	0	0	0	1
丝光蚁	0	3	0	0	0	0	0	1
广布弓背蚁	0	2	0	0	0	0	0	1
吉市红蚁	0	0	0	0	0	0	0	0
物种合计	7	12	2	1	3	3	2	—

蚁和光亮黑蚁，仅在 1 类场所中筑巢的物种有西藏盘腹蚁、亮腹黑褐蚁、丝光蚁和广布弓背蚁，吉市红蚁的筑巢场所暂不详（表 2-4-13）。

结果与讨论

青藏高原因为海拔高、气温低，被称为世界第三极。三江源地区属于青藏高原的腹地，生态脆弱，生物种类稀少。在黄河源头青海省玛沁县和玛多县、大渡河源头青海省班玛县和久治县境内仅采集记录蚁科昆虫 13 种，物种丰富度稍低于大小兴安岭地区（15 种），明显低于内蒙古额尔古纳地区（26 种），远不能与藏东南地区（222 种）相比，足见该地区环境之苛刻。

在海拔较低的大渡河源头区域灯塔乡和白玉乡 2 个点普遍适宜蚂蚁栖息，以高大的云杉林为顶级植物群落的灯塔乡调查点发现 12 个物种，以灌丛为顶级植物群落的白玉乡调查点发现 8 个物种。随着海拔上升，蚂蚁物种丰富度依次递减。在黄河源头区域海拔较高、顶级植物群落为柏木林的雪山乡调查点仅发现 6 个物种，而海拔最高、以草地为顶级植物群落的玛多县仅发现 1 个物种。可见海拔决定有效积温的多少，有效积温决定植物群落的复杂性，而植物群落的性质决定蚂蚁群落的多样性。

在黄河源头区域观察到了明显的蚂蚁群落分布上限。在雪山乡阿尼玛卿山周边，海拔 4586 ~ 4150m 之间的流石滩和草地中均无蚂蚁分布，主要受到雪山融雪导致的长时间低温影响。当海拔下降至 4140m 时，在草地中首先发现了光亮黑蚁的蚁巢，这是一个耐低温的物种；当海拔继续下降至 3940m 时，在灌丛中同时发现了光亮黑蚁和深井凹头蚁的蚁巢。可见突兀高耸的雪山是蚂蚁群落的禁区。另外在海拔最高的玛多县境内，虽然地貌相对平缓，但是海拔过高，湿度较大，在玛多县星星海、黄河乡黄河村和江旁村各调查 1 天，在草地和湿地中均未发现蚂蚁群落。在扎陵湖乡牛头碑附近、扎陵湖畔海拔 4380m

草本丰厚的草地中，发现了光亮黑蚁的蚁巢，蚁巢相对集中，分布于山下相对避风的沟谷中。可见玛多县扎陵湖乡牛头碑一带海拔 4380m 沟谷已经是黄河源头区域蚂蚁群落分布的上限和前沿。

黄河源头和大渡河源头地区虽然蚂蚁物种贫乏，但是少数优势种的种群数量相当可观，在自然生态系统中的功用十分重要。在班玛县灯塔乡，科氏红蚁在云杉林中的密度最大，种群数量可观，莱曼蚁和四川凹唇蚁的种群数量也不小，同时栖息着较丰富的其他小种群物种。在久治县白玉乡，四川凹唇蚁的密度最大，光亮黑蚁、科氏红蚁、岩缝红蚁的种群也较大。在玛沁县雪山乡，虽然蚂蚁群落尚未到达阿尼玛卿山附近，但是在远离雪山、海拔较低的地方，四川凹唇蚁密度较大，光亮黑蚁和科氏红蚁也有一定数量的种群。相对而言，玛多县境内蚂蚁密度极小，这里是蚂蚁物种扩散、演替的前沿阵地，随着时间推移，光亮黑蚁将占据更多的范围，其他物种的蚂蚁也将进入这个全新的地域。

多样性指标显示，随着海拔依次递增，灯塔乡、白玉乡、雪山乡、玛多县4 个调查点的蚂蚁物种依次递减，这一现象符合山地条件下蚂蚁多样性的一般分布规律。但是海拔较低的白玉乡蚂蚁群落的多样性（1.6260）最高，优势度最低（0.2311），多样性超过了海拔最低、物种最丰富的灯塔乡（1.5968），而优势度低于灯塔乡（0.2557），显示位于年保玉则核心区的白玉乡拥有更稳定的蚂蚁群落。此外，受人类干扰最小的雪山乡蚂蚁群落表现出最高的均匀度（0.8646）。

当地蚂蚁保护建议

黄河源头和大渡河源头地区 4 个调查点，由于所处空间位置、海拔范围和植被类型不尽相同，蚂蚁群落间相似性相对较低，其蚂蚁群落各具特点，均具有保护价值。海拔最低的灯塔乡调查点保存有三江源地区十分稀少的云杉林顶级群落，植物种类丰富，加上其他植被类型，合计栖息着 12 种蚂蚁，其中中华红林蚁、莱曼蚁、丝光蚁和广布弓背蚁这 4 个物种仅在该调查点发现，还分布有红蚁属 1 个待定种；海拔较低的白玉乡调查点植被以草地和灌丛为主，蚂蚁群落的多样性最高、优势度最低，蚂蚁群落最稳定，栖息着 8 种蚂蚁，其中西藏盘腹蚁仅在该调查点发现，还分布有红蚁属 1 个待定种；海拔较高的雪山乡调查点山体起伏大，地形复杂，人类干扰最小，蚂蚁群落均匀度最高，柏木林、阔叶林、灌丛、草地、流石滩 5 类植被为蚂蚁提供了理想的栖息生境，栖息着 6 种蚂蚁，还分布有红蚁属 1 个待定种；海拔最高的玛多县生态最为脆弱，分布有草地和湿地 2 类植被，仅见 1 种蚂蚁，但此处是蚂蚁群落扩散、繁衍的上限和前沿，在生态学上具有特殊意义。

总体来看，黄河源头和大渡河源头地区生态脆弱，植被类型较少，蚂蚁群落相对简单。但是这些有限物种的扩散、演替和自然选择优势在生态学上具有重要意义，在该地区生境改良和物种协同进化中具有特殊价值，所以应当把黄河源头和大渡河源头地区作为一个整体实施保护，确保三江源"中华水塔"润泽子孙，永不枯竭。

◎ 澜沧江源头地区蚂蚁调查结果

在澜沧江源头地区采集蚂蚁标本 7037 头，经分类鉴定有 2 亚科 5 属 12 种，其中发现 2 个待定种，3 个中国新记录种，6 个青海新记录种。切叶蚁亚科 Myrmicinae 3 属 8 种，蚁亚科 Formicinae 2 属 4 种，切叶蚁亚科的属、种最丰富。5 个属的物种丰富度依次为：红蚁属 *Myrmica*（6 种）＞蚁属 *Formica*（3种）＞细胸蚁属 *Leptothorax*（1 种）＝盘腹蚁 *Aphaenogaster*（1 种）＝弓背蚁属 *Camponotus*（1 种）。物种名录如表 2-4-14。

表 2-4-14　澜沧江源头地区蚂蚁名录

（1）细胸蚁待定种 *Leptothorax* sp.
已知分布：中国（青海）
（2）西藏盘腹蚁 *Aphaenogaster tibetana* Donisthorpe，青海省新记录种
已知分布：中国（西藏）
（3）红蚁待定种 *Myrmica* sp.
已知分布：中国（青海）
（4）岩缝红蚁 *Myrmica rupestris* Forel，中国新记录种
已知分布：印度、尼泊尔、不丹、阿富汗
（5）阿富汗红蚁 *Myrmica afghanica* Radchenko et Elmes，中国新记录种
已知分布：阿富汗
（6）纵沟红蚁 *Myrmica sulcinodis* Nylander，青海省新记录种
已知分布：中国（内蒙古）、朝鲜、亚洲北部、北欧
（7）吉市红蚁 *Myrmica jessensis* Forel，青海省新记录种
已知分布：中国（黑龙江、吉林、内蒙古、河北、湖北、四川、西藏）、日本、朝鲜、韩国
（8）科氏红蚁 *Myrmica kozlovi* Ruzsky，青海省新记录种
已知分布：中国（西藏）、印度、尼泊尔
（9）西姆森弓背蚁 *Camponotus siemsseni* Forel，中国新记录种
已知分布：印度、泰国、马来半岛
（10）深井凹头蚁 *Formica fukaii* Wheeler，青海省新记录种
已知分布：中国（西藏、黑龙江、陕西）、俄罗斯、蒙古、日本
（11）丝光蚁 *Formica fusca* Linnaeus，青海省新记录种
已知分布：中国（新疆、四川、云南）、欧洲
（12）光亮黑蚁 *Formica candida* Smith
已知分布：中国（西藏、四川、青海、宁夏、内蒙古、黑龙江、吉林、河北、北京、山西、湖北）、蒙古、朝鲜、韩国、日本、亚洲北部、欧洲

有趣的发现

调查记录到的有趣物种包括 2 个待定种，3 个中国新记录种和 6 个青海省新记录种，分述如下。

待定种

1. 细胸蚁待定种 *Leptothorax* sp.

该待定种与堆土细胸蚁 *Leptothorax acervorum*（Fabricius，1793）接近，但是头部背面具密集刻点，后胸沟不凹陷，侧面观腹柄结短而高。

观察标本：3 工蚁，青海省囊谦县觉拉乡觉拉寺，3900m，柏木林，地表，2014-06-30，徐正会采，No.A14-121；4 工蚁，青海省囊谦县觉拉乡觉拉寺，3900m，灌丛，地表，2014-06-30，徐正会采，No.A14-132；9 工蚁，青海省杂多县昂赛乡熊达塘，3930m，柏木林，石下巢，2014-07-05，徐正会采，No.A14-295a。

分布：中国（青海）。

2. 红蚁待定种 *Myrmica* sp.

该待定种与威廉姆斯红蚁 *Myrmica williamsi* Radchenko，Elmes & Collingwood，1999 接近，但是头后部具网状刻纹，后胸沟很浅，并胸腹节刺很短，中胸背面和并胸腹节背面光滑。

观察标本：9 工蚁，青海省囊谦县白扎乡尕尔寺，3800m，柏木林，石下巢，2014-06-28，徐正会采，No.A14-37；9 工蚁，青海省囊谦县觉拉乡觉拉寺，3750m，草地，石下巢，2014-07-01，徐正会采，No.A14-183；9 工蚁，青海省杂多县昂赛乡熊达塘，3940m，柏木林，石下巢，2014-07-03，徐正会采，No.A14-225。

分布：中国（青海）。

中国新记录种

1. 岩缝红蚁 *Myrmica rupestris* Forel

Myrmica smythiesii var. *rupestris* Forel，A. 1902: 227（w.）INDIA.

Myrmica rupestris Forel: Radchenko & Elmes，2002: 44.

已知分布：印度、尼泊尔、不丹、阿富汗。

新增分布：中国（青海）。

观察标本：9 工蚁，青海省囊谦县白扎乡尕尔寺，3720m，柏木林，石下巢，2014-06-28，徐正会采，No.A14-33；6 工蚁，青海省囊谦县白扎乡青尼，3980m，柏木林，石下巢，2014-06-29，徐正会采，No.A14-86；9 工蚁，青海省杂多县昂赛乡龙登垭口，4100m，草地，石下巢，2014-07-04，徐正会采，No.A14-346。

2. 阿富汗红蚁 *Myrmica afghanica* Radchenko et Elmes

Myrmica afghanica Radchenko et Elmes，2003: 3，figs. 1-12（w.q.）AFGHANISTAN.

已知分布：阿富汗。

新增分布：中国（青海）。

观察标本：9 工蚁，青海省囊谦县白扎乡青尼，3940m，灌丛，石下巢，2014-06-29，徐正会采，No.A14-92；9 工蚁，青海省囊谦县觉拉乡觉拉寺，3800m，草地，石下巢，2014-07-01，徐正会采，No.A14-192；9 工蚁，青海省杂多县昂赛乡龙登垭口，4140m，草地，石下巢，2014-07-04，徐正会采，No.A14-337。

3. 西姆森弓背蚁 *Camponotus siemsseni* Forel

Camponotus siemsseni Forel，A. 1901: 70（s.q.）INDONESIA（Sumatra）.

已知分布：印度、泰国、马来半岛。

新增分布：中国（青海）。

观察标本：9 工蚁，青海省囊谦县白扎乡尕尔寺，3800m，柏木林，石下巢，2014-06-28，徐正会采，No.A14-44。

青海省新记录种

1. 西藏盘腹蚁 *Aphaenogaster tibetana* Donisthorpe

Aphaenogaster tibetana Donisthorpe，1929: 447（w.）TIBET.

已知分布：中国（西藏）。

新增分布：中国（青海）。

观察标本：9 工蚁，青海省囊谦县白扎乡青尼，3980m，柏木林，石下巢，2014-06-29，徐正会采，No.A14-79；9 工蚁，青海省囊谦县觉拉乡觉拉村，3860m，草地，石下巢，2014-07-01，徐正会采，No.A14-206；9 工蚁，青海省杂多县昂赛乡龙登垭口，4120m，柏木林，石下巢，2014-07-04，徐正会采，No.A14-315。

2. 纵沟红蚁 *Myrmica sulcinodis* Nylander

Myrmica sulcinodis Nylander，1846: 934（w.q.）FINLAND.

已知分布：中国（内蒙古）、朝鲜、亚洲北部、北欧。

新增分布：中国（青海）。

观察标本：1 工蚁，青海省囊谦县觉拉乡觉拉寺，3820m，草地，地表，2014-07-01，徐正会采，No.A14-169；9 工蚁，青海省杂多县昂赛乡熊达塘，3950m，柏木林，石下巢，2014-07-03，徐正会采，No.A14-264；1 工蚁，青海省杂多县扎青乡拉荣，4480m，灌丛，石下，2014-07-07，徐正会采，No.A14-371a。

3. 吉市红蚁 *Myrmica jessensis* Forel

Myrmica lobicornis var. *jessensis* Forel，1901: 371（w.）JAPAN.

Myrmica jessensis Forel: Collingwood，1976: 302.

已知分布：中国（黑龙江、吉林、内蒙古、河北、湖北、四川、西藏）、日本、朝鲜、韩国。

新增分布：中国（青海）。

观察标本：9 工蚁，青海省囊谦县白扎乡青尼，3980m，柏木林，石下巢，2014-06-29，徐正会采，No.A14-70；9 工蚁，青海省囊谦县觉拉乡觉拉寺，3850m，草地，石下巢，2014-07-01，徐正会采，No.A14-209；9 工蚁，青海省杂多县昂赛乡龙登垭口，4120m，柏木林，石下巢，2014-07-04，徐正会采，No.A14-307。

4. 科氏红蚁 *Myrmica kozlovi* Ruzsky

Myrmica kozlovi Ruzsky，1915: 435，figs. 10，11（w.）TIBET.

已知分布：中国（西藏）、印度、尼泊尔。

新增分布：中国（青海）。

观察标本：9 工蚁，青海省囊谦县白扎乡青尼，3960m，柏木林，石下巢，2014-06-29，徐正会采，No.A14-83；9 工蚁，青海省杂多县昂赛乡龙登垭口，4120m，柏木林，石下巢，2014-07-04，徐正会采，No.A14-328。

5. 深井凹头蚁 *Formica fukaii* Wheeler

Formica exsecta var. *fukaii* Wheeler，1914: 26（w.）JAPAN.

Formica fukaii Wheeler: Sonobe & Dlussky，1977: 23.

已知分布：中国（黑龙江、陕西、西藏）、俄罗斯、蒙古、日本。

新增分布：中国（青海）。

观察标本：9 工蚁，青海省囊谦县觉拉乡觉拉寺，3850m，柏木林，石下巢，2014-06-30，徐正会采，No.A14-127；9 工蚁，青海省囊谦县觉拉乡觉拉寺，3800m，草地，地表碎屑巢，2014-07-01，徐正会采，No.A14-167。

6. 丝光蚁 *Formica fusca* Linnaeus

Formica fusca Linnaeus，1758: 580（w.）EUROPE.

已知分布：中国（新疆、四川、云南）、欧洲。

新增分布：中国（青海）。

观察标本：9 工蚁，青海省囊谦县白扎乡孕尔寺，3780m，云杉林，朽木内巢，2014-06-28，徐正会采，No.A14-29；8 工蚁，青海省囊谦县白扎乡白扎林场，4000m，云杉林，石下巢，2014-06-29，徐正会采，No.A14-109。

蚂蚁群落结构分析

在澜沧江源头地区采获 12 个蚂蚁物种：优势种 2 个，常见种 7 个，稀有种 3 个。其中，光亮黑蚁和科氏红蚁为优势种，光亮黑蚁的百分比高达

表 2-4-15　澜沧江源头地区蚂蚁物种的组成及优势度

序号	物种名称	个体数量 / 头	百分比 / （%）	优势度
1	光亮黑蚁	3510	49.88	A
2	科氏红蚁	875	12.43	A
3	吉市红蚁	635	9.02	B
4	深井凹头蚁	486	6.91	B
5	西藏盘腹蚁	475	6.75	B
6	阿富汗红蚁	392	5.57	B
7	丝光蚁	255	3.63	B
8	红蚁待定种	198	2.81	B
9	岩缝红蚁	129	1.83	B
10	细胸蚁待定种	35	0.50	C
11	纵沟红蚁	31	0.44	C
12	西姆森弓背蚁	16	0.23	C
合计		7037	100.00	—

注：依据物种个体数量所占百分比确定其优势度。A，>10%，为优势种；B，1% ~ 10%，为常见种；C，<1%，为稀有种。

49.88%，是该地区占绝对优势的物种；细胸蚁待定种、纵沟红蚁、西姆森弓背蚁为稀有种，西姆森弓背蚁的百分比仅有 0.23%，是该地区最稀少的物种（表2-4-15）。

各调查点蚂蚁群落结构

在白扎乡采获 9 个蚂蚁物种：优势种 4 个，常见种 4 个，稀有种 1 个。在觉拉乡采获 8 个物种：优势种 4 个，常见种 2 个，稀有种 2 个。在昂赛乡采获 9 个物种：优势种 2 个，常见种 7 个，稀有种 0 个。在扎青乡采获 2 个物种：优势种 1 个，常见种 0 个，稀有种 1 个。在 4 个调查点之中，白扎乡和昂赛乡的物种最丰富，觉拉乡的物种次之，扎青乡的物种最贫乏；白扎乡和觉拉乡的优势种最多，昂赛乡的优势种次之，扎青乡的优势种最少；觉拉乡的稀有种最多，昂赛乡未见稀有种（表 2-4-16）。

表 2-4-16　澜沧江源头地区各调查点物种组成及优势度

序号	调查地点	物种名称	个体数量 / 头	百分比 / （%）	优势度
1		光亮黑蚁	777	36.19	A
2		科氏红蚁	671	31.25	A
3		丝光蚁	255	11.88	A
4		阿富汗红蚁	235	10.95	A
5	白扎乡	吉市红蚁	73	3.40	B
6		岩缝红蚁	71	3.31	B
7		红蚁待定种	26	1.21	B
8		西藏盘腹蚁	23	1.07	B
9		西姆森弓背蚁	16	0.75	C
合计		—	2147	100.00	—

序号	调查地点	物种名称	个体数量 / 头	百分比 / （%）	优势度
1	觉拉乡	光亮黑蚁	722	40.34	A
2		深井凹头蚁	486	27.15	A
3		西藏盘腹蚁	239	13.35	A
4		吉市红蚁	190	10.61	A
5		红蚁待定种	109	6.09	B
6		阿富汗红蚁	36	2.01	B
7		细胸蚁待定种	7	0.39	C
8		纵沟红蚁	1	0.06	C
合计			—	1790	100.00	—
1	昂赛乡	光亮黑蚁	1307	55.40	A
2		吉市红蚁	372	15.77	A
3		西藏盘腹蚁	213	9.03	B
4		科氏红蚁	204	8.65	B
5		阿富汗红蚁	121	5.13	B
6		红蚁待定种	63	2.67	B
7		岩缝红蚁	58	2.46	B
8		纵沟红蚁	29	1.23	B
9		细胸蚁待定种	28	1.19	B
合计			—	2395	100.00	—
1	扎青乡	光亮黑蚁	704	99.86	A
2		纵沟红蚁	1	0.14	C
合计			—	705	100.00	—

注：依据物种个体数量所占百分比确定其优势度。A，>10%，为优势种；B，1% ~ 10%，为常见种；C，<1%，为稀有种。

多样性指标分析

整个澜沧江源头地区采获蚂蚁 7037 头，计 12 种，多样性指数 1.7087，均匀度指数 0.6876，优势度指数 0.2873。

4 个调查点的物种数目在 2 ~ 9 种之间，物种丰富度顺序为：白扎乡 = 昂赛乡 > 觉拉乡 > 扎青乡。多样性指数在 0.0107 ~ 1.5928 之间，多样性大小顺序为：白扎乡 > 觉拉乡 > 昂赛乡 > 扎青乡，即溯流而上多样性依次降低。均匀度指数在 0.0154 ~ 0.7349 之间，均匀度大小顺序为：白扎乡 > 觉拉乡 > 昂赛乡 > 扎青乡，即溯流而上均匀度依次降低。优势度指数在 0.2573 ~ 0.9972 之间，优势度大小顺序为：扎青乡 > 昂赛乡 > 觉拉乡 > 白扎乡，即溯流而上优势度依次增加（表 2-4-17）。4 个调查点的综合保护价值依次为：白扎乡 > 昂赛乡 > 觉拉乡 > 扎青乡。

表 2-4-17　澜沧江源头地区蚂蚁群落主要指标

调查点名称	个体总数 / 头	物种数目 S / 种	多样性指数 H	均匀度指数 E	优势度指数 C
青海省囊谦县白扎乡	2147	9	1.5928	0.7349	0.2573
青海省囊谦县觉拉乡	1790	8	1.5020	0.7223	0.2696
青海省杂多县昂赛乡	2395	9	1.4942	0.6800	0.3517
青海省杂多县扎青乡	705	2	0.0107	0.0154	0.9972
澜沧江源头地区	7037	12	1.7087	0.6876	0.2873

各调查点蚂蚁群落之间的相似性

澜沧江源头地区蚂蚁群落之间的相似性系数平均值为 0.3876，达到中等不相似水平。4 个调查点蚂蚁群落之间的相似性系数在 0.1000 ～ 0.7000 之间，处于极不相似至中等相似水平。其中觉拉乡与昂赛乡、白扎乡与昂赛乡蚂蚁群落之间相似性较高，达到中等相似水平；白扎乡与觉拉乡、觉拉乡与扎青乡蚂蚁群落之间相似性较低，达到中等不相似水平；昂赛乡与扎青乡、白扎乡与扎青乡蚂蚁群落之间相似性最低，处于极不相似水平（表 2-4-18）。

表 2-4-18　澜沧江源头地区蚂蚁群落间相似性系数（ q ）

调查点名称	白扎乡	觉拉乡	昂赛乡
觉拉乡	0.4167		
昂赛乡	0.6364	0.7000	
扎青乡	0.1000	0.2500	0.2222

注：根据 Jaccard 相似性系数原理，当 q 为 0.00 ～ 0.25 时，群落之间极不相似；当 q 为 0.26 ～ 0.50 时，群落之间中等不相似；当 q 为 0.51 ～ 0.75 时，群落之间中等相似；当 q 为 0.76 ～ 1.00 时，群落之间极相似。

分布格局分析

物种的水平分布

在 4 个调查点之中，白扎乡和昂赛乡的物种最丰富（均为 9 种），觉拉乡的物种数目次之（8 种），扎青乡物种最贫乏（只有 2 种）。

在 12 个物种之中，光亮黑蚁的分布最广，在 4 个调查点均有分布；西藏盘腹蚁、阿富汗红蚁、吉市红蚁、红蚁待定种、纵沟红蚁 5 个种的分布较广，分布于 3 个调查点；科氏红蚁、岩缝红蚁、细胸蚁待定种 3 个种的分布较窄，分布于 2 个调查点；西姆森弓背蚁、丝光蚁、深井凹头蚁 3 个种的分布最窄，仅分布于 1 个调查点（表 2-4-19）。

表 2-4-19　澜沧江源头地区蚂蚁物种的水平分布

物种名称	囊谦县白扎乡	囊谦县觉拉乡	杂多县昂赛乡	杂多县扎青乡	分布点合计
光亮黑蚁	48	41	83	40	4
西藏盘腹蚁	1	9	12	0	3
阿富汗红蚁	12	1	8	0	3
吉市红蚁	3	15	16	0	3
红蚁待定种	3	8	8	0	3
纵沟红蚁	0	1	1	1	3
科氏红蚁	36	0	14	0	2
岩缝红蚁	8	0	4	0	2
细胸蚁待定种	0	2	1	0	2
西姆森弓背蚁	1	0	0	0	1
丝光蚁	14	0	0	0	1
深井凹头蚁	0	22	0	0	1
各调查点物种数目	9	8	9	2	—

注：表中数据为标本采获频数。

物种的垂直分布

在 12 个物种之中，光亮黑蚁、纵沟红蚁 2 个种的生态适应幅度较窄，垂直分布高差在 660 ~ 810m 之间；其余物种的生态适宜幅度均狭窄，垂直分布高差小于 500m。其中科氏红蚁、岩缝红蚁、吉市红蚁、阿富汗红蚁 4 种的垂直分布高差较大，在 340 ~ 400m 之间；西藏盘腹蚁、丝光蚁、红蚁待定种 3 种的垂直分布高差较小，在 240 ~ 290m 之间；深井凹头蚁、细胸蚁待定种、西姆森弓背蚁 3 个种的垂直分布高差最小，在 0 ~ 120m 之间（表 2-4-20）。

表 2-4-20　澜沧江源头地区蚂蚁物种的垂直分布

物种名称	垂直分布范围 /m	垂直高差 /m	生态适应幅度
光亮黑蚁	3720 ~ 4530	810	较窄
纵沟红蚁	3820 ~ 4480	660	较窄
科氏红蚁	3720 ~ 4120	400	狭窄
岩缝红蚁	3720 ~ 4100	380	狭窄
吉市红蚁	3750 ~ 4120	370	狭窄
阿富汗红蚁	3800 ~ 4140	340	狭窄
西藏盘腹蚁	3840 ~ 4130	290	狭窄
丝光蚁	3720 ~ 4000	280	狭窄
红蚁待定种	3720 ~ 3960	240	狭窄
深井凹头蚁	3730 ~ 3850	120	狭窄
细胸蚁待定种	3900 ~ 3930	30	狭窄
西姆森弓背蚁	3800	0	狭窄

注：生态适应幅度依据垂直分布高差划分：<500m，狭窄；500 ~ 1000m，较窄；1000 ~ 1500m，中等；1500 ~ 2000m，较宽；>2000m，宽阔。

栖息生境

在 4 类生境之中，柏木林的物种最丰富，多达 12 种；草地的物种次之，有 10 种；灌丛的物种列第三，有 9 种；云杉林的物种最贫乏，只有 4 种（表 2-4-21）。

在 12 个物种之中，阿富汗红蚁、科氏红蚁、丝光蚁、光亮黑蚁在 4 类生境中均有分布；占据 3 类生境的物种有西藏盘腹蚁、岩缝红蚁、纵沟红蚁、吉

表 2-4-21　澜沧江源头地区蚂蚁物种的生境比较

物种名称	云杉林	柏木林	灌丛	草地	生境类别合计
阿富汗红蚁	2	3	8	8	4
科氏红蚁	13	18	15	4	4
丝光蚁	8	2	3	1	4
光亮黑蚁	8	76	54	75	4
西藏盘腹蚁	0	16	1	6	3
岩缝红蚁	0	7	2	3	3
纵沟红蚁	0	1	1	1	3
吉市红蚁	0	18	3	15	3
细胸蚁待定种	0	2	1	0	2
红蚁待定种	0	7	0	12	2
深井凹头蚁	0	1	0	20	2
西姆森弓背蚁	0	1	0	0	1
各类生境中物种数目	4	12	9	10	—

注：表中数据为标本采获频数。

市红蚁；占据 2 类生境的物种有细胸蚁待定种、红蚁待定种、深井凹头蚁；占据 1 类生境的物种有西姆森弓背蚁，只在柏木林中出现。此外，不同物种在不同生境中采获的频数不尽相同，说明各物种对生境的选择出现了分化（表 2-4-21 ）。

觅食场所

在 4 类觅食场所之中，在地表觅食的物种最丰富（10 种），石下觅食的物种次之（9 种），花内和花序上觅食的物种最少（各有 1 种），花朵内觅食的物种是科氏红蚁，花序上觅食的物种是丝光蚁，这两个物种可以帮助植物授粉（表 2-4-22）。

在 12 个物种之中，科氏红蚁的觅食场所最丰富，可以在 3 类场所中觅食；在 2 类场所中觅食的物种最多，包括西藏盘腹蚁、红蚁待定种、岩缝红蚁、阿富汗红蚁、纵沟红蚁、吉市红蚁、光亮黑蚁 7 种；仅在 1 类场所中觅食的物种有 4 个：细胸蚁待定种、深井凹头蚁、丝光蚁、西姆森弓背蚁（表 2-4-22）。

表 2-4-22　澜沧江源头地区蚂蚁物种的觅食场所比较

物种名称	地表	石下	花内	花序上	觅食场所合计
科氏红蚁	2	7	1	0	3
西藏盘腹蚁	7	3	0	0	2
红蚁待定种	4	3	0	0	2
岩缝红蚁	1	1	0	0	2
阿富汗红蚁	1	1	0	0	2
纵沟红蚁	1	1	0	0	2
吉市红蚁	2	7	0	0	2
光亮黑蚁	3	13	0	0	2
细胸蚁待定种	2	0	0	0	1
深井凹头蚁	1	0	0	0	1
丝光蚁	0	0	0	1	1
西姆森弓背蚁	0	1	0	0	1
各类觅食场所物种数目	10	9	1	1	—

注：表中数据为标本采获频数。

筑巢场所

在 7 类筑巢场所之中，石下巢的物种最丰富（多达 12 种），朽木内巢次之（4 种），朽木下巢列第三（3 种），牛粪内巢列第四（2 种），构筑土壤内巢、地表碎屑巢、地被下巢的物种最少（各有 1 种）（表 2-4-23）。

在 12 个物种之中，光亮黑蚁的筑巢场所最丰富（有 6 类）；吉市红蚁的筑

表 2-4-23　澜沧江源头地区蚂蚁物种的筑巢场所比较

物种名称	土壤内巢	石下巢	地表碎屑巢	地被下巢	朽木下巢	朽木内巢	牛粪内巢	筑巢场所合计
光亮黑蚁	1	188	0	1	1	2	3	6
吉市红蚁	0	24	0	0	1	1	1	4
科氏红蚁	0	34	0	0	3	3	0	3
深井凹头蚁	0	7	14	0	0	0	0	2
丝光蚁	0	10	0	0	0	3	0	2
细胸蚁待定种	0	1	0	0	0	0	0	1
西藏盘腹蚁	0	13	0	0	0	0	0	1
红蚁待定种	0	12	0	0	0	0	0	1
岩缝红蚁	0	10	0	0	0	0	0	1
阿富汗红蚁	0	19	0	0	0	0	0	1
纵沟红蚁	0	1	0	0	0	0	0	1
西姆森弓背蚁	0	1	0	0	0	0	0	1
各类筑巢场所物种数目	1	12	1	1	3	4	2	—

注：表中数据为标本采获频数。

巢场所较丰富（有 4 类）；科氏红蚁的筑巢场所中等丰富（有 3 类）；深井凹头蚁、丝光蚁的筑巢场所较贫乏（各有 2 类）；其余 7 个物种的筑巢场所最贫乏（各有 1 类），均在石下筑巢（表 2-4-23）。

结果与讨论

青藏高原因为海拔高、气温低，被称为世界第三极。三江源地区属于青藏高原的腹地，生态脆弱，生物种类稀少。在澜沧江源头地区囊谦县和杂多县境内仅采集记录蚁科昆虫 12 种，物种丰富度稍低于大小兴安岭地区（15 种），明显低于内蒙古额尔古纳地区（26 种），远不能与藏东南地区（222 种）相比，足见该地区环境之苛刻。

在澜沧江源头地区，海拔较低的白扎乡、觉拉乡、昂赛乡 3 个点普遍适宜蚂蚁栖息，每个点发现的物种在 8 ~ 9 种之间，而海拔最高的扎青乡仅发现 2 个物种。在扎青乡拉荣河谷调查点 4480m 灌丛中采集到光亮黑蚁和纵沟红蚁两个物种，在 4530m 灌丛中只发现光亮黑蚁一个种；在海拔更高的拉荣至澜沧江源头（海拔 4550 ~ 5100m 之间），没有再发现蚂蚁，可见拉荣河谷 4530m 已经是该地区蚂蚁物种分布的上限和前沿。

澜沧江源头地区虽然蚂蚁物种贫乏，但是少数优势种的种群数量却相当可观，在自然生态系统中的功用不容忽视。调查过程中对囊谦县觉拉乡觉拉村调查点海拔 3730m 草地生态系统中深井凹头蚁的蚁巢和个体密度进行测定，结果显示在 5 块 100m×100m 样方内观察到的蚁巢数量依次为 12 巢、6 巢、11 巢、7 巢、2 巢，蚁巢平均密度为 7.6 巢 /100m²。按每巢平均个体数量 500 头统计，5 块样方的平均个体密度为 38 头 / m²。在这样的个体密度下，每年通过筑巢、取食产生的生态效益十分可观。在澜沧江源头地区海拔最高的扎青乡扎西拉吾寺（4272m）高山柳灌丛中，光亮黑蚁的个体密度约为觉拉乡的 1/3；而海拔更低的白扎乡蚂蚁个体密度高于觉拉乡。

多样性指标分析显示，随着海拔依次递增，溯流而上的白扎乡、觉拉乡、昂赛乡、扎青乡4个调查点蚂蚁群落的多样性指数和均匀度指数依次递减，优势度指数依次递增。这一现象符合山地条件下蚂蚁多样性的一般规律。在海拔最低的白扎乡样地，由于气温相对较高，除了源头地区普遍分布的柏木林、灌丛和草地外，还分布有结构更复杂的云杉林，蚂蚁群落相对复杂；在海拔次低的觉拉乡调查点，由于地势相对平缓，草地成为主要景观，柏木林和灌丛的范围较小，蚂蚁物种丰富度有所降低；在海拔较高的昂赛乡调查点，由于地形复杂，柏木林、灌丛、草地3类生境相互嵌合，为蚂蚁栖息提供了丰富的场所，物种丰富度有所升高；在海拔最高的扎青乡调查点，植被类型简单，仅有高山柳灌丛和草地2类生境，蚂蚁物种丰富度急剧降低。可见气温决定植被的丰富度，植被的多样性决定蚂蚁物种的丰富度。

当地蚂蚁保护建议

澜沧江源头地区4个调查点，其植被类型和蚂蚁物种各具特点，均具有保护价值。海拔最低的白扎乡调查点保存有三江源地区十分稀少的云杉林，该植被类型植株高大，植物种类丰富，加上其他植被类型，合计栖息着9个蚂蚁物种，其中丝光蚁和西姆森弓背蚁这两个物种仅在该调查点发现，还分布有红蚁属1个待定种；海拔次低的觉拉乡调查点，其植被以草地和柏木林为主，范围宽阔，栖息着8个蚂蚁物种，其中在地表构筑碎屑巢、密度很高的深井凹头蚁仅在该调查点发现，还分布有红蚁属和细胸蚁属各1个待定种；海拔较高的昂赛乡调查点，山体起伏大，地形复杂，柏木林、灌丛、草地3类植被镶嵌组合，为蚂蚁提供了理想的栖息生境，栖息着9种蚂蚁，还分布有红蚁属和细胸蚁属各1个待定种；海拔最高的扎青乡植被类型较少，以草地为主，偶见高山柳灌丛，虽然仅见 2 种蚂蚁，但此处是蚂蚁扩散、分布的上限和前沿，在生态学上具有特殊意义。

　　总体来看，澜沧江源头地区生态脆弱，植被类型较少，蚂蚁群落相对简单。但是这些有限物种的起源、扩散和自然选择优势在生态学上具有重要意义，在该地区生境改良和物种协同进化中具有特别价值，所以应当把澜沧江源头地区作为一个整体实施保护，确保三江源"中华水塔"润泽子孙，永不枯竭。

第三篇

鱼类和两栖爬行动物

第五章

CHAPTER

5

鱼类的多样性

　　三江源地区分布着以裂腹鱼和高原鳅为代表的高原冷水性鱼类。该地区的鱼类调查工作比较零散，一般调查区域局限在单一河流或水系内（武云飞 等，1988；李柯懋 等，2009；关弘弢 等，2018）。李志强等（2013）对三江源区的鱼类资源进行了综述，通过收集历史资料和现场调查，记录土著鱼类 3 目 5

图 3-5-1　年保玉则神山脚下的鱼类（摄影／吴立新），右上角为在鄂木措里工作的水下摄影师吴立新（摄影／徐健）

科 17 属 44 种或亚种。

　　2013 年 6—7 月和 2014 年 6 月，我们参加了对青海省三江源地区动物的野外调查研究，主要对玛可河及其支流（长江水系）、扎曲及其支流（澜沧江水系）、扎陵湖和鄂陵湖（黄河水系）的部分样点水域进行了鱼类调查和采集。野外调查及种类鉴定工作主要由中国水产科学研究院长江水产研究所吴金明和霍来江完成，在调查过程中，影像生物调查所（IBE）摄影师徐健、吴立新（图 3-5-1）、董磊拍摄了部分鱼类的图片。

◎ 长江流域——玛可河

　　选择长江流域大渡河上游支流玛可河及其支流开展鱼类资源调查（图 3-5-2）。玛可河干流调查范围为班玛县城且柯至青川交界友谊桥。调查支流包

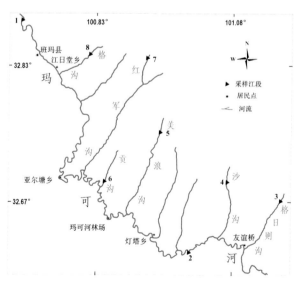

图 3-5-2　玛可河调查点示意图

括格沟、红军沟、贡沟、美浪沟、沙沟和格日则沟6条支流。

调查方法

采用背负式小型电鱼机（1500W）进行鱼类采样。从河流下游溯河而上进行捕捞，采集的鱼类样品暂养至样品箱内。鱼类采样结束后，立即进行种类鉴定，并测量体长（精确至1mm）、体重（精确至0.1g）、尾数等数据。同时记录采样时间、位点、捕捞距离等信息。鱼类测量完毕后，除留取少量样本固定保存，剩余捕捞个体放归原调查水域（图3-5-3）。

种类组成与分布

根据历史记录与资料，在玛可河班玛段共分布有鱼类6种，分别为青

图 3-5-3　鱼类资源调查方法
（a）调查人员在玛可河中进行鱼类采样；（b）进行渔获物测量（摄影/吴金明）；（c）测量完毕后将采样的鱼类放归河流（摄影/吴金明）

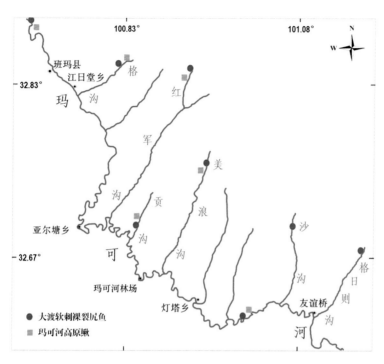

图 3-5-4　玛可河的鱼类分布

石爬鮡 *Euchiloglanis kishinouyei*、川陕哲罗鲑 *Hucho bleekeri*、重口裂腹鱼
Schizothorax davidi、齐口裂腹鱼 *S. prenanti*、大渡软刺裸裂尻鱼 *Schizopygopsis
malacanthus chengi* 和玛可河高原鳅 *Triplophysa markehensis*。

　　本次实际采集到的鱼类仅有 2 种，为大渡软刺裸裂尻鱼和玛可河高原鳅。
两种鱼类在调查范围区间内广泛分布（图 3-5-4）。

鱼类生物学

大渡软刺裸裂尻鱼（图 3-5-5）

本次采集到大渡软刺裸裂尻鱼总计 320 尾，包括幼体和成体。全长范围为

图 3-5-5　大渡软刺裸裂尻鱼洄游途中飞跃激流（摄影 / 董磊）

8.7 ～ 29.4cm，平均全长 18.2cm（图 3-5-6）；体重范围为 5.2 ～ 208.8g，平均体重为 65.5g（图 3-5-7）。对其中的 264 尾样本进行了单独测量。优势全长组为 15 ～ 20cm，优势体重组为 10 ～ 100g。

玛可河高原鳅

本次采集到玛可河高原鳅总计 254 尾，多为成体。全长范围11.2 ～ 15.7cm，平均全长 12.3cm；体重范围为 5.4 ～ 11.2g，平均体重为 8.5g。

鱼类资源量

在玛可河支流进行采样时，由于河流宽度较小且水深一般在 0.6m 以下，

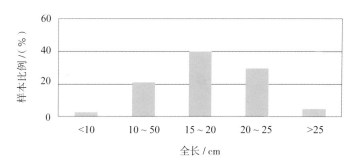

图 3-5-6　大渡软刺裸裂尻鱼的全长构成

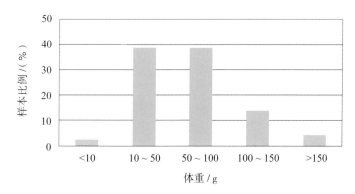

图 3-5-7　大渡软刺裸裂尻鱼的体重构成

一般可将该河段内的全部鱼类击晕。因此可采用河段长度法对支流的鱼类资源量进行大致估算。

估算的公式为：$P_i = \dfrac{C_i}{L_s} \times L_r \times \dfrac{C_i}{(1-R_i)}$ ，式中 P_i 为某种鱼类的资源量，C_i 为某种鱼的捕获尾数，L_s 为捕捞距离（m），L_r 为河流总长度（m），R_i 为某种鱼的逃逸率。在实际捕捞中，估算大渡软刺裸裂尻鱼和玛可河高原鳅的逃逸率分别为 0.4 和 0.5。

估算出 6 条支流的鱼类资源量分别在 2030 ~ 38 027 尾之间，总计 84 411 尾。其中，大渡软刺裸裂尻鱼 42 059 尾，玛可河高原鳅 42 352 尾（表 3-5-1）。

表 3-5-1　各支流鱼类资源量估算

河流名称	捕捞距离/m	河流长度/m	采样数/尾		资源量估算/尾		合计
			大渡软刺裸裂尻鱼	玛可河高原鳅	大渡软刺裸裂尻鱼	玛可河高原鳅	
贡沟	200	8700	22	5	1595	435	2030
格日则沟	150	30 500	11	0	3728	0	3728
格沟	300	14 100	96	68	7520	6392	13 912
沙沟	150	23 500	11	0	2872	0	2872
美浪沟	200	24 800	100	70	20 667	17 360	38 027
红军沟	300	26 200	39	104	5677	18 165	23 842
合计			279	247	42 059	42 352	84 411

玛可河鱼类保护建议

　　玛可河为大渡河正源，属于高原河流，在班玛县境内的海拔处于 3100～3700m 之间。水温低，流速快，水体生产力较低。根据历史资料，在此河段内栖息的鱼类有 6 种，但本次采样中仅采集到了 2 种。本次调查的结果和相关的文献资料均证明，玛可河的鱼类资源处于衰退的进程中。

　　引起鱼类资源衰退的因素来自人类活动，主要为偷捕和河流筑坝。此区域地处藏区，当地牧民一般不食用鱼类，社区居民对于鱼类保护相对于非藏区更具自发性和普遍性。但仍有外地人进入此区域偷捕鱼类。据报道，2004—2005 年，在此区域内共发生了 3 起特大毒鱼事件，造成了川陕哲罗鲑等大批鱼类的死亡。目前川陕哲罗鲑、黄石爬鲱等种类在玛可河内近乎绝迹。此外，水电建设也给这些土著鱼类造成了不利的影响，阻隔了洄游通道，并压缩了鱼类的栖息地。为了有效地保护玛可河的鱼类资源，提出以下建议：

坚持玛可河禁渔的政策，杜绝非法捕捞

在玛可河生活的鱼类均属于高原型鱼类，适应低温冷水环境，生长缓慢且性成熟年龄高。因此，鱼类群落对捕捞特别敏感，一旦遭遇过度捕捞，其资源恢复进程相当缓慢。2001 年修订的《青海省实施〈中华人民共和国渔业法〉办法》规定玛可河及其支流为常年禁渔区。2008 年，农业部批准在玛可河建立玛可河重口裂腹鱼水产种质资源保护区。重点保护重口裂腹鱼，川陕哲罗鲑、黄石爬鮡、齐口裂腹鱼等也被列入了保护名录。在保护区及周边群众的支持下，玛可河的禁渔措施取得了一定的效果，但需严防外地不法分子进入区域内偷捕，杜绝发生类似 2004—2005 年的"毒鱼"事件。

停止涉水工程建设

青海省的三江源地区被誉为"中国水塔"，水资源丰沛。近年来，在大渡河上游已规划了数量众多的梯级电站。另外，南水北调西线工程穿越玛可河地区。这些涉水工程的建设，势必会对栖息于此的鱼类产生影响，包括阻隔洄游、分割栖息地、改变自然水文节律和饵料环境，这些都将给鱼类造成不利影响。因此，建议在玛可河区域内停止相关的涉水工程建设。

开展川陕哲罗鲑、黄石爬鮡等珍稀特有鱼类的种群恢复计划

因设备和时间受限，本次调查未能对玛可河干流进行详尽的鱼类采样。因此不能排除在干流仍有川陕哲罗鲑、黄石爬鮡栖息的可能。建议在玛可河区域，特别是干流区段进行大规模的鱼类资源调查，查清川陕哲罗鲑、黄石爬鮡的资源现状。若捕捉到活体，应尽快开展人工繁育工作，通过放流人工繁殖的苗种以实现种群的恢复。同时也应积极考虑外地引种，对现有的水域环境进行调查，评估引种的安全性。

开展大渡软刺裸裂尻鱼人工繁育的相关研究

大渡软刺裸裂尻鱼为长江上游特有种，主要分布在大渡河、岷江上游的干流和支流中，全长可超过 25cm，具备一定的经济价值。从本次调查的结果来看，大渡软刺裸裂尻鱼为玛可河流域的优势种，目前具有规模较大的资源群体。建议在玛可河流域建设繁育基地，开展人工繁育的相关研究与试验。生产的苗种一部分可作为其他水域放流的苗种来源，另一部分可用于经济鱼类的养殖。

◎ 澜沧江流域——扎曲

在澜沧江流域选择了扎曲及其支流开展鱼类资源调查（图 3-5-8）。扎曲干流调查范围为杂多县莫云乡至囊谦县，扎曲支流包括牛村河、巴曲、托吉曲、格龙涌曲等。调查方法与玛可河的调查一致（图 3-5-9，图 3-5-10）。

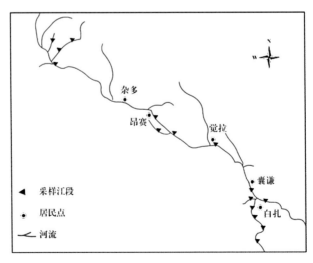

图 3-5-8　扎曲调查位点示意

图 3-5-9　调查人员对采集到的鱼类样本进行鉴定（摄影 / 霍来江）

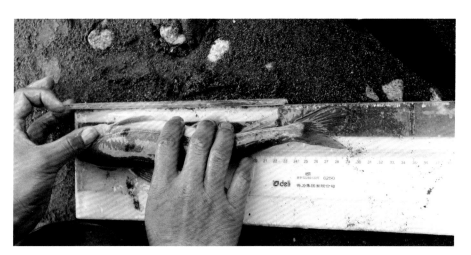

图 3-5-10　调查人员对采集到的鱼类样本进行测量（摄影 / 霍来江）

种类组成与渔获物结构

　　根据文献资料，在青海澜沧江源区目前已知分布的鱼类有 8 种（表 3-5-2）。
大致分为三大类：一类为裂腹鱼亚科，共 4 种，分别为光唇裂腹鱼、澜沧裂腹鱼、裸腹叶须鱼、前腹裸裂尻鱼；二为高原鳅属，3种，分别为细尾高原鳅、梭形高原鳅、小眼高原鳅；三为鲇形目鲱科细尾鲱，1种。

本次调查实际采集到鱼类305尾，共6种（表3-5-2），历史记录中的细尾鲱和梭形高原鳅没有采集到，优势种为前腹裸裂尻鱼和小眼高原鳅（表3-5-3）。

表3-5-2　澜沧江河源区鱼类组成

鱼名	是否采集到	种群数量	保护属性
澜沧裂腹鱼	是	+	青海省级保护，中国物种红色名录
光唇裂腹鱼	是	+	
裸腹叶须鱼	是	++	中国濒危动物红皮书，中国物种红色名录
前腹裸裂尻鱼	是	+++++	
细尾高原鳅	是	+	
梭形高原鳅	否	未知	
小眼高原鳅	是	++++	
细尾鲱	否	未知	中国物种红色名录

表3-5-3　本次调查的渔获物结构

鱼名	质量/g	质量百分比/（%）	尾数	尾数百分比/（%）
前腹裸裂尻鱼	3332	75.75	184	60.33
小眼高原鳅	333	7.57	92	30.16
裸腹叶须鱼	389	8.85	20	6.56
光唇裂腹鱼	101	2.3	1	0.33
澜沧裂腹鱼	215	4.89	4	1.31
细尾高原鳅	28	0.64	4	1.31
总计	4398	100	305	100

根据历史资料，在澜沧江河源区（香曲、扎曲、子曲、巴曲），裸腹叶须鱼和前腹裸裂尻鱼为优势种，澜沧裂腹鱼和细尾鲱在 20 世纪 90 年代后期已比较少见。在本次调查中，前腹裸裂尻鱼也是优势种，但裸腹叶须鱼的数量相对较少，可能是由于采样区域不同所致。

鱼类生物学

前腹裸裂尻鱼

本次采集到前腹裸裂尻鱼（图 3-5-11，图 3-5-12）总计 107 尾，包括了幼体和成体。对其中的 96 尾样本进行了单独测量。体长范围为 5.5 ~ 30cm，平均体长 14.0cm；体重范围为 1.2 ~ 234.3g，平均体重为 31.1g。体长及体重构成见图 3-5-13、图 3-5-14。

图 3-5-11　在扎曲采集到的前腹裸裂尻鱼亚成体（摄影 / 雷波）

图 3-5-12　索饵场集群摄食的前腹裸裂尻幼鱼（摄影 / 雷波）

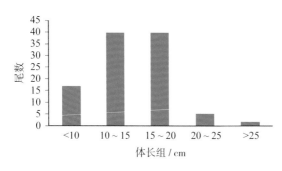

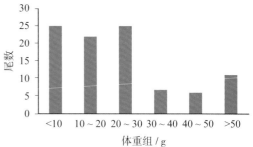

图 3-5-13　前腹裸裂尻鱼的体长构成　　　　图 3-5-14　前腹裸裂尻鱼的体重构成

小眼高原鳅

本次采集到小眼高原鳅鱼（图 3-5-15）总计 51 尾，包括了幼体和成体。对其中的 46 尾进行测量，体长范围为 4.3 ～ 14.7cm，平均全长 9.1cm；体重范围为 0.2 ～ 15.2g，平均体重为 4.5g。体长及体重构成见图 3-5-16、图 3-5-17。

图 3-5-15　采集到的小眼高原鳅（摄影／雷波）

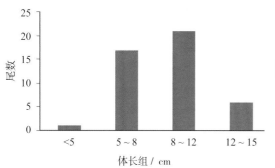

图 3-5-16　小眼高原鳅的体长构成

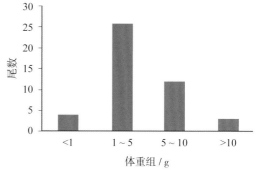

图 3-5-17　小眼高原鳅的体重构成

其他鱼类

光唇裂腹鱼：1 尾，体长 22.4cm；体重 101.1g。

澜沧裂腹鱼（图 3-5-18，图 3-5-19）：4 尾，体长范围 16.2 ~ 22.2cm，平均体长 18.4cm；体重范围 36.6 ~ 83.2g，平均体重 53.8g。

图 3-5-18　采集到的澜沧裂腹鱼成体（摄影 / 雷波）

图 3-5-19　澜沧裂腹鱼幼鱼及其栖息生境（摄影 / 余天一）

裸腹叶须鱼（图 3-5-20）：20 尾，体长范围 6.5 ～ 30.9cm，平均全长 12.1 cm；体重范围 1.4 ～ 246.0g，平均体重 26.3g。

细尾高原鳅：4 尾，体长范围 8.3 ～ 12.3cm，平均全长 11.2cm；体重范围 2.1 ～ 10.8g，平均体重 7.1g。

扎曲鱼类保护建议

本次调查的鱼类以裂腹鱼亚科和条鳅亚科鱼类为主，这些鱼类均为适应高原生活的特有种类，具有生长缓慢、性成熟相对晚、繁殖力低的特性，其天然鱼类产量并不高，不能承受超强度捕捞，一旦资源遭受破坏，难以在短期内恢

(a)

(b)

图 3-5-20　裸腹叶须鱼。（a）采集的裸腹叶须鱼成体（摄影／雷波）；（b）澜沧江源裸腹叶须鱼幼鱼及其栖息生境（摄影／徐健）

复起来，为保护好珍稀鱼类资源，提出 3 条建议：

科学进行水电工程建设

目前，澜沧江上游区域正在进行大规模的水电开发，在建坝后，河流形态改变成人工湖泊，由于阻隔洄游、分割栖息地、改变自然水文节律和饵料环境等影响，原来适应于激流生活的裂腹鱼类和鳅类将不再适应新的水域环境，有可能导致这些鱼类的灭绝。因此，在此区域内开展水电工程建设必须要经过严格的环境影响评价程序，确认工程建设对鱼类的影响较小或者影响减免措施能够起到保护鱼类的效果，方可开展。

开展鱼类的生物学及生态需求研究

虽然在澜沧江上游水系曾做过一些鱼类资源调查，但缺乏系统性和完整性。有必要对澜沧江源区以及各支流进行全面调查，摸清现有种类、数量及分布范围，特别是针对澜沧裂腹鱼、裸腹叶须鱼等保护鱼类的生物学及生态需求进行研究，了解这些鱼类的习性，以便制定有效的保护措施。

开展社区鱼类保护宣传

目前，在澜沧江流域尚没有成立渔政机构，当前的鱼类保护工作主要是当地的藏族群众和寺院自发性进行，这些保护工作者一般不具备专业的鱼类保护知识，例如鱼类的分类等、生物学知识及鱼类的生态学特征、鱼类救护等，另外一些不合理的放生也会导致引入种与土著种的竞争，因此需要对这些保护工作者及流域内的群众进行鱼类保护的科学宣传，提高对这些特有的鱼类的保护效果。

第六章

两栖爬行动物的多样性

两栖爬行动物在脊椎动物的进化中占有重要的地位。两栖动物是由水生动物到陆生动物的过渡类型，它们具有陆生脊椎动物的基本结构形式，是研究陆生四足动物起源和演化的典型对象及关键代表。爬行动物是真正的陆生脊椎动物，在脊椎动物演化过程中占据承前启后的地位。

《青海经济动物志》记录了青海省的两栖爬行动物 16 种，其中青海三江源地区的两栖爬行动物统计有 10 种，是青海省两栖爬行动物多样性最丰富的地区。本章根据短期调查结果，并结合图片等文献资料，对三江源地区的两栖爬行动物的区系特征进行论述。

◎ 调查地点和方法

2013 年 6 月 24 日—7 月 3 日、2014 年采用编目法（Heyer et al., 1994）进行了物种丰富度的调查。物种的分类系统和鉴定标准依据《中国动物志》（费梁 等，2006，2009a，2009b，2012；赵尔宓 等，1998，1999）。

编目法主要用于短时间的重要地点的物种多样性调查（物种数目少于 25

种），可以提供物种丰富度信息，以及各个采集点的物种组成的详细信息。在采集点随机行走，对适宜生境仔细搜索；对遇见和采集的动物进行 GPS 定位，记录生境概况。根据调查结果分析两栖爬行动物多样性，针对物种的地理分布和生态环境特点提出保护对策。

在此期间对三江源地区 6 县 11 个站点进行了调查（表 3-6-1）。

◎ 调查结果

物种多样性与区系组成

本次调查共采集和记录到两栖爬行动物 3 目 7 科 8 属 10 种（表 3-6-1），根据对中国陆栖脊椎动物区系成分的划分（张荣祖，1999），三江源地区的 10 个物种中，1 种属古北界区系成分（花背蟾蜍）（图 3-6-1）；2 种广布于古北东

图 3-6-1　花背蟾蜍，广布于中国北方，以及蒙古、俄罗斯和朝鲜。栖息于从湿地到半荒漠地区的多种生境（摄影 / 李成）

表 3-6-1　三江源地区两栖爬行动物分布表

物种名	班玛县				
	玛可河林场	红军沟	美浪沟	沙沟	格日则沟
有尾目 Caudata					
小鲵科 Hynobiidae					
西藏山溪鲵 Batrachuperus tibetanus	●	●	●	●	●
无尾目 Anura					
角蟾科 Megophryidae					
西藏齿突蟾 Scutiger boulengeri		●	●	●	
刺胸猫眼蟾 S. mammatus		●	●	●	●
蟾蜍科 Bufonidae					
花背蟾蜍 Bufo raddei					
西藏蟾蜍 B. tibetanus					
蛙科 Ranidae					
高原林蛙 Rana kukunoris	☆	☆	☆	☆	☆
倭蛙 Nanorana pleskei		☆			
有鳞目 Squamata					
鬣蜥科 Agamidae					
青海沙蜥 Phrynocephalus vlanglii					
石龙子科 Lacertidae					
秦岭滑蜥 Eremias argus	☆		☆		
蝰科 Viperidae					
红斑高山蝮 Gloydius rubromaculatus					☆

注：玛多县青海沙蜥标本由王昊采集；囊谦县和杂多县西藏齿突蟾和刺胸猫眼蟾标本由雷开明采集；花背蟾蜍根据扎西桑俄俄堪布所拍摄照片鉴定；秦岭滑蜥根据陈尽所拍摄照片鉴定；红斑高山蝮

久治县	玛多县	囊谦县	杂多县		曲麻莱县	区系成分
烤烧沟	冬给纳错	白扎林场	昂赛乡	扎青乡	夏日寺	
						西南区
	☆	●	☆	☆		西南区
		●				西南区
						古北界
☆						青藏区和西南区
☆						
●						西南区
●						青藏区和西南区
	●					古北东洋界
						古北东洋界
●					●	青藏区和西南区

（格日则沟）根据何兵描述确认，红斑高山蝮（夏日寺）根据影像生物调查所（IBE）的图片鉴定；西藏齿突蟾（冬给纳错）根据影像生物调查所（IBE）的图片鉴定。

● 示分布点；☆ 示县新记录（基于《青海经济动物志》确认）。

洋界（青海沙蜥、秦岭滑蜥）；7 种分布于东洋界，其中西南区 4 种（西藏山溪鲵、西藏齿突蟾、刺胸猫眼蟾、高原林蛙），3 种分布于青藏区和西南区（西藏蟾蜍、倭蛙、红斑高山蝮）。三江源流域无特有种（图 3-6-2 ~ 图 3-6-9）。

(a)   (b)

图 3-6-2　青海沙蜥，西南山地特有种，是青海省数量最多和分布最广的优势蜥种，卵胎生［摄影 / 李成（a）、陈尽（b）］

(a)   (b)

图 3-6-3　秦岭滑蜥，广布于秦岭山区和西南山地北部，栖息海拔 1450 ~ 3400m，卵胎生［摄影 / 李成（a）、陈尽（b）］

(a)
(b)

图 3-6-4 （a）西藏山溪鲵，中国特有种，栖息于海拔 1500 ~ 4250m 的山地溪流中。在玛可河支流中，翻开石头，往往就能看到它们；（b）西藏山溪鲵的卵鞘带，大约 7 ~ 8cm 长，Y 型，柄状的一端固定在水中石块下面，2 枝卵鞘带内，每枝有卵 6 ~ 13 粒。每个雌性产卵鞘带一对，这是三只雌性的后代（摄影 / 李成）

(a)
(b)

(c)

图 3-6-5 西藏齿突蟾，西南山地特有种，分布于 3300 ~ 5100m 的高原溪流中，是已知中国分布海拔最高的两栖类，也是全球海拔分布最高的两栖类 [摄影 / 李成（a，b）、彭建生（c）]

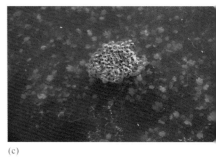

(a)　　　　　　　　　　(b)　　　　　　　　　　(c)

图 3-6-6　高原林蛙（摄影／李成）。（a）西南山地特有种，栖息在海拔 2000 ~ 4400m 的高原静水塘中；（b）蛙泳是最省力的一种泳姿，青蛙是我们的游泳老师；（c）卵团状，产在静水塘内

(a)　　　　　　　　　　　　　　(b)

图 3-6-7　（a）刺胸猫眼蟾，西南山地特有种，栖息于海拔 2600 ~ 4200m 的高原溪流中（摄影／李成）；（b）刺胸猫眼蟾的胸部刺团，一般认为刺团具有加强抱握和刺激雌蛙产卵的作用（摄影／李成）

(a)　　　　　　　　　　　　　　(b)

图 3-6-8　（a）西藏蟾蜍，西南山地特有种，栖息在海拔 2400 ~ 4300m 的高原静水塘中（摄影／李成）；（b）西藏蟾蜍隐身在鼠兔洞中，鼠兔不仅为鸟兽、也为两栖爬行动物提供了隐蔽场所（摄影／李成）

(a)   (b)   (c)

图 3-6-9   倭蛙，西南山地特有种，栖息在海拔 3300～4500m 的高寒沼泽，是高寒湿地的标志性物种，其中（a）为倭蛙的卵（摄影／李成）

高原蝮的分类和红斑高山蝮的分布

《青海经济动物志》记载高原蝮 *Gloydius strauchi* 分布于青海省称多县、治多县、玉树市、久治县。Shi 等（2017）对青海、四川、云南等省的高原蝮进行了系统研究，经传统形态学比较以及头骨 CT 三维重构和分子系统发育等多重方法比较，以曲麻莱县标本为正模、玉树市标本为副模，命名了新种：红斑高山蝮 *Gloydius rubromaculatus* Shi, Li and Liu, 2017（图 3-6-10）。

红斑高山蝮与高原蝮形态区分：① 红斑高山蝮是棕黑色的眼睛（高原蝮：浅棕色的眼睛）；② 红斑高山蝮的背面色斑是两行并列的、边缘色深、中心色浅的圆斑（高原蝮：四条不规则的、交错排列的纵向条纹）。

红斑高山蝮分布区为：青海省曲麻莱县（模式标本产地）、玉树市（副模式标本产地）、治多县、称多县；西藏自治区江达县；四川省石渠县（依据 Shi et al.，2017）、白玉县（依据赵尔宓，2003，四川爬行类原色图鉴，222 页图片）。

(a)

(b)　　　　　　　　　　　　　　　　　　　(c)

图 3-6-10　红斑高山蝮，西南山地特有种，卵胎生 [摄影 / 彭建生（a，b）、李成（c）]

生态地理动物群

《青海经济动物志》将青海陆栖脊椎动物分成四个生态地理动物群，三江源地区的 10 种两栖爬行动物主要是构成高地森林草原动物群和高地草原及草甸草原动物群的代表动物（表 3-6-2）。

表 3-6-2　三江源地区两栖爬行动物在四个生态地理动物群的分布

物种名	生态地理动物群			
	高地森林草原动物群	高地草原及草甸草原动物群	高地寒漠动物群	温带荒漠半荒漠动物群
有尾目				
小鲵科				
西藏山溪鲵	●			
无尾目				
角蟾科				
西藏齿突蟾	●			
刺胸猫眼蟾	●			
蟾蜍科				
花背蟾蜍		●		
西藏蟾蜍		●		
蛙科				
高原林蛙	●	●	●	
倭蛙		●	●	
有鳞目				
鬣蜥科				
青海沙蜥				●
石龙子科				
秦岭滑蜥	●			
蝰科				
红斑高山蝮	●	●	●	
合　计	6	5	3	1

◎ 三江源两栖动物监测和研究的建议

三江源区是中国最重要的水源地，众多雪山哺育了中华民族的母亲河：长江、黄河和澜沧江，因此，三江源被称为"中华水塔"。它也是世界高海拔地区生物多样性最集中的地区和生态最敏感的地区。三江源特殊的地理位置、区域性涵养水源的重要功能以及对整个流域生态环境的直接影响，使其成为生态建设的战略要地。

随着社会经济发展，三江源地区面临着全球气候变化逐渐加剧，野生动物栖息环境质量减退，栖息地破碎化，生物多样性降低等多种威胁。当地亟待开展生物监测，而生物监测的成效与指示生物密切相关，选择合适的指示生物极其关键。

指示生物的一般标准

指示生物是指对环境中的污染物或某些因素能产生非一般性反应或特殊信息的生物体；它可以将受到的各种影响以不同症状表现出来，以此表征环境质量状况。Butler（1971）第一次提出了指示生物的一般标准：① 能积累一定量的污染物而不会中毒死亡；② 生活区域比较固定，能代表污染区的生物群落；③ 在污染水区要有足够丰度和分布，能重复采样；④ 寿命要足够长，并能对不同年龄组的个体进行采样；⑤ 个体能够提供适量的组织或细胞样品以供分析；⑥ 应易于采集，且在实验室培养中易于存活；⑦ 应该能在半咸水中存活；⑧ 不同条件下，指示物个体的污染物浓度与环境中的污染物的平均浓度应表现出一致性。

两栖动物作为指示生物的优势

　　两栖动物作为由水生生活到陆生生活的过渡类群，同时具有适应水生和陆生环境的两方面特征；尤其是水生阶段的卵和蝌蚪，对环境因子的变化极为敏感，环境因子微小的变化都有可能通过卵和蝌蚪数量的变化在短期内反映出来。当环境发生不利变化时，两栖动物既不像昆虫那样反应过分敏感，也不像大型脊椎动物那样具有较长的时滞；通过半致死浓度可以分析动物对污染物的敏感性（符合①）；同时，它们活动能力有限，活动区域较狭窄，便于定位观察（符合②）；绝大多数的两栖动物生活史分为三个不同的阶段：卵、蝌蚪和成体，它们的成体一般在陆地上生活，但卵的孵化和蝌蚪的发育必须在水中才能完成，因为卵、蝌蚪和成体分别占据着两种截然不同的生境，可以监测水体和陆地生境的变化，而且，种群数量一般比较稳定，能重复取样（符合③）；两栖动物生命周期较长（5～12年），通过骨龄法可以准确地鉴别年龄结构（符合④）；个体较大，可以采集适量的组织或细胞样品进行分析（符合⑤）；活动时间和季节集中，便于定期观察和采集后在实验室养殖（符合⑥）；少数种类如海陆蛙能够耐受半咸水（符合⑦）；皮肤具有很高的渗透性，环境中气体、水、电解质等很容易进入皮肤，引起一些直观的行为和生理反应（符合⑧）。综上所述，利用两栖动物不仅能监测水体环境，还能对陆地污染物进行监测；不仅能够对污染物进行定性分析，还能进行定量分析；利用它们种群动态变化、直观的行为和生理指标等很容易对环境质量进行监测，从而评估这一地区的环境优劣，为其他研究或政策制定提供相应依据。因此，两栖动物是一类稳定、灵敏、高效地评价生态系统健康状况的良好指示物种。

怎样评估两栖动物的环境指示作用?

近 20 年来，全球范围内两栖动物种群呈明显衰退趋势，两栖动物已成为脊椎动物中最濒危的类群，有 41% 的两栖动物受到灭绝的威胁，相比较而言，只有 13% 的鸟类、25% 的兽类和 22% 的爬行类物种受到威胁（Hoffmann et al.，2010）。

Heyer 等（1994）设计了 10 种标准的两栖动物监测方法，包括：编目法、视觉观察法、声音条带截线法、样方法、截线法、斑块法、围栏陷阱法、繁殖位点法、围绕繁殖位点的移动围栏法、两栖动物蝌蚪定量法，并着重指出：在未来的监测研究中，监测体系应该覆盖更大的空间与时间尺度，为环境测评与物种保护提供更加长期的、准确的资料。

监测对象

广布于三江源区的 4 种两栖动物：西藏山溪鲵、西藏齿突蟾、西藏蟾蜍、高原林蛙。

监测时间

春季：5 月 10 日到 5 月 20 日之间；秋季：8 月 10 日到 8 月 20 日之间。

监测方法

遇见法（限时取样研究）：每人在一定时间内（1h 或 0.5h）能采集到的物

种数量。必须要在每类生境类型中，使用标准化的采集，建议以 2km/h 的速度，记录所有在路线两侧 1m 以内出现的两栖动物。在春、秋两季分别进行取样。限时取样是遇见法中相对省力的方式，所以如果可能，应该尽量采用这个方法。为了在区域中作比较，每个调查者在每个区域中所用的时间都必须是一样的。随机取样的遇见法适合于大面积调查。从限时取样中得到的数据，可以在同一区域的不同生境间作比较；但是，考虑到存在大量的因素可能会影响调查结果，在区域间作比较通常是不适当的。

◎ 保护建议

保护关键生境

根据两栖爬行动物的分布格局和生境特点，三江源地区的两栖爬行动物关键生境为：

① 繁殖场：河流和湖泊。湿地是两栖动物最重要的繁殖场所。

② 避难所：鼠兔洞。调查发现鼠兔洞是西藏蟾蜍重要的隐蔽场所，西藏蟾蜍利用鼠兔废弃的洞穴，受惊立即跳入洞穴中。

消除重要威胁因素

（1）道路致死和生态涵洞建设。两栖动物因为具有卵、蝌蚪、成体的三阶段的生活史，长期在繁殖地和冬眠地之间季节性地迁徙，春天出蛰，从冬眠地向繁殖地迁移，深秋时，再返回冬眠地越冬。但两栖动物移动速度慢，感觉器官不发达，不能主动回避迎面而来的车辆；同时现代道路的黑色路面会从太阳辐射中吸收相当多的热量，在夜间天气转凉的时候，对温湿度高度敏感的两栖动物容易受到温暖道路的吸引上路，导致相当多的道路致死事件。随着道路网的扩增和交通量的增加，道路致死两栖动物成为愈加严重的现象。据估测，当车流量在 24 ～ 40 台 / h 时，会导致经路面穿越公路的 50% 的大蟾蜍 *Bufo bufo* 死亡；当车流量在 60 台 / h 时，会导致 90% 的大蟾蜍死亡。

1984 年开始，法国在修建公路的同时专门在公路下方建设两栖动物生态涵洞。研究发现 55% 的两栖动物个体会利用生态涵洞穿越道路。栅栏系统和生态涵洞对减缓两栖动物的死亡非常有效，一般栅栏高 0.5 ～ 0.9m，防止两栖动物跳过或攀越；涵洞两侧的栅栏长度根据周边繁殖点的分布确定，100 ～ 200m 长的栅栏就能有效地引导两栖动物进入生态涵洞；两栖动物的皮肤通透性高，容易脱水，因此适宜的生态涵洞要具有潮湿的微环境，如在混凝土涵洞底面铺上草地和泥土基质会比较好；涵洞孔径的大小也很重要，最佳的涵洞设计是宽度和高度都大于 0.4m，并且涵洞内有光的渗透，环境光的渗透在两栖动物迁徙定位上发挥着重要的作用。

在三江源地区的道路规划和建设过程中，生态学家和道路规划者应该紧密合作，在两栖动物常迁徙的位置建设生态涵洞，开展持续的后期监测，评估动物保护措施的有效性。

（2）高海拔边界对两栖爬行动物的保护限制。乔慧捷等（2018）分析了 4 种两栖爬行动物（高原林蛙、倭蛙、西藏齿突蟾和青海沙蜥）的栖息环境条件与三江源国家公园边界的关系，发现两栖爬行动物所偏好的环境条件较多未包含在国家公园内。

3 种两栖动物分布的海拔均值在 3500 ～ 3800m；青海沙蜥分布的海拔均值 <3000m，而鲜有分布点 > 4000m。国家公园的海拔分布以 4200m 为临界点，若以 4200m 为阈值划分物种分布点，倭蛙与高原林蛙均有绝大多数分布点（＞90%）的海拔位于 4200m 以下。这些两栖爬行动物在国家公园内难以得到有效保护。

第四篇

兽类

　　兽类，又称哺乳动物，即脊椎动物中的哺乳纲动物，是地球上适应力最强的物种类群，我们人类就是哺乳纲中灵长目下面的一个物种。对于兽类动物我们更为熟悉，兽类与我们人类的关系也非常密切。

　　第三纪新构造运动中青藏高原的快速隆升，改变了中国东高西低的地势格局，形成了目前地球上最高的山脉和高原，从高原到平原过渡着大面积地形复杂的高山峡谷，复杂的地貌和气候为兽类动物创造了多样的生态位和地理格局，从而形成了丰富而独特的兽类组成，截至 2015 年 3 月 31 日，蒋志刚等确定中国有哺乳动物 12 目 55 科 235 属 673 种，占《世界自然保护联盟濒危物种红色名录》（2014）收录的 5488 种全球哺乳动物的 12.3%，三江源地区处于青藏高原东北部，面积广袤，平均海拔在 4000m 以上，气候干燥寒冷，区内分布有森林、草原、荒漠、冰川、河流、湖泊、沼泽等多样的生境，孕育出独特而丰富的兽类群落，李迪强等统计三江源区域内有记录的兽类物种共计 20 科 85 种，占中国兽类物种的 12.6%，其中国家Ⅰ级保护动物 7 种，Ⅱ级保护动物 26 种，特有种 54 种，兽类群落具有濒危程度高、特有种丰富的特点（李迪强 等，2002）。大规模地质造山运动导致中国哺乳动物区系发生南北分化，所产生的特有种，如藏羚、藏原羚、藏野驴、野牦牛、白唇鹿等在三江源都有分布（冯祚建 等，1985）（图 4-0-1 ~ 图 4-0-5）；又如全球 30 种鼠兔科 Ochotonidae 的物种，有 25 种分布在中国（Ge et al.，2013），后者一半以上的种为中国特有种（蒋志刚 等，2015），在青海记录有 10 种鼠兔（《青海经济动物志》），在三江源区域内，我们的调查和研究确定有 5 种。

  沿着三江源自西向东的方向上，海拔逐步降低，植被状况逐渐变化，兽类组成也不尽相同。野牦牛、藏羚主要分布在西部和北部的高寒荒漠草原中，藏野驴、藏原羚、藏狐、狼等兽类常见于中东部广阔、较为平坦的草原与草甸生境中，猕猴、马麝、马鹿、中华鬣羚等则栖息在东南部海拔较低的高山针叶林

图 4-0-1　藏羚（摄影 / 郭亮）

图 4-0-2 藏原羚（摄影／郭亮）

图 4-0-3 （右图）藏野驴（摄影／彭建生）

和高山灌丛中，雪豹、棕熊、岩羊等食肉动物更容易在高海拔的崎岖山地中被看到。

　　受限于严酷的自然环境，有限的研究时间，以及研究人员研究特点，在2012—2014年期间，我们仅对三江源兽类有个大致的了解。在调查地点的布设上，在长江、黄河和澜沧江三个流域中都设置强度相当的调查点，并尽量在空间上保持一定距离；在种类上，对于小型兽类以及大型兽类中的岩羊、棕熊

图 4-0-4　野牦牛（摄影 / 郭亮）

做了一些初步的研究，黑唇鼠兔作为生态系统的关键种，又是备受争议的灭鼠
政策的目标种，我们也在调查中予以关注。调查中，我们密切的合作伙伴——
影像生物调查所（IBE）团队收集了三江源 31 种兽类的影像资料。

对于三江源兽类的调查和研究，我们用"小型兽类的多样性"和"大中型兽类的多样性"两章分别阐述：前者包含小型兽类多样性和黑唇鼠兔的研究，这部分内容主要由刘少英、廖锐、王昊和吴岚完成；后者着重于棕熊的研究和岩羊的数量调查，棕熊的研究基于吴岚博士的研究成果，而岩羊的数量调查则是三江源生物多样性快速调查中的一个专题，主要由吴岚、肖凌云、刘炎林、斗秀加等完成。

图 4-0-5　白唇鹿（摄影 / 彭建生）

第七章

小型兽类的多样性

本章中的小型兽类指的是劳亚食虫目 Eulipotyphla、翼手目 Chiroptera、啮齿目 Rodentia 和兔型目 Lagomorpha 四个目的哺乳动物。

◎ 小型兽类的调查

调查方法

小型兽类调查采用铗日法，下午下铗，第二天上午收铗。本次调查以获取更多的标本为目的，因此，考虑到该区域海拔高，所分布的小型兽类或多或少有白天活动的习性，放铗时间适当延长。放铗方法遵循尽量捕获标本为原则，放铗时，尽量放在小型兽类经过的路径上或者洞口。放铗数量根据生境情况，选择的生境面积较大，则放置数量可以多一些，一般一个样方放置 30 只铗以上。

除了下铗调查外，对于个体较大、特征明显的兽类，如兔类和旱獭、松鼠等，通过直接观察法进行记录和统计。

另外，还参考该区域历年来公开发表的资料，对资料进行甄别，无疑的种类列入区域小型兽类名录。对于分类系统有变化的，根据最新资料进行相应的调整。

分析方法

小型兽类的鉴定用经典分类法，主要参考文献包括 Hoffmann（1987），罗泽珣等（2000）和 Smith & Xie（2008）等的专著。区系分析主要参考张荣祖（1999）的《中国动物地理》。分类系统采用 Wilson 等（2005）*Mammal Species of the World*。

调查工作执行情况

2012 年调查工作于 2012 年 8 月 12 日至 8 月 28 日之间进行。主要调查了玉树市隆宝镇、哈秀乡的云塔村、曲麻莱县的夏日寺周边及治多县的索加乡。总计下铗调查了 17 个样方，下铗 912 铗次，捕获小型兽类标本 163 只。这些调查区域均位于长江源头（以下简称为长江源区）。

2013 年 6 月 25 日至 2013 年 7 月 15 日，对青海省班玛县、玛多县、玛沁县、久治县的小型兽类进行了调查。共计调查了 22 个样方，下铗 895 铗次，采集标本 168 只。除班玛县调查区域处于大渡河上游，属于长江水系外，其他均属于黄河水系。该调查区域简称为黄河源区。

2014 年的调查区域为澜沧江源头的囊谦和杂多两县。时间是 2014 年 6 月 24 日至 2014 年 7 月 12 日。调查了 14 个样方，下铗 588 铗次，捕获小型兽类 65 只。该调查区域简称为澜沧江源区。

三次调查总计 53 个样方，下铗 2395 铗次，收铗 2346 铗次，捕获小型兽类 396 只，平均上铗率 16.5%。

调查结果

种类与区系

调查确认有小型兽类 27 种（表 4-7-1），直接观察到 1 种，资料记载 9 种，

表 4-7-1　三江源小型兽类名录

目	科	种	区系	分布型	资料来源
劳亚食虫目	鼩鼱科	1. 小纹背鼩鼱 *Sorex bedfordiae*	东洋界	喜马拉雅型	标本
		2. 暗色鼩鼱 *S. sinalis*	古北界	古北型	标本
		3. 藏鼩鼱 *S. thibetanus*	东洋界	喜马拉雅型	标本
		4. 甘肃鼩鼱 *S. cansulus*	古北界	华北型	标本
		5. 斯氏水鼩鼱 *Chimarrogale styani*	古北界	高地型	资料
		6. 斯氏长尾鼩 *Chodsigoa smithii*	东洋界	喜马拉雅型	资料
		7. 蹼麝鼩 *Nectogale elegans*	古北界	东北-华北型	资料
		8. 格氏小麝鼩 *Crocidura gmelini*	古北界	古北型	资料
翼手目	蝙蝠科	9. 肥耳棕蝠 *Eptesicus pachyotis*	古北界	古北型	标本
啮齿目	松鼠科	10. 喜马拉雅旱獭 *Marmota sibirica*	古北界	高地型	观察到
		11. 北花松鼠 *Tamias sibiricus*	古北界	古北型	资料
	仓鼠科	12. 长尾仓鼠 *Cricetulus longicaudatus*	古北界	中亚型	标本
		13. 藏仓鼠 *C. tibetanus*	古北界	高地型	资料
		14. 藏康仓鼠 *C. kamensis*	古北界	高地型	标本
		15. 高原松田鼠 *Neodon irene*	古北界	高地型	标本
		16. 青海松田鼠 *N. fuscus*	古北界	高地型	标本
		17. 白尾松田鼠 *N. leucurus*	古北界	高地型	标本
		18. 柴达木根田鼠 *Micortus limnophilus*	古北界	高地型	标本

目	科	种	区系	分布型	资料来源
啮齿目	鼹形鼠科	19. 甘肃鼢鼠 *Eospalax cansus*	古北界	华北型	标本
	跳鼠科	20. 蒙古五趾跳鼠 *Allactaga sibirica*	古北界	中亚型	标本
		21. 四川林跳鼠 *Eozapus setchuanus*	古北界	高地型	标本
		22. 中华蹶鼠 *Sicista concolor*	古北界	古北型	标本
	鼠科	23. 龙姬鼠 *Apodemus draco*	东洋界	东洋型	标本
		24. 大耳姬鼠 *A. latronum*	东洋界	喜马拉雅型	标本
		25. 大林姬鼠 *A. peninsulae*	古北界	东北—华北型	标本
		26. 小家鼠 *Mus musculus*	古北界	古北型	标本
		27. 安氏白腹鼠 *Niviventer andersoni*	东洋界	喜马拉雅型	资料
		28. 社鼠 *N. confucianus*	东洋界	东洋型	标本
		29. 褐家鼠 *Rattus norvegicus*	古北界	古北型	标本
兔型目	鼠兔科	30. 黑唇鼠兔 *Ochotona curzoniae*	古北界	高地型	标本
		31. 间颅鼠兔 *O. cansus*	古北界	高地型	标本
		32. 红耳鼠兔 *O. erythrotis*	古北界	高地型	资料
		33. 川西鼠兔 *O. gloveri*	古北界	高地型	标本
		34. 藏鼠兔 *O. thibetana*	古北界	高地型	标本
		35. 狭颅鼠兔 *O. thomasi*	古北界	高地型	标本
	兔科	36. 高原兔 *Lepus oiostolus*	东洋界	喜马拉雅型	标本
		37. 蒙古兔 *L. tolai*	广布种	不易归类型	资料

注：喜马拉雅型即为喜马拉雅—横断山系分布型。

总计 37 种。分属 4 个目：劳亚食虫目、翼手目、啮齿目和兔型目。

其中，劳亚食虫目 8 个种，全是鼩鼱科 Soricidae 种类，包括藏鼩鼱、陕西鼩鼱（暗色鼩鼱）、小纹背鼩鼱、甘肃鼩鼱、斯氏水鼩鼱、斯氏长尾鼩、蹼麝鼩、格氏小麝鼩。

翼手目很少，只有 1 种，为蝙蝠科 Vespertilionidae 肥耳棕蝠。

　　啮齿目的种类较多，包括松鼠科 Sciuridae 2 种：喜马拉雅旱獭（图 4-7-1）、北花松鼠。仓鼠科 Cricetidae7 种：田鼠属 1 种，柴达木根田鼠；松田鼠属 3 种：高原松田鼠、青海松田鼠和白尾松田鼠；仓鼠属 3 种（图 4-7-2）：长尾仓鼠、藏仓鼠、藏康仓鼠。鼠科 Muridae7 种，包括姬鼠属 3 种：大耳姬鼠、大林姬鼠和龙姬鼠；小鼠属 1 种，小家鼠；白腹鼠属 2 种：安氏白腹鼠、社鼠；家鼠属 1 种：褐家鼠。跳鼠科 Dipodidae 3 种：蒙古五趾跳鼠、四川林跳鼠、中华鼩鼠。鼹形鼠科 1 种：甘肃鼢鼠。

　　兔型目 Lagomorpha 8 种，包括鼠兔科 Ochotonidae 鼠兔属 6 种：黑唇鼠兔（图 4-7-3）、藏鼠兔、间颅鼠兔、红耳鼠兔、狭颅鼠兔、川西鼠兔（图 4-7-4）；兔科 Leporidae2 种：高原兔（图 4-7-5）、蒙古兔。

图 4-7-1　喜马拉雅旱獭（摄影 / 郭亮）

图 4-7-2　仓鼠（摄影 / 李俊杰）　　　　图 4-7-3　黑唇鼠兔（摄影 / 郭亮）

区系上，古北界种类 28 种，占 75.68%，东洋界种类 8 种，占 21.62%，广布种 1 种，占 2.7%。分布型上东洋界种类有 2 个分布型，喜马拉雅-横断山系分布型有 6 种，包括小纹背鼩鼱、藏鼩鼱、斯氏长尾鼩、大耳姬鼠、安氏白腹鼠、高原兔；东洋型有 2 种，包括龙姬鼠、社鼠。古北界种类有 5 种分布型，包括东北-华北型 2 种，包括蹼麝鼩和大林姬鼠；华北型有甘肃鼩鼱和甘肃鼢鼠 2 种；中亚型有 2 种，包括长尾仓鼠和蒙古五趾跳鼠；古北型有 6 种，包括陕西鼩鼱（暗色鼩鼱）、格氏小麝鼩、肥耳棕蝠、北花松鼠、小家鼠和中华鼩鼠。其余全部是高地型，有 15 种，包括斯氏水鼩鼱、喜马拉雅旱獭、藏仓鼠、藏康仓鼠、高原松田鼠、白尾松田鼠、青海松田鼠、柴达木根田鼠、四川林跳鼠、黑唇鼠兔、川西鼠兔、红耳鼠兔、间颅鼠兔、藏鼠兔和狭颅鼠兔。蒙古兔为不易归类型。

图 4-7-4 川西鼠兔（摄影 / 郭亮）

图 4-7-5 高原兔（摄影 / 董磊）

不同区域小型兽类多样性

从调查的三个区域看，长江源区调查区域海拔在 3970 ~ 4770m 之间，调查 17 个样方，下铗 912 铗次，采集标本 163 只，采集到小型兽类 10 种，加上观察到的和资料记载的，总计有 20 种；黄河源区调查海拔在 3200 ~ 4480m 之间，调查样方 22 个，下铗 895 铗次，收铗 856 铗次，采集兽类 168 只，采集到小型兽类 20 种，加上观察到的和文献资料记载的，总计有 30 种；澜沧江源区调查海拔在 3750 ~ 4580m 之间，调查 14 个样方，下铗 588 铗次，收铗 578 铗次，采集小型兽类 65 只，采集到小型兽类 8 种，加上观察到的和文献资料记载的，总计有 16 种（表 4-7-2，表 4-7-3）。

表 4-7-2　三江源区采集到的小型兽类物种数量及生境分布

调查区域		生境类型	调查样方数	下铗数	标本采集数	物种数	上铗率 /（%）
长江源区	隆宝镇	针叶林（柏木）	1	40	3	2	7.5
		灌丛	3	276	35	5	12.7
		草甸	3	120	16	4	13.3
	曲麻莱县	灌丛	2	139	12	2	8.6
	治多县	灌丛	3	142	59	3	41.5
		草甸	5	195	38	4	17.9
	小计		17	912	163	10	16.7
黄河源区	班玛县	次生针叶林（杉木）	3	140	24	8	17.1
		灌丛	2	80	14	6	17.5
		柏木林	1	50	6	3	12
		原始针叶林	1	40	3	2	7.5
		次生阔叶林	2	115	22	8	19.1

调查区域		生境类型	调查样方数	下铗数	标本采集数	物种数	上铗率/（%）
黄河源区	久治县	灌丛	3	128	20	6	15.6
	玛沁县	灌丛	1	29	7	4	24.1
		柏木林	2	108	6	2	5.6
		流石滩	1	40	1	1	2.5
		废弃居民区	1	20	2	2	10
	玛多县	湿地	1	30	18	2	60
		草甸	4	115	45	5	39.1
	小计		22	895	168	20	18.8
澜沧江源区	白扎林场	针阔叶混交林（柳为主）	2	60	6	3	10
		稀树灌丛（柏木）	1	79	3	1	3.8
		农耕区	1	38	5	2	13.2
		针叶林	1	40	0	0	0
	盐场附近	草甸	1	38	11	1	28.9
	昂赛乡	柳树灌丛	1	60	2	1	3.3
		稀树灌丛（柏木）	1	20	1	1	5.0
		柏木林	1	30	2	1	6.7
		废弃居民区	1	30	3	1	10
	扎青乡	柳树灌丛	1	38	13	2	34.2
		草甸	1	80	16	2	20
		多石金露梅灌丛	2	75	3	3	4.0
	小计		14	588	65	8	11.1

表 4-7-3　长江、黄河和澜沧江源区小型兽类组成

目	科	种	长江源区	黄河源区	澜沧江源区
劳亚食虫目	鼩鼱科	1. 小纹背鼩鼱	√	√	
		2. 暗色鼩鼱		√	
		3. 藏鼩鼱	√	√	
		4. 甘肃鼩鼱		√	
		5. 斯氏水鼩鼱	√	√	
		6. 斯氏长尾鼩		√	
		7. 蹼麝鼩			√
		8. 格氏小麝鼩		√	
翼手目	蝙蝠科	9. 肥耳棕蝠		√	
啮齿目	松鼠科	10. 喜马拉雅旱獭	√	√	√
		11. 北花松鼠		√	
	仓鼠科	12. 长尾仓鼠	√	√	√
		13. 藏仓鼠	√		
		14. 藏康仓鼠			√
		15. 高原松田鼠	√	√	√
		16. 青海松田鼠	√	√	√
		17. 白尾松田鼠	√	√	
		18. 柴达木根田鼠	√		
	鼹形鼠科	19. 甘肃鼢鼠			
	跳鼠科	20. 蒙古五趾跳鼠		√	
		21. 四川林跳鼠	√	√	√
		22. 中华蹶鼠		√	
	鼠科	23. 龙姬鼠	√	√	√
		24. 大耳姬鼠		√	√
		25. 大林姬鼠	√	√	√
		26. 小家鼠	√	√	√
		27. 安氏白腹鼠		√	
		28. 社鼠	√		
		29. 褐家鼠		√	

目	科	种	长江源区	黄河源区	澜沧江源区
兔型目	鼠兔科	30. 黑唇鼠兔	√	√	√
		31. 间颅鼠兔	√	√	√
		32. 红耳鼠兔		√	
		33. 川西鼠兔	√		√
		34. 藏鼠兔	√	√	√
		35. 狭颅鼠兔			
	兔科	36. 高原兔	√	√	√
		37. 蒙古兔		√	
小计种数			20	30	16

长江源区域基础海拔高，最低海拔 4200m，而小型兽类分布的上限差不多 5000m 左右，其间海拔差约 800m，因此，小型兽类分布的垂直分异不明显。在我们的采集工作中，白尾松田鼠仅在海拔 4600m 以上发现分布，分布海拔较高，但在我们之前的研究中，白尾松田鼠拉萨亚种 Neodon leucurus walatoni 分布的最低海拔为 3600m 左右的雅鲁藏布江河谷的冲积平原上。本次调查区域的白尾松田鼠为指名亚种 Neodon leucurus leucurus，分布海拔段的不同究竟是亚种原因，还是我们在三江源区域采集不充分？还有待研究。

从物种来看，黑唇鼠兔分布海拔跨度最大，从最低的 4200m 左右到 5000m 均有分布；高原松田鼠和间颅鼠兔次之，分布海拔跨度也较大，但对环境的选择性强，只在灌丛有分布；青海松田鼠在 4300m 和 4600m 左右的两个海拔带发现，但分布范围非常局限。川西鼠兔分布海拔最低，只在该区域河谷发现。其余种仅偶尔发现于 1 ~ 2 个海拔带。

从水平分布看，长江源的调查区域主要有四种不同的景观类型：一是平坦的冲积平原草原，或者通天河及其支流两岸丘状起伏的山间丘状草甸；二是土壤松软、土层较厚而肥沃，地势较缓，植被稀疏的阳坡草甸；三是地势较陡峭或平缓，但土壤石砾较多，相对湿润，灌丛植被盖度较大的阴坡及河谷地带；四是河谷两岸地势陡峭，土壤瘠薄，岩石以片页岩为主，分化破碎严重，有稀疏灌丛覆盖的干燥闷热的河谷。这类地貌主要分布在通天河河谷及支流。这4类不同景观类型中，小型兽类种类及数量不一样。

第一种景观类型中，主要物种是黑唇鼠兔，其种群数量极大，密度极高，是整个环境的控制性组分和关键物种。该环境无论是相对潮湿的河岸，平坦的草甸，还是干燥的坡地，均是黑唇鼠兔的分布区。但总体来看，干燥而土壤疏松的区域中黑唇鼠兔的种群密度较高。该景观中，偶尔有青海松田鼠、柴达木根田鼠、白尾松田鼠和长尾仓鼠分布。青海松田鼠分布在该环境中平坦、潮湿、热量条件好、土壤非常疏松而肥沃，且有少量灌丛分布的局部区域。柴达木根田鼠的分布和青海松田鼠生境类似，在没有灌丛的河岸的草甸上观察到。不过，在我们的研究历程中，柴达木根田鼠在其他区域如四川、西藏的分布生境主要是有一定灌丛的环境。白尾松田鼠也分布于该景观类型中，但白尾松田鼠分布的区域为相对干燥、更疏松、沙质土壤（甚至一定程度沙化）的生境。

第二类景观中，黑唇鼠兔也是主要的建群物种。很少见到其他小型兽类分布。

第三类景观中，物种较丰富。该类景观是高原松田鼠的主要栖息地，不但种群数量很大，而且密度极高。间颅鼠兔也仅分布于该类景观中。该类景观有热量条件好的河谷，也有大面积的片页岩出露的区域，川西鼠兔也会在该生境栖息。该类景观还采集到了小背纹鼩鼱。鼩鼱属于食虫类动物，以昆虫及其幼体、软体无脊椎动物为食，个体很小，体重 6 ~ 10g 之间，但食量大，需要不断进食，因此，要求生境中昆虫、软体无脊椎动物种类多、资源量大。满足这样条件的生境一般是演化级别高、演化时间长、群落稳定、生物多样性丰富的生境。从这个意义看，调查区域内部分灌丛生态系统是演化程度高、稳定的生态系统。

图 4-7-6　川西鼠兔（摄影／郭亮）

　　第四类景观中物种相对贫乏，川西鼠兔（图 4-7-6）主要分布于该景观中。偶尔有高原松田鼠分布（非常罕见）。川西鼠兔是鼠兔科中体型偏大的种类，在岷江、雅砻江、大渡河、澜沧江、金沙江流域的海拔 2000m 以上的干旱河谷中均有分布，是一个典型的干旱河谷物种。该类生境一般降雨极少、蒸发强烈、植被稀疏、土壤瘠薄、多石砾、昼夜温差大。

　　在黄河源区域，我们在班玛县采集的小型兽类种类最多，有 13 种（另外的为资料记录和直接观察到的）；在久治县和玛沁县各采集到 6 种；玛多县最少，有 5 种。从具体种类看，黑唇鼠兔和高原松田鼠分布最广，范围都有 3 个县，高原松田鼠分布于班玛县、久治县和玛沁县；黑唇鼠兔则分布在久治县、玛沁县和玛多县。其余种类分布都不超过 2 个县。如藏鼩鼱仅分布于班玛县和玛沁县；小纹背鼩鼱只分布于班玛县和久治县；陕西鼩鼱和甘肃鼩鼱仅分布于班玛县；长尾仓鼠仅分布于玛多县；青海松田鼠仅分布于久治县和玛多县；白尾松田鼠仅分布于玛多县；蒙古五趾跳鼠仅分布于玛多县；四川林跳鼠仅分布于久治县和玛沁县；中华鼩鼱仅分布于班玛县；龙姬鼠仅分布于班玛县和玛沁县；大耳姬鼠仅分布于班玛县；间颅鼠兔仅分布于班玛县；藏鼠兔仅分布于班玛县；狭颅鼠兔仅分布于班玛县。统计结果表明，班玛县的小型兽类种类最多，本次调查采集的4种食虫类在该县均有分布。分析发现，班玛县位于青海省东南部，地貌起伏大，生境类型相对多样，调查区域是大渡河的源头区域，海拔跨度大，从3200m至4100m。该区域以宽谷和高山景观类型为主，为高山峡谷向草原草甸的过渡带，因此，小型兽类丰富。玛沁县和玛多县为典型的草原草甸景观，生境较单一，因此，小型兽类物种数较少。久治县生境类型也较丰富，仅调查到6种小型兽类，可能是调查时间短，且调查区域海拔较高的缘故（4000m左右）。

从小型兽类数量看，在黄河源区的调查中，种群数量最多的是黑唇鼠兔，它是青海省草原地带的优势种和关键种，控制着系统演化的方向和进程。另外，高原松田鼠分布广泛，是青海省灌丛生态系统的优势种。在灌丛中，另外一个种——间颅鼠兔的种群数量也很大。食虫类是生态系统的指示物种，只有生态系统演化阶段高、原始、系统成分复杂的区域才有分布。调查发现，采集到的4种食虫类中，小纹背鼩鼱、藏鼩鼱在青海省分布较广。青海松田鼠在退化的湿润草甸或灌丛可能成为优势种，但分布区域非常局限。白尾松田鼠在干燥、沙化趋向的草甸可能成为优势种，分布也很局限。如果有，种群数量将很大；如果没有，一只都难发现。同一块草地，可能一个区域数量很大，另外的区域却难觅踪迹。影响其分布的具体生态因子是什么有待深入研究。蒙古五趾跳鼠是典型的沙化景观内的物种，在青海省主要分布在沙漠边沿或者严重沙化的草甸区域。林跳鼠的指名亚种主要分布于青藏高原的高原面和草甸向灌丛、森林的过渡区，分布区相对狭窄，本次调查采集于久治县和玛沁县，班玛县应该有分布，但没有采获。另外，直接观察到的有黑唇鼠兔和喜马拉雅旱獭，它们分布也很广，在这个高原面均有分布。

在黄河源区所调查的生境类型中，灌丛生境的小型兽类种类最多，达11种；其次是次生针叶林和次生阔叶林，均有8种。灌丛本身类型也较多样，分布海拔跨度大，加上调查样方多，小型兽类种类较多也很自然。两种次生林均有较高的小型兽类多样性，主要原因是次生林处于演化的中间阶段，植物物种丰富，小型兽类自然丰富，这符合系统演化的规律和适度干扰法则。

澜沧江源区的情况更接近长江源区，从上面的统计来看，澜沧江源区和长江源区的小型兽类都很贫乏，分别只有16种和20种，两个区域加在一起也只有22种，种类组成高度一致。食虫类很少，只有1～3种，鼠科种类有4～5种，仓鼠科种类有4～6种，鼠兔科种类4种，兔科1种，跳鼠科1种。长江源区小型兽类的上铗率为17.9%；澜沧江源区小型兽类上铗率11.1%。这两个区域的海拔相对较高，调查跨度在3750～4770m之间。黄河源区小型兽类多样性显著高于其他两个区域，有30种之多，包括了三江源自然保护区有分布的绝大多数小型兽类。上铗率也比前两个区高得多，为18.8%。这一结果可能与黄河源区海拔较低有关，该区域调查海拔跨度在3200～4500m之间，比前两个区低了500多米。由于3个调查区域的生境类型差异不大，因此，小型兽类多样性的差异和生境差异关系不大。

三个区域不同生境内小型兽类分布

从分布范围来看，除黑唇鼠兔外，稍微大型一点的广泛分布的种类是喜马拉雅旱獭（图4-7-7）和高原兔（图4-7-8），它们在整个高原面广泛分布。间颅鼠兔、藏鼠兔、四川林跳鼠、长尾仓鼠、藏仓鼠、小家鼠、龙姬鼠等分布也较广，虽然不同物种间种群数量差别较大，但在三个区域均有分布。窄域分布

图 4-7-7 喜马拉雅旱獭（摄影 / 彭建生）

图 4-7-8 高原兔（摄影 / 彭建生）

的物种（食虫类除外，下节专门叙述）包括肥耳棕蝠、北花松鼠、蒙古五指跳鼠、中华蹶鼠、红耳鼠兔、狭颅鼠兔等均仅记录 1～2 个分布点。

食虫类作为生态系统的指示物种，在长江源区有 3 种，澜沧江源区有 1 种，而黄河源区有 7 种（6 种采集到标本）。表明黄河源区的生态环境总体要好于长江源区和澜沧江源区。在黄河源区采集到的 6 种食虫类中，纹背鼩鼱、藏鼩鼱在青海省分布较广，在长江源区也有分布。其他一些食虫类分布区狭窄，蹼麝鼩仅记录于囊谦县；格氏小麝鼩仅记录于久治县；斯氏水鼩鼱仅记录于玉树市和久治县；斯氏长尾鼩仅记录于班玛县和久治县；陕西鼩鼱也仅记录于班玛县和久治县。

三江源小型兽类生物学特点

本次调查中采集到的 25 个物种中，7 种鼠兔几乎全部是昼行性物种，活动的高峰期是早晨和傍晚。高原松田鼠、白尾松田鼠、青海松田鼠和柴达木根田鼠本是夜间活动的动物，但在该区域，它们白天活动也非常频繁，因为我们在白天采集到了很多标本。这是对高海拔、夜间低温环境的一种适应。

从繁殖情况看，采集的 9 个物种中，数量较大的黑唇鼠兔、高原松田鼠、青海松田鼠、白尾松田鼠、间颅鼠兔等几种均有一部分幼体，前 4 种幼体数量占比例较大，尤其高原松田鼠幼体占 50% 以上。推测这些物种应该是在 7 月下旬开始繁殖。7 月是高原植被完全返青的季节，各类杂草生长茂盛，到 8 月达到顶峰。这些物种选择 7 月下旬繁殖，这是食物最丰富的季节，整个 8 月和 9 月上旬是成年个体集中育肥期和幼体生长的黄金时期。这是高原物种长期适应区域物候的结果。调查中还发现，高原松田鼠成年雌体怀孕比例较高。在采集到的 21 只成年雌体中，10 只怀孕，约占 50%。胎仔数 60 只，平均每胎 6 只。而采集到的 13 只成年雄性中，有 10 只睾丸下垂，占 80%，说明高原松田鼠还处于繁殖状态。这一结果预示高原松田鼠繁殖期较长，可能从 7 月下旬到 8 月下旬均是其繁殖期。

讨论

本次调查采集的 27 种小型兽类中，有些物种在分类鉴定上容易产生歧义，有些物种的分布很值得深入研究。

其一是一些中等大小的鼩鼱标本，背面没有黑色背纹，很容易将其鉴定到其他种类，分子生物学上看它们却属于小背纹鼩鼱。这在工作中很容易被误导。我们分析原因是这些个体可能处于特殊的高原环境，背纹不显造成的。另外一些个体稍大的鼩鼱标本，背中线有较模糊的黑色背纹，尾尖裸露，这些特征符合大纹背鼩鼱的鉴定依据。但从分子生物学上看还是小背纹鼩鼱，这也给野外鉴定工作带来困难。我们分析原因是这些标本是老年个体，所以较大，同时尾尖的毛掉了。

另一个物种是狭颅鼠兔。狭颅鼠兔模式标本采集于青海西北部的祁连山地。本次在班玛县采集了不少鼠兔标本，其头骨形态和狭颅鼠兔一致，但量度和狭颅鼠兔有区别，主要是颧宽和颅全长的比例相对较大，没有达到小于 42% 的标准。分子系统学研究发现，班玛县的鼠兔标本就是狭颅鼠兔，所以，狭颅鼠兔的形态特征可能需要重新界定。同时，班玛县被证实为狭颅鼠兔除模式产地之外的唯一分布点。

三江源小型兽类组成中，青海松田鼠为地模标本，发表该种的模式标本就采集于青海玉树地区；白尾松田鼠为指名亚种 *Neodon leucurucus leucurus*；间颅鼠兔为指名亚种 *Ochotona cansus cansus*；川西鼠兔为玉树亚种 *Ochotona gloveri brookei*；其余物种没有亚种分化。地模标本和指名亚种对于物种的分类学研究有重要意义，因此，虽然本次调查采集物种不多，但标本珍贵！

293

展望

三江源是青藏高原主体的一部分，一些地方人迹罕至，我们调查的区域开展的科学研究也很少，在玉树区域小型兽类如此详细的调查还是第一次。虽然调查结果种类不多，但仍然很有意义。

李迪强等（2002）因为保护区建立需要，开展了该区域的调查。总结了前人在该区域的成果，其记录中还有 3 种鼠兔、3 种高山䶄 *Alticola* spp.。本次调查均没有采获。我们认为，已经调查了的区域不可能有这些物种分布，因为我们采集了区域内所有类型的生境。因此，它们可能在三江源自然保护区的其他区域有分布。

值得注意的是，该区域虽然物种数量有限，但由于前人工作不多，因此，区域内物种的标本在全国均很少。而这些物种对于系统进化的研究有重要意义。我们在邻近区域（西藏）采集了一些类似标本，经分子系统学研究，发现了新物种——林芝田鼠 *Neodon linzhiensis*，并调整了青海松田鼠和白尾松田鼠的分类地位，重新校正了松田鼠属 *Neodon* 的分类特征（Liu et al.，2012）。这些工作证明了我们上述观点。我们相信，随着研究的深入，该区域肯定有令人惊奇的发现。

◎ 黑唇鼠兔

三江源区域有 6 种鼠兔，都属于鼠兔科 Ochotonidae 鼠兔属 *Ochotona*，包括黑唇鼠兔（图 4-7-9）、藏鼠兔、间颅鼠兔、红耳鼠兔、狭颅鼠兔、川西鼠兔（图 4-7-10）。

其中黑唇鼠兔，又称高原鼠兔，数量多，分布广，是青藏高原生态

图 4-7-9　黑唇鼠兔（摄影 / 范毅）

图 4-7-10　川西鼠兔（摄影 / 李俊杰）

图 4-7-11　黑唇鼠兔（中，摄影／李俊杰）和它的天敌。(a) 艾鼬（摄影／董磊）；(b) 大鵟（摄影／彭建生）；(c) 猎隼（摄影／董磊）；(d) 兔狲（摄影／郭亮）；(e) 香鼬（摄影／彭建生）；(f) 狼（摄影／吴岚）；(g) 赤狐（摄影／郭亮）；(h) 藏狐（摄影／董磊）

系统的关键种。黑唇鼠兔不仅为该地区大中小型食肉动物和猛禽，如棕熊 *Ursus arctos*、狼 *Canis lupus*、赤狐 *Vulpes vulpes*、藏狐 *Vulpes ferrilata*、兔狲 *Otocolobus manul*、香鼬 *Mustela altaica*、艾鼬 *Mustela eversmanii*、大鵟 *Buteo hemilasius*、猎隼 *Falco cherrug* 等提供食物（图 4-7-11），也为多种地栖鸟类如雪雀 *Montifringilla* spp.、褐背地山雀 *Pseudopodoces humilis* 等提供栖息洞穴，对维持高原生态系统的稳定性有着重要意义。由于黑唇鼠兔主要利用植被高度较低、视野开阔的草地，其食物与家畜类似，洞穴使草场破碎化，因而被众多学者认为是青藏高原草场资源的竞争者和草甸植被破坏的主要原因。

分布预测

我们使用文献检索，GBIF 数据库（Global Biodiversity Information Facility）和实际调查所获得的鼠兔和旱獭分布点，利用 Maxent（V3.3.3k）模型预测了三江源研究区域内黑唇鼠兔和喜马拉雅旱獭的分布情况。

Maxent 模型是目前常用于预测物种分布的模型之一，其优点是可以只提供物种"有"的数据，并能在样本量较小时，稳定地预测物种分布。Maxent 模型利用物种出现点和背景样点上的环境变量数据，来估计环境变量一定时物种出现的概率。

三江源区域内黑唇鼠兔的分布面积约为 142 000km^2。

种群密度与生物量调查

对于黑唇鼠兔种群数量与密度调查，可以使用标记重捕法、铗日法或尽捕法获得样方中鼠兔的准确数量，同时计数样方中有效洞口的数量，以此推算更大范围内的鼠兔数量。有鼠兔分布的区域，草地上的洞穴中有些为陈旧洞穴，可能曾经被鼠兔使用过；有些为鼠兔正在使用的，通常可在这些洞口观察到新鲜的活动痕迹，如新土、新鲜粪便、啃食植物痕迹等，这些称为有效洞口。有效洞口可以通过堵洞盗洞法来确认。即在样方的所有洞口或随机选取的洞口放置纸团，一段时间后，检查洞口纸团的位置，如果被推开（盗开），说明有动物使用，此洞口即为有效洞口。有经验的调查者通过观察洞口的痕迹情况，就可以很快地判断是否是正在使用的洞口（图 4-7-12，图 4-7-13）。

所获得的样方中鼠兔的准确数量（绝对数量）与有效洞口数的比值，即为有效洞口系数（有效洞口系数 = 样方内鼠兔绝对数量 / 有效洞口数）。有效洞口数通常与鼠兔种群数量有正相关的关系，计数有效洞口数比使用鼠笼、鼠夹、堵洞盗洞法节省时间，可以在较短的时间内覆盖较大的面积。

标记重捕法对动物的伤害较小，在 2012 年启动三江源生物多样性的快速调查时，出于对当地宗教信仰和传统文化的尊重，在鼠兔调查中尝试使用标记重捕法，我们不辞辛劳地从四川运来上百个鼠笼。在玉树市隆宝镇开始调查的第一天，先在一个 20m×20m、鼠兔很多的样方中，放置了 40 个鼠笼，在设置好样方边线以及鼠笼后，在远处用望远镜开始观察，不久，样方中的鼠兔开始活动，大约同时有几十只鼠兔活跃在样方中，不时有鼠兔跨越我们标记样方

图 4-7-12　廖锐在检查鼠兔洞穴使用情况，吴岚在做记录（摄影 / 王昊）

图 4-7-13　廖锐在示范鼠兔刈草（摄影 / 王昊）

边界的尼龙绳进入或离开样方。有不少鼠兔就在我们放置的鼠笼旁边活动，然而可能是对我们放置的食物诱饵（花生粒）缺乏兴趣，没有鼠兔进入鼠笼和被捕捉。尝试了两天后，我们最终在三江源生物多样性快速调查期间放弃了标记重捕法，仍然采用传统的鼠夹尽捕法来获得样方中的有效洞口系数。

除 2012—2014 年分别在长江源区、黄河源区和澜沧江源区进行的生物多样性快速调查期间做了鼠兔的样方调查和样带有效洞口调查外，在 2011—2013 年期间，还在三江源国家级自然保护区的十八个保护分区中最大的一个——索加—曲麻河保护分区开展了对棕熊、鼠兔和旱獭间捕食关系的研究，索加—曲麻河保护分区总面积为 41 632km^2，我们开展研究的五个村为索加—曲麻河保护分区中的一部分，总面积为 14 750km^2，如图 4-7-14 所示，以下简称索加研究区域。

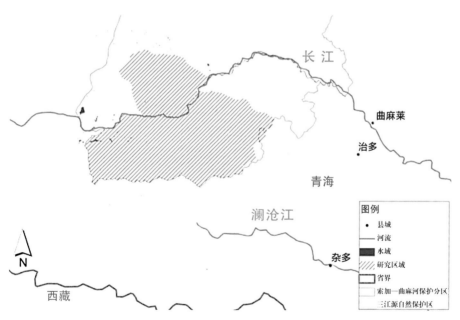

图 4-7-14　斜线覆盖的区域为索加研究区域，在这一区域，对棕熊、黑唇鼠兔和旱獭的关系进行了半定量研究

索加研究区域的主要植被类型大致可分成4类：① 沼泽草甸，建群种为粗壮嵩草和青藏薹草，伴有少量禾草和风毛菊等，植被盖度 >90%；② 典型高寒草甸，建群种为矮嵩草和小嵩草，伴有针茅、龙胆、火绒草、蓼、马先蒿、委陵菜等，植被盖度 >75%；③ 破碎化的高寒草甸，建群种为小嵩草和弱小火绒草 *Leontopodium pusillum*，伴有高原荨麻、乌头、棘豆等，植被盖度 40% ~ 75%；④ 荒漠草原，一般仅夏季有植物生长，建群种为珠芽蓼等，植被盖度 <50%（图 4-7-15）。

图 4-7-15　研究区域各植被类型在夏季的生长状况：（a）沼泽草甸，（b）典型高寒草甸，（c）破碎化的高寒草甸，（d）荒漠草原（摄影／吴岚）

中国林科院的邹文涛在其博士论文中利用 30m 分辨率 TM 遥感影像，使用决策树对索加—曲麻河保护分区进行遥感分类解译并进行精度评估。其解译结果中，在 2007 年，索加—曲麻河保护分区 18.31% 为高盖度草地，27.04% 为中盖度草地，36.48% 为低盖度草地，1.30% 为沙地和荒漠，5.25% 为裸岩和高山流石滩。

根据我们在研究中对索加研究区域的地被调查，以盖度将其与生态学分类相对应并计算面积：将高盖度草地与沼泽草甸相对应，得到沼泽草甸面积约为 2700km^2；将中盖度草甸与高寒草甸对应，得到高寒草甸面积约为 3988km^2；将低盖度草地与破碎化的高寒草甸对应，得到破碎化高寒草甸面积约为 5381km^2；将沙地与荒漠草原对应，得到荒漠草原面积约为 192 km^2。

在以上各植被类型中选取均质栖息地，设定 20m × 20m 样方，记录植被类型、建群种、盖度、经纬度、海拔、坡度坡向、时间、天气，计数样方内有效洞口（洞口有新鲜活动痕迹，如新土、新鲜粪便、啃食植物痕迹等）；在每个有效洞口布设鼠笼，将 24 小时内捕获鼠兔移出样方，称重，待全部工作结束后放回；计算样方内捕获鼠兔数量及生物量并计算洞口系数。

我们在 4 种典型植被类型当中布设样方 17 个，其中沼泽草甸 3 个，典型高寒草甸 7 个，破碎化的高寒草甸 3 个，荒漠草原 4 个。经计算得，沼泽草甸的有效洞口系数为 0（此处只有田鼠的有效洞口系数 0.04），典型高寒草甸有效洞口系数为 0.12 ± 0.03，破碎化的高寒草甸有效洞口系数为 0.14 ± 0.04，荒漠草原的有效洞口系数为 0.17 ± 0.12。

位于 6 个县 8 个乡镇的 0.143km^2 未灭鼠的草原的总样本面积中，计算出有效的洞口系数为（0.12 ± 0.07）（n=14），而在其他青藏高原的研究中，该系数范围在 0.11 ~ 0.26 之间（Chen et al., 2008）。从这些样方的取样中，我们测量到的鼠兔平均体重（包括幼体）为（137 ± 38）g（n=44），在其他研究中，体重范围为 130 ~ 195g（Smith et al., 2008）。

我们还通过样线法调查了 4 种植被类型中鼠兔有效洞口的数量和密度。在每种植被类型中，首先在地图上随机抽取起始点，按南—北或东—西方向布设样线，记录植被类型、建群种、盖度、经纬度、海拔、坡度坡向、时间、天气。布设的样线以 1km 为一组，200m 为一个取样单元，控制宽度为 3m，记录其中有效鼠兔洞口数。根据对应生境的有效洞口系数计算该地区鼠兔密度及生物量。

调查中布设的鼠兔洞口样线共计 62 个 600m^2 的调查单元（有些为 300m^2），加上样方调查共计调查面积 33 725m^2，得到各植被类型的有效洞口数及生物量如表 4-7-4。

调查发现，以小嵩草和火绒草为建群种的破碎化的高寒草甸，鼠兔生物量最高，其次为发育较好的典型高寒草甸和荒漠草原，潮湿的沼泽草甸鼠兔数量很低（图 4-7-16），以田鼠为主，整体啮齿类生物量也较低。根据研究区域各植被类型面积，计算得到索加研究区域内鼠兔生物量约为 23×10^6kg。

经统计检验，四种植被类型中鼠兔洞密度和鼠兔生物量均有显著差异。由于沼泽草甸土壤过于湿润、荒漠草原植被稀疏矮小，均无法提供足够食物，故不适宜鼠兔生存。主要植被类型——高寒草甸，根据其破碎化程度不同亦有显著差异，在生长良好、盖度较高的嵩草草甸中，鼠兔密度远低于较为破碎、有

表 4-7-4　四种植被类型洞口数及生物量

植被类型	有效鼠洞口数 /（个 /km^2）	取样单元 / 个	生物量 /（kg/km^2）
沼泽草甸	6667	13	0
高寒草甸	97 500	21	1685
破碎化的高寒草甸	127 500	7	3030
荒漠草原	38 333	21	488

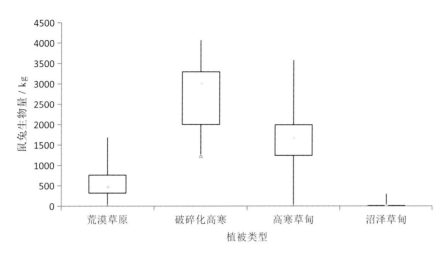

图 4-7-16　植被类型与鼠兔生物量关系（四分位数）

裸露斑块的草甸中的。在该区域对应地做植物地上、地下生物量样方时，我们发现，高盖度生长良好的嵩草草甸地下部分十分致密、挖掘困难，据此推测，在破碎稀疏的高寒草甸，鼠兔更易于挖掘，而食物并不缺乏，有利于其生存繁衍。因此，在高寒草甸植被条件下，食物的丰富程度并非影响黑唇鼠兔种群密度的直接因素，这一结果也支持了在青海果洛、甘南等地已有的研究结果，在一定范围内，鼠兔的密度是随盖度和生物量的下降而上升的，植被破碎化不是由于鼠兔的破坏引起，而是导致其迁入的重要因素（江小蕾，1998；刘伟 等，2003）。

灭鼠政策的负面生态影响

由于高原鼠兔主要利用植被高度较低、视野开阔的草地，其食物与家畜类似，洞穴使草场破碎化，因而鼠兔被众多学者认为是青藏高原草场资源的竞争者和草甸植被破坏的主要原因（王祖望 等，1987；魏兴琥 等，2006；魏学红 等，

2006）。尽管鼠兔对三江源生态系统起着非常关键的作用，然而，在包括三江源国家级自然保护区在内的青藏高原的大多数地区，鼠兔仍然成为大面积毒杀的目标，灭鼠一直是草原地区草场治理的一项重点工作，国家每年投入大量经费和人力。例如，在三江源区域，到 2014 年 6 月，大约已有 4 亿元用于鼠害控制，其中高原鼠兔是主要控制目标。令人纠结的是，这笔资金来自 2005 年国务院批准的《青海三江源自然保护区生态保护和建设总体规划》（也称三江源一期工程，工程总资金为 75 亿元），以及 2011 年批准的《青海三江源国家生态保护综合试验区总体方案》（也称三江源二期工程，工程总资金为 160 亿元）。这两个工程都以保护三江源的高原生态系统和生物多样性为主要目标，其中包括设置禁牧区、防治荒漠化等措施，也包括以杀灭鼠兔和其他草原啮齿动物为目的的大规模灭鼠项目。一期工程中花费了 1.57 亿元，第二阶段计划 6.5 亿元用于灭鼠。大规模的毒杀以控制鼠兔数量为目标，而鼠兔数量的快速下降可能会引起食物链中对食肉动物的供应不足，从而损害到生物多样性保护的成效。

制定规划的人员确信投资啮齿动物控制（主要是鼠兔）将带来可观的经济效益。根据理论推算，每公顷面积上如果投入 15.7 元用于灭鼠，可以为牲畜多获取 375kg 的鲜草，按照价值 0.4 元 /kg 计算，价值约 150 元。根据一份三江源鼠害控制的评估报告，2005—2009 年，灭鼠总面积为 54 147km^2，估计节约了 203.050×10^7 kg 鲜草产量，相当于 97.37×10^4 只绵羊单位的年食物需求量（肖凌云，2014）。

为了实现这一目标，每次毒杀的杀灭率必须达到 90%，而且两次毒杀间隔必须少于 3 年，否则鼠兔种群将迅速反弹，甚至超过杀灭前的数量（Pech et al.，2007）。已有的灭鼠措施并不总是能够达到预期目标，我们在研究区域内的访谈中得知，索加研究区域五个村在 2002—2006 年前后有过不同程度的大范围灭鼠（君曲 2002—2003 年，牙曲 2006 年），86% 的牧民表示，灭鼠当年，草场上鼠兔明显减少，但隔年数量便恢复甚至更多（ *n*=77 ）。更有牧民表示，在灭鼠之后，草场上草原毒蛾的幼虫明显增多，反而严重影响草场质量，这可能与灭鼠时鼠药影响了与鼠兔共生的雪雀、地山雀等草原毒蛾的捕食者有关。在青海达日地区的研究也表明，该地区虽然经过多年的药物灭杀，但黑唇鼠兔的种群数量并没有得到控制（刘伟 等，2003 ）。

很多生态学家对在草原管理中毒杀鼠兔和其他小型啮齿类动物的做法都持强烈的反对态度，2015 年，青海省政府做出了积极的回应，为了防止过度毒杀鼠兔，以保证鼠兔的生态功能，设置了 150 个 / 公顷的有效洞穴的指标，低于此密度的区域都禁止灭鼠。然而，我们担心 150 个 / 公顷的有效洞穴的数字太低，实际上无法保护鼠兔的生态功能。根据我们在未灭鼠的区域调查的结果，有效鼠洞或新洞穴的平均密度为 636.6 个 / 公顷，与之前他人的研究结果一致（ Shi et al.，1994 ）。其中沼泽草甸的密度最低（ 96.9 个 / 公顷），其次是荒漠草原（ 261.5 个 / 公顷 ）和高寒草甸（ 1056.2 个 / 公顷 ），密度最高的是破碎化的高寒草甸（ 1275 个 / 公顷 ），估算在每种草地类型中，鼠兔作为捕食者的食物资源的生物量如下：沼泽草甸 $160kg/km^2$，荒漠草原 $430kg/km^2$，破碎化的高寒草甸 $1730kg/km^2$。平均估计为 $1040kg/km^2$。同我们的调查结果相比，150 个 / 公顷的标准远低于平均密度，可能起不到保护鼠兔生态功能的目的。

根据 2014 年的一份报告，三江源实验区实施了灭鼠的草原总面积为 54 147 km^2。假设都达到了 90% 的灭杀效率，我们粗估，由此导致的鼠兔生物量减少了 50 000 ~ 80 000 吨。假如以生态学中常用的食物链 10% 能量转换率计算，由于食物的短缺，捕食者损失的生物量为 5000 ~ 8000 吨。在这些捕食者中，有许多一级或二级国家保护物种，包括雪豹、棕熊、猞猁、兔狲、金雕、大鵟、猎隼等。鼠兔的短缺可能迫使其中的一些掠食者将其狩猎目标转移到家畜身上，因而增加了人类与野生生物之间的冲突，不仅会带来更多经济损失，甚至可能对人类安全构成威胁。

目前没有公开的证据或科学研究表明，毒杀鼠兔所增加的草和牲畜产量的经济收益比政府用于生物多样性恢复的资金，和为降低人类与野生生物之间的冲突所做出的补偿总和更有价值。根据对 2009—2013 年三江源人与野生动物重叠区的 144 次家庭访谈中的人兽冲突访谈调查，由于野生食肉动物的捕食，每年有 4% 的牦牛和 11% 的绵羊损失（李娟，2012）。按照损失 14 041 头牦牛（约 260 万元）和 10 670 只绵羊（约 67 万元）计算，2013 年玉树州（三江源的一部分）的牲畜存栏量为 300 万头牦牛和 100 万只绵羊，我们估计野生动物捕食的直接损失约为 6.2 亿元，或 71 万只绵羊单位。根据青海省的标准，每头牦牛按照 1000 元，每只羊按照 500 元补偿，玉树州每年就需要 2 亿元的补偿，自 2005 年起的 10 年中则需要 20 亿元来补偿 710 万只绵羊单位的损失。然而，在同一时期，若按照前述关于毒杀鼠兔成效的理论方法计算，三江源因此而增加的牲畜的上限估计数为 110 万只。如果上述两项计算都是正确的，那么野生食肉动物因鼠兔数量不足，而冒险去捕食家畜，只要增量达到 15%，家畜的损失量和从毒杀鼠兔而获得的增量就持平了；超过 15%，毒杀鼠兔反而会导致家畜数量的减少。

除了这些经济上的考虑外，三江源试验区的目的是为了保护生物多样性，鼠兔的生态功能和价值还需要被充分考虑，根据过去 35 年内对青藏高原的研究，鼠兔种群的高密度是草原退化和过度放牧的结果，而不是原因（Jiang，1998）。没有证据表明杀灭鼠兔会带来更高的植被生物量（Pech et al.，2007）。反而，鼠兔的挖掘活动可以增加植物的多样性和地上生物量，从而促进青藏高原的植被恢复（Liu et al.，2012）。

建立试验区的目的是恢复和维护三江源的生物多样性和生态系统功能。自 2005 年以来，政府要投入 235 亿元用于此，其中计划用于灭鼠的资金为 8.07 亿元（3.4%）。我们认为灭杀鼠兔会危害到生物多样性的恢复，增加野生动物造成的牲畜损失，并与当地传统的尊重和保护生命的文化有冲突。因此，我们认为应该立即停止在生态保护区区域的灭鼠，禁止在自然保护区，国家公园内实施灭鼠的行动。

◎ 喜马拉雅旱獭

喜马拉雅旱獭 *Marmota himalayana*（图 4-7-17），以下简称旱獭，是一种

(a)

(b)

(a)

图 4-7-17　喜马拉雅旱獭，（a）摄影／彭建生；（b）、（c）摄影／王昊

广布在青藏高原的大型啮齿目动物，体型矮胖，行动较为缓慢，但挖掘能力较强，常挖深而连通的洞穴作为家族群躲避天敌和越冬的场所（Smith et al.，2009）。旱獭主要以草本植物的根、叶、种子为食，在营养级上是初级消费者。在三江源区域，旱獭的冬眠时间一般从9月下旬到次年4月下旬。在夏季，旱獭为这一地区的大中型食肉动物，如棕熊、狼、猞猁、赤狐、藏狐等提供食物（图4-7-18）。由于旱獭的皮毛保暖性好，能被做成护膝、护腰，油脂能被用于护肤品及药物，偷猎旱獭的现象时有发生。由于青海是我国鼠疫最活跃的疫源地，自20世纪50年代中期发现起，几乎每年都有疫情发生和流行（浦清江 等，2010）。喜马拉雅旱獭作为鼠疫在这一地区的主要传播者之一（另一种为青海松田鼠），成为人们灭杀和控制的对象（鞠成，2010）。

(a)　　　　　　　　　　　　(b)

图4-7-18 （a）喜马拉雅旱獭与藏狐打架（摄影 / 彭建生）；（b）喜马拉雅旱獭与艾鼬（摄影 / 董磊）

种群密度和生物量

在青藏高原，旱獭作为鼠疫的主要传播者之一受到了持续监测和灭杀防治。从来源于中国疾病预防控制中心鼠疫防治管理信息系统的年度监测资料来看（鞠成，2010），青海地区的旱獭从 2000 年开始密度持续偏低，一直在较低的范围内波动。而 2008 年玉树地震之后，为了防止灾后流行病爆发，当地政府使用堵洞、投药等方式灭杀旱獭，仅玉树地区震后 3 月内便投放了 18.2 吨氯化苦、磷化铝等剧毒药物（姜洁 等，2010），导致旱獭数量进一步降低（图 4-7-19）。同时，在对西藏自治区 2005—2010 年的监测表明，旱獭密度在 0.04 ~ 0.16 只 / 公顷（即为 4 ~ 16 只 /km^2）之间（刘刚，2011），同样处于较低水平。

我们在索加研究区域布设了 7 条旱獭密度调查样线，于 2012 年 5—8 月间使用以摩托车加步行的方式调查了旱獭的密度，用直接观察法记录样线两侧各

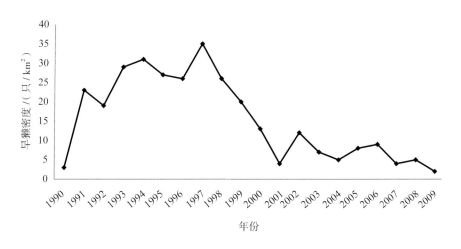

图 4-7-19　1990—2009 年青海地区旱獭密度变化（引自鞠成，2010）

约 50m 之内的旱獭个体数，当可观察距离不足 50m 时记录实际观察距离，该方法与用于鼠疫疫情旱獭数量监测的方法基本相同（刘刚，2011）。

调查样线总长度 84.7km，按照样线宽度 100m 计算，有效调查面积为 8.47km^2，实际观察到 107 只旱獭，计算出该地区旱獭密度约为 12.6 只/km^2。Nawaz 于 2004—2006 年在巴基斯坦北部调查，结果显示当地旱獭密度为（79.7±4.6）只/km^2，Devkota 等人于近年在尼泊尔西部 Shey Phoksundo National Park 的调查则显示，该地区旱獭密度高达 132.6 只/km^2（Nawaz，2008；Devkota et al.，2013），为索加研究区域的 5 ~ 10 倍。索加研究区域内旱獭的密度与青海省监测的 2000 年之后的水平和西藏自治区 2005—2010 年的水平相当，在 1990—1999 年期间，青海省监测到的旱獭密度在 20 只/km^2 以上，显示索加研究区内的旱獭密度处在比较低的水平。

对索加研究区域内采集到的 157 个棕熊粪便所进行食性分析的结果显示，旱獭是这一地区棕熊的主要食物，29.9% 的棕熊粪便中都含有旱獭的毛发或骨头，从体积比上来看，这一比例则更高，达到粪便总体积的 43.9%。次重要的自然食物是鼠兔（27.4%）和岩羊（24.8%），无法从毛发和骨头残渣区分到种。这里的鼠兔包括高原鼠兔和少量川西鼠兔，川西鼠兔在这一地区也有分布且有被观察到的棕熊捕食记录，但种群数量相对来说十分少。27.4% 的棕熊粪便中含有来自人类的食物，包括青稞、牛羊饲料、绵羊和山羊。

棕熊的食性在不同季节有很大不同。在春季，当棕熊从冬眠中醒来活动，而旱獭仍在冬眠中，这时岩羊（65%）和植物（45%）是棕熊的主要食物；在夏季，旱獭（46%）和鼠兔（38%）是棕熊的主要自然食物，家畜（13%）和来源于人类房屋的食物（26%）也占了不小的比重；在秋季，旱獭较棕熊更早进入冬眠，在旱獭冬眠前（9 月），棕熊仍主要以旱獭为食，而旱獭冬眠后棕熊则寻找岩羊、植物等其他食物。

根据文献数据，成年旱獭的体重为 4 ~ 9kg（Smith et al.，2009），以中间值 6 kg 进行估算，索加研究区域内旱獭总生物量为 1.1×10^6 kg，约为这一地区鼠兔生物量的 1/20。

已有对旱獭和鼠疫防治方面的研究表明，鼠疫的疫情与旱獭密度并不存在相关关系（鞠成，2010；刘刚，2011）。而猎捕旱獭进行食用和皮张利用则是鼠疫病原传染到人类的重要途径（鞠成，2010）。因此，大面积长期灭杀旱獭不一定能达到防治鼠疫的目的，过度的捕杀旱獭，反而会造成棕熊在内的其他食肉动物的自然食物资源减少，使得棕熊增加对人类资源的使用，也就加剧了人兽冲突。

对于喜马拉雅旱獭，以及前文讲述的黑唇鼠兔，当更深入地了解了它们在生态系统中的角色和与其他生物的关系后，对于是否继续实施大规模的毒杀的政策，以及大规模毒杀是否能达到预期的效果，应该给予更冷静和客观的分析。

第八章

大中型兽类的多样性

三江源的很多区域目前还保存有比较完整的食物链层级，在大中型兽类中，有奇蹄目、鲸偶蹄目的 12 种食草和杂食动物，即生态系统中的初级消费者；食肉目的种类也非常丰富，包括犬科（图 4-8-1）、熊科、鼬科和猫科的 19种动物。我们根据调查结果和文献资料整理了三江源大中型兽类的名录（表4-8-1）[影像生物调查所（IBE）等，2015；蔡振媛 等，2019]，与前文小型兽

图 4-8-1 狼（摄影 / 彭建生）

表 4-8-1　三江源大中型兽类名录

目	科	种名	濒危等级	资料来源
灵长目	猴科	1. 猕猴 *Macaca mulatta*	易危 VU	影像
食肉目	犬科	2. 狼 *Canis lupus*	易危 VU	影像
		3. 沙狐 *Vulpes corsac*	易危 VU	资料
		4. 藏狐 *V. ferrilata*	濒危 EN	影像
		5. 赤狐 *V. vulpes*	近危，几近符合易危 NT/VU	影像
		6. 豺 *Cuon alpinus*	濒危 EN	资料
	熊科	7. 棕熊 *Ursus arctos*	易危 VU	影像
	鼬科	8. 石貂 *Martes foina*	濒危 EN	影像
		9. 香鼬 *Mustela altaica*	近危，几近符合易危 NT/VU	影像
		10. 艾鼬 *M. eversmannii*	近危，几近符合易危 NT/VU	影像
		11. 黄鼬 *M. sibirica*	近危，几近符合易危 NT/VU	资料
		12. 狗獾 *Meles leucurus*	极危 CR	影像
		13. 猪獾 *Arctonyx collaris*	易危 VU	资料
		14. 水獭 *Lutra lutra*	濒危 EN	影像
	猫科	15. 荒漠猫 *Felis bieti*	极危 CR	影像
		16. 兔狲 *Otocolobus manul*	濒危 EN	影像
		17. 豹猫 *Prionailurus bengalensis*	易危 VU	资料
		18. 猞猁 *Lynx lynx*	濒危 EN	影像
		19. 金钱豹 *Panthera pardus*	极危 CR	影像
		20. 雪豹 *P. uncia*	极危 CR	影像

目	科	种名	濒危等级	资料来源
奇蹄目	马科	21. 西藏野驴 *Equus kiang*	濒危 EN	影像
鲸偶蹄目	猪科	22. 野猪 *Sus scrofa*	无危 LC	影像
	麝科	23. 林麝 *Moschus berezovskii*	濒危 EN	影像
		24. 高山麝 *M. chrysogaster*	濒危 EN	影像
	鹿科	25. 马来水鹿 *Cervus equinus*	无危 LC	影像
		26. 白唇鹿 *Przewalskium albirostris*	濒危 EN	影像
	牛科	27. 野牦牛 *Bos mutus*	濒危 EN	影像
		28. 藏原羚 *Procapra picticaudata*	易危 VU	影像
		29. 藏羚 *Pantholops hodgsonii*	濒危 EN	影像
		30. 岩羊 *Pseudois nayaur*	易危 VU	影像
		31. 西藏盘羊 *Ovis hodgsoni*	近危 NT	资料
		32. 中华鬣羚 *Capricornis milneedwardsii*	易危 VU	资料

类名录一起，我们认为基本上反映了三江源的野生哺乳动物的现状。

在本书中，我们将除了劳亚食虫目、翼手目、啮齿目和兔形目的其他兽类都粗略地归类为大中型兽类，这样归类仅为叙述方便，在科学上不是非常严谨，特此说明。

对于大中型兽类，由于很多物种的数量很少，在调查取证上我们采用了无伤害的影像调查方式，加上该类群已有比较深入的分类学研究，通过照片影像即可以准确地定种（图 4-8-1 ~ 图 4-8-12）。

图 4-8-2　小藏狐三兄弟（摄影 / 郭亮）

图 4-8-3　赤狐（摄影 / 郭亮）

图 4-8-4　香鼬（摄影 / 郭亮）

图 4-8-5　艾鼬（摄影 / 董磊）

图 4-8-6　狗獾

图 4-8-7　兔狲（摄影 / 郭亮）

图 4-8-8　豹猫

图 4-8-9　雪豹（摄影 / 彭建生）

图 4-8-10　马麝（摄影 / 董磊）

图 4-8-11　鬣羚（摄影 / 吴立新）

图 4-8-12　藏狐与藏原羚（摄影 / 董磊）

　　具有完整的食物链，特别是有雪豹、金钱豹、猞猁、狼、棕熊等处在食物链顶端的大型食肉动物物种的长期存在，表明三江源生态系统不但具备足够丰富的食草动物资源的供养能力，还保有食肉动物对食草动物种群的调节功能。这种调节机制，在中国不少的自然保护区已经部分或完全地缺失了。顶级食肉动物存在，既保证食草动物不会过度发展而导致草地生态系统发生崩溃，也在一定程度上通过对老病个体的捕杀，预防了疾病在食草动物种群中的传播。

　　长期保有大型食肉动物的种群，如雪豹（图 4-8-13，图 4-8-14），是非常好的反映生态系统健康程度的指标，也是很好的反映保护行动成效的指标。

　　我们所在的研究团队——北京大学自然保护与社会发展研究中心，在三江源对雪豹、棕熊、狼、金钱豹、水獭和赤狐等食肉动物开展了从分布、栖息

(a)

(b)

(c)

图 4-8-13 （a）幼年的雪豹正在犹豫是不是要在这里做标记；（b）这只雪豹探头来查看红外相机，闪光灯开启拍到了这个有趣的瞬间；（c）山脊线是雪豹常常使用的路线

地、种群数量到食性，从活动节律、个体行为到种间关系等多方面的研究。其中对雪豹、棕熊等动物的研究都非常深入。在本章中，我们将报告在2012—2014年三江源生物多样性调查期间，由肖凌云、刘炎林、斗秀加等完成的岩羊种群数量方法和调查的工作，这部分所尝试的方法和调查得到的结果，为肖凌云后面研究雪豹和岩羊间的种群调控关系奠定了基础；同期吴岚在治多县和曲麻莱县，以索加研究区域为主，进行了棕熊的食性和人熊冲突的研究，也将在本章中汇报。

◎ 岩羊的数量调查

岩羊是三江源高寒山地生态系统的重要组成部分。它是青藏高原上常见的有蹄类动物（图 4-8-15，图 4-8-16），广泛分布于三江源地区（Schaller，1998）。岩羊的身体特征适应崎岖多山的生活环境，可能因此避开人类的干扰，种群密度较高。相比之下，大多数平原有蹄类总体密度较低，且分割成孤立分布的小种群（Harris，2010）。岩羊是中亚山地生态系统的旗舰物种，雪

图 4-8-14　两只幼年雪豹一前一后地跟在雪豹妈妈后面
（摄影 / 董磊）

图 4-8-15　岩羊（摄影 / 郭亮）

图 4-8-16　岩羊（摄影 / 彭建生）

豹的主要食物。雪豹分布于青藏高原及其周边国家和地区，而三江源是雪豹的主要分布区之一。李娟（2012）发现玉树州索加乡雪豹的食物有 58.1% 是岩羊，占其自然食物的 87.8%。雪豹的移动能力强，而且其主要的栖息地石山尚未受到大面积的破坏。岩羊数量是决定雪豹生存的主要因素。

雪豹捕食家畜引起的报复性猎杀是对雪豹的重要威胁之一（McCarthy et al.，2003）。研究表明，在岩羊密度高的地区，雪豹捕食家畜的比例降低（Thapa，2005）。在雪豹和人有冲突的区域，了解区域内岩羊的种群数量，进而可以推算出该区域内雪豹是否存在天然食物不足，即岩羊资源不足的问题，从而为发现雪豹造成的人兽冲突原因，以及提出相应解决办法提供依据。

岩羊的种群结构，尤其是母幼比，可帮助判断岩羊种群是否可持续。岩羊种群的增长率受到捕食作用、食物、传染性疾病等因素的影响。结合后续的草场质量和捕食者密度调查，有助于了解岩羊种群动态的决定性因素。（图 4-8-17，图 4-8-18）

目前对岩羊数量的调查方法缺乏共识。有蹄类种群密度的调查方法主要有总体计数法（Total Count，即多次或多人观察后取最大值）、距离取样法（Distance Sampling）、标记重捕法、粪便计数法（Pellet Count）、探照灯计数法（Spotlight Count）等（Resources Inventory Committee，1998）。这些普遍采用的方法多数不是因为太昂贵，就是由于地形因素，在山地难以实施。

总体计数法要求样线覆盖全部调查区域，相当于普查，且无法计算误差范围、进行数据比较。距离取样法多用于平原和森林生态系统。在山地生态系统中，由于地形复杂，难以到达，难以满足部分前提假设（Singh et al.，2011；Wingard et al.，2011）。探照灯计数法要求在夜间开车调查，需要贯通的道路网络，这在我们的调查区域无法实现。粪便计数法通过调查粪便密度估计种群密度。由于此次调查需要了解岩羊产仔率，为以后的雪豹研究提供数据，所以直接目视计数更加适合。

图 4-8-17　岩羊种群的增长率受到捕食作用、食物、传染性疾病等因素的影响（摄影 / 彭建生）

图 4-8-18　岩羊头骨（摄影 / 彭建生）

　　传统的标记重捕法是通过捕捉动物个体并戴上颈圈或耳标的方式进行标记。Caughley（1974）提出双观察者法（Double-observers），认为只要个体或群（herd）能够被识别，两次计数可以用来计算种群大小。Magnusson 等（1978）进一步改进了 Caughley 的公式，使得两次计数时探测概率的改变也被考虑进来。Forsyth 等（1997）将此方法应用于计数新西兰的喜马拉雅塔尔羊，对于此法推广于山地动物的计数做出了很大贡献。Suryawanshi 等（2012）改进了该方法，用于岩羊计数：将两人同时计数改为间隔一小时计数，避免探测概率的趋同造成对种群密度的低估。该文献中所描述方法适用于冬季：山脊线被雪覆盖，山谷内岩羊成为封闭种群，一小时的间隔内没有迁入、迁出。此次调查并不满足该前提，故选择 Forsyth 等（1997）的方法同时计数，可以保证同一山谷在短时期内满足封闭种群的要求。

理想状况下，多组人同时出发，沿不同样线数岩羊，可以避免重复计数。此次调查限于人力，只有一组人员。据观察，母岩羊的活动范围并不大，常会在同一山坡上见到同一群岩羊（需要进一步的颈圈数据支持确定）。此外，岩羊会在不同的调查区域间移动，这种移动既可能造成重复计数，也可能会造成遗漏，重复计数会使估计的密度值偏高，遗漏会使估计密度值偏低，两者同时存在，形成的偏差也会互相抵消一部分。

　　本次调查的目的是提供岩羊的本底数据，包括分布、种群密度和种群结构，并对影响岩羊密度和种群结构的因素做初步分析。同时试验双观察者法，评估该方法的可行性，为岩羊的社区监测提供建议。

调查区域

　　在2012年对长江源区域的调查中，在四个区域进行了岩羊数量的调查（表4-8-2），覆盖面积总计564km²。其中云塔村和夏日寺位于通天河沿保护区，平均海拔4000m左右，主要植被有柏树林、高寒灌丛和高寒草甸。牙曲村位于索加—曲麻河保护分区，通天河南，平均海拔4600m。前多村位于白扎保护区，属澜沧江流域。牙曲村和前多村的调查区域，均以高寒草甸和高寒草原为主。

　　调查区域的地形图底图、样线安排及样线覆盖区域见图4-8-19。

表 4-8-2　调查区域基本情况

名称	小地名	位置	调查面积 /km²
云塔村	三社	玉树州玉树市哈秀乡	260
夏日寺	九琼科	玉树州曲麻莱县立新乡	32
牙曲村	曲日荣尕沟	玉树州治多县索加乡	200
前多村	娘队，德勒队	玉树州囊谦县香达镇	72

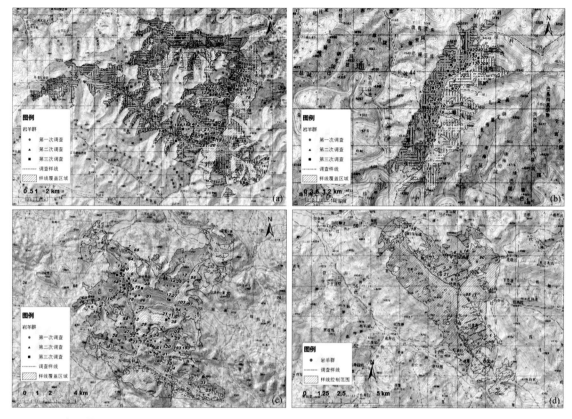

图 4-8-19　岩羊数量调查的调查区域、样线、样线覆盖范围，以及调查中岩羊的分布点。(a) 云塔村三社；(b) 夏日寺九琼科；(c) 牙曲村曲日荣尕沟；(d) 前多村娘队、德勒队

野外调查方法

（1）确定调查范围。选择已知有岩羊，且相对封闭的区域进行调查。

（2）设定样线：

① 利用流域分析工具勾绘山谷线和山脊线。

② 依据人力和时间随机选择 5 ~ 10 条山谷样线。每条样线的覆盖范围即为一个取样单元。

（3）岩羊计数方法。

每条样线上选择视野最好的地方布设固定观察点，通常是一条侧沟的正对面。两人同时出发，到达观察点后，同时用 8×45 双筒望远镜 360°独立搜寻。通过讨论，确定两个观察者同时发现的岩羊群，和只有一名观察者发现的岩羊群。

两人分别计数每个岩羊群，取平均值。

（4）种群结构和环境变量的记录。

观察到岩羊种群之后，用单筒望远镜记下种群结构。性别、年龄段区分方法依照 Wegge（1976），包括当年生小崽、雌性成体和雄性成体，重复计数直至数量不再变化。计算母幼比、雌雄比。同时记下每一群所在地的栖息地（包括森林、灌丛、草甸、碎石坡和崖壁五种）。地形划分为山坡、山谷和山脊。坡位分为上、中、下。

（5）同一样线的重复计数。

另外，为确定同一天内不同时间计数的差别，随机选取了 7 条山谷在上午（9：00—12：00）、中午（12：00—16：00）、下午（16：00—20：00）分别进行计数。由于山谷的长短不一，无法将时间控制得恰到好处，故在时间的节点上只能做到尽量满足。

数据分析方法

按照 Forsyth 等（1997）提出的双观察者法计算每个取样单元内的岩羊密度，从而推算整个区域内的岩羊数量。计算公式如下：

$$\hat{G} = \frac{(B+S_1+1)\ (B+S_2+1)}{(B+1)} - 1$$

其中 G 为估计群数量（Number of Herds），B 为两个观察者同时发现的岩羊群数，S_1 为观察者 1 发现而观察者 2 未发现的岩羊群数，S_2 为观察者 2 发现而观察者 1 未发现的岩羊群数。

再将估计群数乘以平均群大小（$\hat{\mu}$），可以估计出种群大小 N，即每一取样单元内的岩羊总数。

$$\hat{N} = \hat{G}\hat{\mu}$$

其中各变量的方差计算公式如下：

$$\text{Var}(\hat{G}) = \frac{S_1 S_2 (S_1+B+1)\ (S_2+B+1)}{(B+1)^2\ (B+2)}$$

$$\text{Var}(\hat{\mu}) = \frac{\sum (x_1 - x)^2}{n^2 - n}$$

x 为各群（Herd）大小。

$$\text{Var}(\hat{N}) = \hat{G}^2 \text{Var}(\hat{\mu}) + \hat{\mu}^2 \text{Var}(\hat{G}) - \text{Var}\ (\hat{G}) \text{Var}(\hat{\mu})$$

由此得出种群大小 N 的置信区间：

$$\hat{N} \pm z_{\alpha/2} \text{se}(\hat{N})$$

再由 ArcMap9.3（Environmental Systems Research Institute，Inc.）中的 view-shed 功能计算样线的覆盖面积，用种群大小除以样线覆盖面积，得出覆盖面积内的岩羊密度。

在 ArcMap9.3 中生成覆盖调查区域的 1km×1km 的栅格。计算每个栅格中所有岩羊群的母幼比、雌雄比，并同时提取每个栅格的环境变量，包括平均海拔、平均崎岖度、河流总长度、居民点数量、道路总长度。对各个变量进行正态检验，均不满足正态分布，故采用 SPSS18（SPSS Inc.）中非参数相关分析 Spearman 法，将岩羊母幼比和雌雄比与环境变量进行两两相关性分析。

结果

对四个区域共进行了 15 天的调查，样线总长度 110km，共数到 239 群，11 638 只（表 4-8-3 ）。

表 4-8-3　三江源地区云塔村、夏日寺、牙曲村、前多村的岩羊调查结果

地名	地点	时间	群数	样线长度 /m	岩羊总数 / 只	双观察者法计数结果 / 只
云塔村	加来陇巴	08 : 49—11 : 30	7	3496	272	299 ± 174
		12 : 37—17 : 10	9		255	-
		19 : 30—20 : 30	4		248	-
	公钦陇	09 : 10—11 : 56	4	5938	174	244 ± 228
		12 : 35—14 : 00	3		104	-
		16 : 30—19 : 04	5		148	-
	拉忍科	09 : 19—12 : 00	5	18 073	325	363 ± 255
		14 : 20—15 : 20	4		323	-
		18 : 20—19 : 45	5		372	-
	乌科、达期科	17 : 01—19 : 17	3	5272	218	218 ± 168
	拉里科	10 : 34—13 : 57	5	15 738	165	187 ± 106
	云塔主沟	分段	11		680	511 ± 276
	通天河沿岸	18 : 40—19 : 40	3		120	-
夏日寺	九琼科	09 : 30—16 : 20	22	8751	1295	1288 ± 560
		12 : 00—17 : 50	30		1036	-
		17 : 00—20 : 00	16		1234	-
牙曲村	曲日荣尕沟	09 : 20—11 : 51	14	9389	547	591 ± 262

地名	地点	时间	群数	样线长度/m	岩羊总数/只	双观察者法计数结果/只
牙曲村	曲日荣尕沟	14：30—16：15	11		591	-
		17：44—19：13	12		711	-
	纳宗沟	09：15—15：50	12	6572	625	664±406
		17：20—19：22	9		526	-
	巴松沟	09：54—12：00	4	4181	141	218±90
		16：15—17：10	3		218	-
		18：01—18：30	2		132	-
	南牙曲河	16：34—19：47	7	9027	187	187±194
	达吾采钦东	13：30—17：10	4	5145	150	188±190
	达吾采钦西	09：05—09：37	2	2614	72	108±101
	阿琼尕木农	08：21—09：22	7	1427	204	216±210
前多村	入口	14：40—15：45	5	6049	265	-
	娘队	16：03—17：37	6	2924	216	-
	德勒队	09：15—11：45	5	4627	84	151±149

通过对各条山谷的双观察者法计数，计算出的密度及其置信区间如表 4-8-4 所示。其中夏日寺调查范围内的密度最高，为（67.79±29.47）只 /km²；牙曲村次之，为（26.49±7.36）只 /km²；云塔村调查范围内的密度为（20.47±5.86）只 /km²；而前多村最低，为 14.13 只 /km²。

表 4-8-4　各调查区域岩羊密度表

地名	云塔村	夏日寺	牙曲村	前多村
样线覆盖面积 /km²	89.00	19.00	82.00	40.00
样线长度 /km	48.52	8.75	38.36	13.60
总数 / 只	1822 ± 522	1288 ± 560	2133 ± 604	565
密度 / (只 / km²)	20.47 ± 5.86	67.79 ± 29.47	26.49 ± 7.36	14.13*

注：* 由于前多村是后来临时加上的一个点，时间匆忙，没有用双观察者法调查和重复计数。故表中反映结果为对前多村三条山谷内总体计数法的结果，没有置信区间。

岩羊种群结构

各调查区域内岩羊种群结构，包括雄雌比和幼雌比，结果如表 4-8-5。

表 4-8-5　岩羊种群结构

地名	地点	用于计算的总数 / 只	成年雄性 / 只	成年雌性 / 只	幼仔 / 只	雄雌比	幼雌比
云塔村	加来陇巴	239	21	185	33	0.11	0.18
	公钦陇	246	21	177	48	0.12	0.27
	拉忍科	683	234	368	81	0.64	0.22
	乌科、达期科	218	58	137	23	0.42	0.17
	拉里科	60	57	2	1	28.50	0.50
	云塔主沟	343	90	209	44	0.43	0.21
	小结	1789	481	1078	230	0.45	0.21
夏日寺	九琼科	1621	167	1127	327	0.15	0.29
牙曲村	曲日荣尕沟	1407	325	859	223	0.38	0.26

地名	地点	用于计算的总数/只	成年雄性/只	成年雌性/只	幼仔/只	雄雌比	幼雌比
牙曲村	纳宗沟	862	303	463	96	0.65	0.21
	巴松沟	355	108	215	32	0.50	0.15
	南牙曲河	29	16	11	2	1.45	0.18
	达吾采钦东	121	41	60	20	0.68	0.33
	达吾采钦西	72	23	37	12	0.62	0.32
	阿琼尕木农	90	60	24	6	2.50	0.25
	小结	2936	876	1669	391	0.52	0.23
前多村	前多村入口	27	6	20	1	0.30	0.05
	娘队	70	26	36	8	0.72	0.22
	德勒队	24	11	11	2	1.00	0.18
	小结	121	43	67	11	0.64	0.16

其中云塔村调查范围内的雄雌比为 0.45，幼雌比为 0.21。拉科中雄性岩羊所占比例特别高，幼仔也较多，而加来陇巴和公钦陇两个山谷中雄性岩羊较少。夏日寺调查范围内雄雌比为 0.15，幼雌比为 0.29，雄性岩羊也格外少。牙曲村调查范围内雄雌比为 0.52，幼雌比为 0.23，其中南牙曲河沿岸、阿琼尕木农山谷中雄性岩羊所占比例也很高。前多村调查区域内雄雌比、幼雌比分别为 0.64 和 0.16，其中入口处幼仔比例特别低，而德勒队所在山谷中雌雄数量基本一致。

本次调查所得岩羊的群规模从 1 只到 280 只不等，群规模的分布如图 4-8-20 所示。分布高峰集中在 10 ~ 30 只左右的群，占总出现频次的 30%；其次是 1 ~ 10 只左右的小群，占到了 19%；30 ~ 50 只左右的群占 16%；其余基本随群规模的增大而出现频次递减的态势。各调查区域的平均群规模分别为云塔村 48.91 只，夏日寺 52.43 只，牙曲村 46.18 只，前多村 35.31 只。

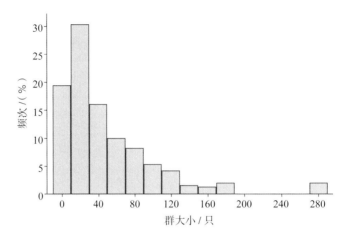

图 4-8-20　岩羊群规模的分布

本次调查所得岩羊群类型的分布如图 4-8-21 所示。雌雄幼混群最多，占 50%，群规模也最大，为 28 ~ 282 只不等；其次是母幼群，占 30%，群规模次之，为 3 ~ 158 只均有。纯雌群和纯雄群均不常见，但纯雄群明显较大，为 2 ~ 62 只均有分布，纯雌群则群规模不超过 7 只。不带当年幼仔的单独雌雄群最少见，群规模为 17 ~ 32 只不等。

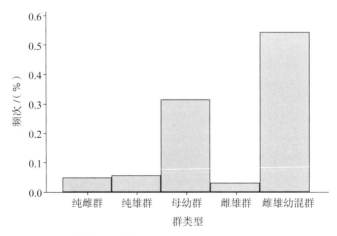

图 4-8-21　岩羊群类型的分布

栖息地选择

根据观察数据，在灌丛、崖壁、森林、碎石坡和草甸这几种栖息地类型中，所见岩羊群主要在草甸上出现，出现频次占总频次的86%（图4-8-22）。我们观察到的岩羊群集中分布在山坡上，占到了总出现频次的81%（图4-8-23）。岩羊在山坡上的分布以上坡位和中坡位为主（39%，38%），较少分布在

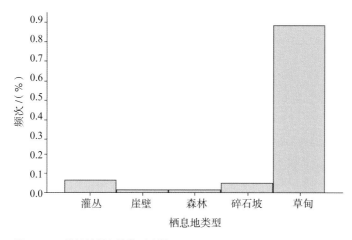

图 4-8-22　岩羊的栖息地类型选择

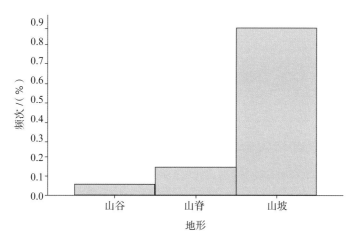

图 4-8-23　岩羊的地形选择

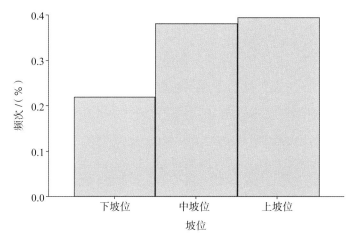

图 4-8-24 岩羊的坡位选择

下坡位（22%）（图 4-8-24）。

通过相关性分析，母幼比与环境变量不相关，只有雄雌比和海拔正相关，即海拔越高，公羊的比例越大；而崎岖度与雄雌比为接近显著的负相关关系，即崎岖度越大，母羊的比例越大。具体结果见表 4-8-6、表 4-8-7。

表 4-8-6　雄雌比与海拔的相关性分析结果（Spearman 法）

		海拔	雄雌比
	相关系数	1.000	0.302*
海拔	Sig.（双侧）	—	0.022
	N	57	57
	相关系数	0.302*	1.000
雄雌比	Sig.（双侧）	0.022	—
	N	57	57

注：* 在置信度（双侧）为 0.05 时，相关性是显著的。

表 4-8-7　雄雌比与崎岖度的相关性分析结果（Spearman 法）

		崎岖度	雄雌比
崎岖度	相关系数	1.000	−0.252
	Sig.（双侧）	—	0.059
	N	57	57
雄雌比	相关系数	−0.252	1.000
	Sig.（双侧）	0.059	—
	N	57	57

注：* 在置信度（双侧）为 0.05 时，相关性是显著的。

讨论

本次调查主要目标为测试调查方法和获得研究区域内岩羊种群的一些基本情况。以尽量多地了解当地岩羊分布状况为目标，故未采用随机布设样线的方法，而是咨询当地人后选择了有岩羊分布的山谷开展调查。本次调查所得的岩羊种群密度均很高，但并不代表在整个区域，而是所调查山谷内的岩羊密度。与其他地方相比，也有调查区域较小的研究，得到的种群密度和我们的结果相近甚至更高（闫永峰 等，2007；赵登海 等，2008）。我们在云塔村和牙曲村的调查覆盖面积已占整个区域的一半以上，即使将调查结果除以整个区域的总面积（假设未调查的地方都没有岩羊分布），得出的结论这仍属于岩羊密度相当高的地区（Schaller，1998；刘振生 等，2007；Oli et al.，1994；Mishra et al.，2004）。

双观察者法的置信区间大，主要原因是岩羊群规模差异大，从 1 只到 280 多只均有。而不同时间段的重复浮动却不大，说明虽然岩羊有日活动节律，但通过这种固定监测点的方式，并不会漏数很多不活动的岩羊，而造成太大差异。对于群规模差异导致的置信区间过大的问题，还需寻求合适数据处理方法来解决。

在计数岩羊时未区分成年雌性和一龄幼仔，将其他调查结果（Schaller，1998；任军让 等，1990）中的成年雌性与一龄幼仔合并，再进行比较，我们的调查结果中母幼比依然较低。而闫永峰等（2007）在甘肃东大山的调查结果（0.17）更低，且岩羊的密度更高（34.8 只 /km²）。这暗示母幼比低的现象可能与岩羊的高密度有关。种群在达到了环境承载力的情况下，内部调控机制使得岩羊年增长率降低。而雄雌比数据，除夏日寺调查面积过小不具代表性以外，与已发表结果相符（Schaller，1998；任军让 等，1990）。这可能暗示天敌对于雄性的选择性狩猎。

在岩羊群的组成方面，存在一部分两性分离的现象，但主要仍是混合群居多。对盘羊的研究（Geist，1971）显示夏季的两性分离有利于避免雄性与幼仔竞争草场，但对于岩羊两性分离的原因目前尚未有定论。混合群居多可能因为草场质量好，或是捕食压力低（Singh et al.，2010；Ruckstuhl et al.，2000；Corti et al.，2002）。

种群结构与环境因素的相关性分析显示，母羊倾向于选择崎岖度较大、利于隐蔽和逃离捕食危险的地区，这与产仔期的护仔行为符合。而公羊倾向于选择海拔较高的地方，观察发现，雄性岩羊随着海拔升高增多，且在 4800m 左右达到顶峰。将崎岖度和海拔做了相关性分析，发现两者显著负相关（相关系数为 −0.365，$P=0.004$）。雄性岩羊与海拔正相关，可能是与崎岖度的负相关间接导致的。

一只成年雪豹一天需要 1.5 ~ 2.5kg 的食物量（Fox，1989）。据此 Jackson 等（1989）估计，一只成年雪豹一年需要 20 ~ 30 只岩羊，即支持它需要一个 150 ~ 230 只的岩羊群（假定捕食率为 13%）。Schaller（1998）对此也有过类似估计，在不考虑其他捕食动物和打猎的情况下，一个 150 ~ 200 只且年增长率为 15% 的岩羊群才可以支持一只成年雪豹的生存。根据本次调查结果，保守估计云塔村 3 队的岩羊可以养活 8 只成年雪豹，夏日寺九琼科可养活 6 只，牙曲村曲日荣尕沟 9 只，前多村 2 只。我们布设在曲日荣尕沟的红外相机在这片区域一共拍到了 11 只不同雪豹个体（包括 4 只幼仔），所以 9 只的估计是相对准确的。其余三片区域的雪豹数量还需进一步的调查证实。

根据本次调查的结果，我们建议当地社区在对岩羊进行监测时，可以在每个区域选择一条岩羊密度最高的山谷，固定监测点进行定期计数和种群结构记录。由于早、中、晚三次重复的数量差异并不大，社区可以自行商定方便实施又不影响生产生活的时间点，并固定下来进行监测。每个月重复计数 1 次，而冬季前后的 11 月和 4 月计数 3 次。为保证实施规范性，可以在每个监测点立上标志（如玛尼石），在本次调查中，我们在牙曲的曲日荣尕沟对各个监测点做了标记，在监测中，监测员通过拍照的方式记录每群岩羊计数的时间和地点，以助于将流程标准化。

◎ 棕熊食性及与人的冲突

棕熊（*Ursus arctos* Linnaeus，1758）（图 4-8-25）隶属于食肉目熊科熊属，是世界上现存最大的陆生食肉动物。棕熊体长 1150 ~ 1190mm，体重 125 ~ 225kg，毛色和体型变异大，导致该物种有超过 200 个同物异名且亚种分类有较多争议（Smith et al.，2009；IUCN，2016）。

棕熊主要分布于北半球，曾遍及欧洲、亚洲、中东和包括墨西哥北部在内的北美洲，历史分布甚至一度到达非洲北部，属典型的全北界物种。棕熊适应力很强，能适应从亚洲干旱草原到温带雨林直至极地灌丛的多样的栖息地环境，与黑熊和北极熊的分布范围都有重叠；它们能适应的海拔范围也很广，从

图 4-8-25　棕熊幼时通常会有一年半的时间和母熊生活在一起，受母亲保护，跟母熊学习生存的技能。照片中这只母熊带有卫星定位的颈圈，吴岚，刘炎林和索才对它进行跟踪观察时，在山脊上与它遭遇，最近时只有 30m，彼此都极其紧张，幸好大家最终都选择了互相远离（摄影／吴岚）

海平面到高于海拔 5000m 的高原都有它们的足迹。

近百年来，其种群由于人类活动和栖息地改变已极度缩小和片段化，目前仅分布在亚洲北部部分地区、北美洲北部 5 000 000km² 和欧洲北部包括俄罗斯在内的 800 000km² 的土地上。即使如此，在全球的 8 种熊科动物当中，棕熊依然是分布最广的。目前，为了更好地保护野生棕熊种群，棕熊被列入《濒危野生动植物种国际贸易公约》（CITES）附录 I。由于其全球数量并不算稀少，估计约有 20 万只，世界自然保护联盟（IUCN）将其濒危等级定为 LC（无危）。但对于不同地区和不同亚种，情况却很不相同。在俄罗斯、美国和加拿大，棕熊仍有着较大的种群数量；而在北欧和亚洲，它们的种群常常很小且呈岛屿化（Servheen et al., 1999；Swenson et al., 2000）。

人类的定居、农耕、砍伐、修路、水电开发都在破坏着棕熊的适宜栖息地（Apps et al., 2004；Mace et al., 2012），人类活动对棕熊栖息地的压缩，减少了棕熊生存的资源，增加了人与熊之间的冲突。在那些仍有较大棕熊种群存在的地方，缺乏种群评估的运动狩猎，以及在俄罗斯远东地区仍存在的偷猎同样威胁着这个物种（Seryodkin et al., 2006）。另一方面，由于人类活动区域的不断扩张，生活在有人地区的棕熊受到人类来源的食物吸引而变得更容易与人接近，它们会破坏人类的农作物和其他财产，甚至伤人以至于最终遭到猎杀（Nielsen, 2004；Nielsen, 2005）。

在我国，棕熊直至清朝都广泛分布于包括东北、西北等主要地区，华北北部山地、秦巴山地及长江流域及其以南广大丘陵山区（周跃云，1992）。后由于人类活动的扩张，棕熊的分布区缩减为新疆、青海、西藏、甘肃、四川等地以及东北的林区及草原。除了栖息地遭到破坏，棕熊也被当作医药成分、贸易品、食物、害兽而遭到捕猎。多种致危因素导致棕熊这一物种在我国的生存情况并不乐观，估计我国境内棕熊种群数量仅为 5000 ~ 6000 只。1989 年，随《中华人民共和国野生动物保护法》的实施，棕熊被列为国家二级保护动物，且被《中国濒危动物红皮书》和《中国物种红色名录》分别列为 EN（1998）和 VU（2005）（Gong et al., 2008）。

自 18 世纪林奈对这一物种命名以来，人类对于棕熊的研究和了解已经长达几个世纪，涉及棕熊的种群、栖息地、遗传学及与人类的关系等方方面面，已发表的相关学术论文超过 15 000 篇。然而在我国，棕熊这一物种的生态学特性缺乏详细、系统、长期的研究。已有的研究多集中在 20 世纪八九十年代，内容多围绕棕熊历史分布、形态学、生理学以及熊胆胆汁的利用（马逸清，1981；李德雪 等，1983；孙安林 等，1992；才代 等，1997；侯万儒 等，1997；高行宜 等，2000；姚贵芳 等，2003；Harris et al., 2004）。目前，中国棕熊的亚种分类仍存在较大争议，较为公认的说法为四个亚种，分别是分布在我国东北的东北棕熊 *U. a. lasiotus*、分布在新疆的指名亚种 *U. a. arctos*、分布在新疆和青藏高原的喜马拉雅棕熊 *U.a. isabellinus* 以及被认为分布在青藏高原但几乎没有研究及标本的西藏棕熊 *U. a. pruinosus*（马逸清，1981）（表 4-8-8）。

表 4-8-8　棕熊在中国的亚种及其分布

亚种	拉丁名	分布	估计数量 / 只
东北棕熊	*U. a. lasiotus*	我国东北	1000
欧洲棕熊	*U. a. arctos*	新疆	110 ~ 140
天山棕熊（喜马拉雅棕熊）	*U. a. isabellinus*	新疆、青藏高原	200
西藏棕熊（藏马熊、蓝熊）	*U. a. pruinosus*	青藏高原	2000 ~ 4500

资料来源：马逸清，1981；侯万儒 等，1997。

　　青藏高原地区的棕熊属于哪个亚种至今仍有争议。从文献和对当地居民的访谈来看，可能喜马拉雅棕熊和西藏棕熊这两个亚种均有分布，其中西藏棕熊数量更多，分布更加广泛，对这两个亚种的研究十分缺乏，种群数量数据也需要调查和更新（马逸清，1981；侯万儒 等，1997；Schaller，2003）。从形态特征来说，青藏高原地区的棕熊体型中等，毛色特别而多变，以深棕色到黑色为主，从肩部到胸前有一圈白色领圈，且在胸部领圈渐宽。这些成为这一地区棕熊与其他棕熊亚种的主要外形上的差别。

　　在中国的青藏高原，对棕熊数量的估计仍停留在 20 世纪 80 年代在各地的访谈和皮张标本调查，对其生态学的研究仅在可可西里和羌塘有过两次对食性的研究和极少量目击观察。在生态学的研究方面，90 年代初西藏自治区林业局组织的棕熊专项调查描述了西藏地区棕熊的生境、食性和对其繁殖的初步观察，1998 年夏勒对羌塘地区棕熊食性进行了描述，2005 和 2009 年徐爱春等人对青海可可西里地区棕熊夏季食性及取食模式进行了观察和描述（Schaller，2003；刘务林，2004；徐爱春 等，2010）。

　　对于棕熊与人的关系，仅有 Foggin 等在 2006 年、达瓦次仁等在 2007 年有过调查和报道。调查中描述了青藏高原人熊冲突加剧的现象，并基于访谈中当地牧民的观点对冲突的原因进行了讨论（达瓦次仁 等，2007；Worthy et al.，2008）。我们在三江源的社区调查中，当地政府和牧民都反映棕熊与人类的冲突愈发严重，是当前保护上比较棘手的问题之一。

三江源棕熊的种群数量是否由于在这一区域实施了有效的保护措施而有所增加，与人类的冲突是否是种群增加的后果？如果是，那么持续的保护是否会带来更加严重的人兽冲突？棕熊捕食家畜，以及破坏房屋的冒险行为是缺乏自然食物所迫，还是由于当地居民缺乏管理措施而使得棕熊有机可乘？在三江源，像棕熊这样的大型食肉动物未来是继续加强严格的保护，还是可以进行一些狩猎和管理？

为回答上述亟需解决的问题，必须先了解在青藏高原这种高寒干旱生产力低下的生境中，棕熊是如何生活的，它们的能量都来源于哪些食物？需要多大面积的栖息地和食物资源才能维持生存，北京大学自然保护与社会发展研

图 4-8-26　吴岚在三江源研究期间，高原强烈的紫外线把她的皮肤晒得深过当地人，吴岚自嘲"晒得跟马一个颜色了"

究中心的吴岚（图 4-8-26），和三江源野外团队的加公扎拉、达哇、白让、索才、卜红亮、刘美琦、宋瑞玲、肖凌云、黄秦等同事一起，在青海三江源自然保护区腹地的索加—曲麻河保护分区，对棕熊生态学进行了历时四年（2010—2013）的调查研究，以下是部分的研究结果。

食性分析

棕熊虽然属于食肉目，从食性上来看，却是以素食为主的机会主义杂食动物。在欧洲和日本的研究表明，它们取食的自然食物中有 70% ~ 100% 的组成成分为植物，如植物根茎、浆果、坚果等。而在北美和俄罗斯东部的沿海地区，棕熊则会季节性获得动物性食物。例如，北美的棕熊会在三文鱼洄游产卵的地区聚集并捕食三文鱼，或者在春季来临时寻找冻死的有蹄类。棕熊的种群密度也因环境的不同而有很大差异。在能量密集、初级生产力高的地区，棕熊密度也往往比较高，最高时可超过 10 只 /100km² （Miller et al.，1999；Hilderbrand et al.，1999；Seryodkin et al.，2003）。而在干旱、沙漠、戈壁、半高山和高山这些初级生产力低的地区，棕熊的密度则可能很低。正是在这样的地区，例如印度北部、中国西部和蒙古，对于棕熊种群数量的估计也很困难（IUCN，2016）。

在本研究中，主要采用了粪便显微分析，辅以直接观察和食物痕迹分析的方法来了解棕熊的食性（图 4-8-27）。我们于 2011 至 2013 年期间，在季节痕迹调查样线上，以及在对佩戴卫星颈圈的棕熊个体（一只成年公熊、两只成年母熊及其三只幼崽）跟踪的途中收集棕熊粪便。在采集棕熊粪便样品同时，使用 GPS 记录粪便的位置信息，并根据其颜色、潮湿程度、气味和颈圈信息判断其新鲜程度，将其分为 ① 小于一周；② 一周至一个月；③ 一个月至三个月；④ 太旧或无法判别四个等级，用于之后分析其不同季节的食性。收集到的粪

图 4-8-27 动物粪便的采集。（a）棕熊粪便；（b）狼粪便；（c）雪豹粪便；（d）粪便收集和分类装袋（摄影／吴岚）

便于当日晚上分装，用于食性分析的粪便装于纸袋，于阴凉干燥处风干。

　　调查中，同时记录样线上、牧户住宅内及周边棕熊的取食痕迹与食物残留，分析红外相机照片，观察佩戴卫星颈圈的棕熊的其他取食行为，以对粪便样品中消化完全的食物做补充。

　　粪便显微分析的原理是通过分离粪便中未被消化的毛发、骨头、牙齿、蹄甲等分析动物食性。实验方法的制定和部分参照毛发样片主要依据 Oli 的文章和《毛皮学》（Oli，1993；张伟 等，2002；Paralikidis et al.，2010），但根据具体的试验情况进行了调整（李娟，2012）。本研究中仅将植物、羽毛鉴定到"植物""鸟类"，对骨头等简单分类到科，当残余物不能与参照样本相匹配时，记为未鉴定。

我们统计了粪便样品中各残留物出现的频次和体积比例。每种食物只要出现在粪便样品中，就记录频次为 1，然后将每份样品中毛发和骨头按物种分类摆放在划好方格的白磁盘上，估算每种食物的体积（V_i）在这一样品中总体积的比例（V_t）并记录。考虑到不同类型的食物被棕熊消化和吸收的程度不同，我们使用各食物的体积比（V）乘以经过饲喂实验得到的各类食物的矫正系数（CF_i）计算不同食物提供的干物质（$W\%$）。矫正系数参考了文献中相同食物或同科属的各类食物的矫正系数（Hewitt et al., 1996）。

本研究共采集和分析了 157 个棕熊粪便样品，对样品进行显微分析，从粪便残留中区分出 13 种食物，包括 7 种野生动物、3 种家畜、2 种人类来源食物以及一些植物。

从对棕熊的野外跟踪观察和取食痕迹观察中我们发现，棕熊挖掘旱獭和柴达木根田鼠，捕捉鼠兔，取食野牦牛和岩羊的尸体。从红外相机的照片和访谈中观察被棕熊破坏过的房屋中我们还发现，除了野生动物以外，棕熊还挖食厥麻（鹅绒委陵菜 *Potentilla anserina* 的根）、捕食羊只和取食病弱或死去的牦牛，而牧民家的牦牛肉、酥油、糖、面粉、植物油等也是该地区棕熊的取食对

图 4-8-28　棕熊取食牧民家中的面粉，棕熊在三江源地区主要以动物性食物为食，从人类房屋中获得的食物亦占到较高比例（摄影／吴岚）

象（图4-8-28）。一只成年棕熊可以在两三天内吃光50kg面粉或者在一晚上吃掉5kg风干牦牛肉。

显微分析结果加上观察结果显示，这一地区棕熊的食物至少有19种之多（表4-8-9）。喜马拉雅旱獭是这一地区棕熊的主要食物，29.9%的棕熊粪便中都含有旱獭的毛发或骨头，从体积比上来看，这一比例则更高，达到粪便总体积的43.9%。次重要的自然食物是鼠兔（27.4%）和岩羊（24.8%），由于无法从毛发和骨头残渣区分到种，这里的鼠兔包括高原鼠兔和少量川西鼠兔，川西鼠兔在这一地区也有分布且有被观察到的棕熊捕食记录，但种群数量相对来说十分少。27.4%的棕熊粪便含有来自人类的食物，包括青稞、牛羊饲料、绵羊和山羊。

表4-8-9 基于粪便显微分析的棕熊食物组成

食物种类	频次 / （%）	体积 / （%）	干重 / （%）	能量 / （%）
自然食物中的动物性食物				
喜马拉雅旱獭 *Marmota himalayana*	29.9	43.9	84.5	84.7
鼠兔 *Ochotona curzoniae*，*Ochotona gloveri*	27.4	20.9	12.9	12.9
岩羊 *Pseudois nayaur*	24.8	3.5	0.8	0.8
藏野驴 *Equus kiang*	2.6	痕量		
鸟类	2.6	0.2	痕量	
田鼠 *Microtus* spp.	1.3	痕量		
高原兔 *Lepus oiostolus*	0.6	痕量		
未鉴定	13.4	痕量		
动物性食物总量	80.9			
植物（以嵩草为主）	26.8	14.7	0.4	0.1

食物种类	频次 / (%)	体积 / (%)	干重 / (%)	能量 / (%)
家畜				
牦牛	5.1	痕量		
绵羊	3.2	3.6	0.8	0.9
山羊	1.9	痕量		
家畜总量	10.2			
其他人类来源食物				
牛羊饲料	10.2	3.4	0.2	0.1
青稞	7.7	9.7	0.4	0.3
其他人类来源食物总量	17.9			

157 个样品中有 87 个样品可以判别到具体月份。我们将样本分为春（2—5 月）、夏（6—8 月）、秋（9—11 月）三个季节做食性的季节性变化比较（12 月至次年 2 月上旬棕熊冬眠）。其中夏季样本较多，占到总样本的 44.9%，秋季和冬季较少，分别占到 32.6% 和 22.4%。

棕熊的食性在不同季节有很大不同。在春季，当棕熊的主要自然食物之一旱獭仍然冬眠时，岩羊（65%）和植物（45%）是它的主要食物，春季棕熊粪便当中的植物残迹基本上是嵩草的茎，虽然出现频次和体积比重都很大，提供的能量却相对较低；在夏季，棕熊的主要自然食物是旱獭（46%）和鼠兔（38%），家畜（13%）和来源于人类房屋的食物（26%）也占了不小的比重；在秋季，旱獭比棕熊冬眠早，在旱獭冬眠前（9 月），棕熊仍主要以旱獭为食，而旱獭冬眠后，棕熊则寻找岩羊、植物等其他食物。

在自然来源的食物中，春季棕熊粪便中出现的岩羊（65%）和植物（45%）

频次较高，而在夏季则主要为旱獭（46%）和鼠兔（38%），在秋季初期，棕熊的主要自然食物为旱獭（54%），之后则转变为植物（43%）；人类房屋中的食物在棕熊夏季食物中出现的频次较高（26%）。

棕熊粪便分析结果显示，青海三江源地区的棕熊以肉食为主，这一点跟之前在青海可可西里、西藏羌塘（Schaller，2003；Xu et al.，2006）和尼泊尔野马保护区研究结果类似（Achyut et al.，2012）。但从食物组成上，我们的结果显示，在旱獭没有冬眠的5月到9月，三江源的棕熊主要以旱獭为食，这与羌塘高原和可可西里的棕熊食性有很大的差别（表4-8-10）。夏勒的研究中曾提到，棕熊很少捕食旱獭，可能是因为在石质地表挖掘旱獭较为困难（Schaller，2003）。相较于三江源自然保护区，可可西里和羌塘更加偏西，平均海拔更高，降水量更少，初级生产力更低（戴声佩 等，2010），旱獭更少，同时，由于年均温更低，土壤冻结时间更长，棕熊为挖掘旱獭需要付出更高的能量代价，因此转向其他更容易获得的食物。

本研究中鼠兔虽然在棕熊食谱中出现的频次不低，但由于其体型较小，所占的体积百分比和提供的生物量是远次于旱獭的。这一结果与在尼泊尔的研究类似，与在青海和西藏的研究却有很大差别。因此，根据食性，我们认为文献中三江源地区灭杀鼠兔的政策导致了人与棕熊冲突增加这一结论还有待证实（Foggin et al.，2006）。

从其他自然食物资源来看，棕熊在青藏高原是乐于利用有蹄类等大中型食草动物的，具体物种的差别可能跟当地有蹄类的分布和密度有关。可可西里保护区是藏羚主要的分布区和产仔地，也是野牦牛主要的分布区。而在三江源，特别是我们的研究区域，岩羊和藏野驴则是主要的有蹄类。另一个重要差别体现在棕熊对家畜和其他人类来源食物的利用上。西藏羌塘和青海可可西里都没有定居人口，基本上算是无人区，因此当地棕熊主要利用自然食物资源。而在三江源，类似于中国的很多保护区，核心区内仍有常住人口，有人类的生活生

表 4-8-10　青藏高原棕熊的食性比较（频次）　　　　单位：%

		西藏，羌塘[a]	青海，可可西里[b]	青海，三江源[c]
野生动物	旱獭	1.8	2	29.9
	鼠兔	59.3	44	27.4
	岩羊	9.1		24.8
	藏野驴	-	3	2.6
	野牦牛	0.4	31	
	藏羚	2.6	17	
	盘羊	0.6		
	鸟类		残迹	2.6
	田鼠			1.3
	高原兔		1	0.6
	昆虫	残迹	残迹	
植物	草	20	2	26.8
	植物的根	6.0		
家畜	牦牛			5.1
	绵羊			3.2
	山羊			1.9
人类来源	牛羊饲料			10.2
	青稞			7.7

注：a. 1988—1994 年，$n=48$（Schaller et al., 1998）；b. 2005 年夏季，$n=83$（徐爱春 等，2006）；c. 本研究，2011—2013 年，$n=157$。

产，棕熊对人类所带来的资源的利用则难以避免。

但跟世界其他地方的棕熊相比，本研究中的棕熊食性则有很大差别。在青藏高原以外的地区，棕熊更倾向于取食植物，包括草本植物的根茎、壳斗科植物的坚果、其他浆果类植物的浆果等，同时，在有农作物种植的地区，棕熊还取食人类种植的农作物。这些特征与熊科的其他物种（亚洲黑熊、美洲黑熊、马来熊等）类似（Graber et al., 1983；Bull et al., 2001；王文 等，2008；Liu et al., 2011；Press et al., 2013）。

而在青藏高原，不论是在中国的青海、西藏还是在喜马拉雅山脉南坡的尼泊尔地区，棕熊都更倾向于取食动物性食物，这可能跟青藏高原地区海拔高、生长季短、初级生产力低有关。尤其是在三江源西部地区，植被类型主要为高寒草甸、沼泽草甸和荒漠草原，灌丛所占比例很小，因此缺乏浆果、坚果等富含糖、脂肪等能量较高的植物性食物，棕熊取食草本植物的根茎将很难从中获取足够的能量。

作为一个机会主义的杂食动物，由于不同季节食物资源不同，棕熊的食性在不同季节差别很大。在加拿大，棕熊在早春主要取食岩黄芪根，而在春天晚些时候主要取食有蹄类，在夏秋季转而主要取食植物果实（Munro et al., 2006）。在日本，棕熊在春季主要取食植物茎叶，而夏秋季取食浆果（Aoi, 1985）。本研究中，三江源的棕熊同样表现出了这一特性。棕熊很难直接捕食成年岩羊、藏野驴等大型有蹄类动物。我们的红外相机记录也显示，棕熊通常取食的这类食物是来自于雪豹等动物的猎杀，或动物因病、因意外被困，在对棕熊的跟踪观察中我们曾在春季发现一例藏野驴困在沼泽地中，被棕熊和狼取食的案例，该棕熊一反常态地在沼泽地中停留了一周之久。我们认为，棕熊春季食物中，岩羊和植物的比例较高，可能是因为冬季的严寒和食物缺乏造成岩羊更易被捕食或死亡，棕熊有较多的机会寻找到岩羊或其尸体；而取食能量十分低的嵩草的茎，可能是由于春季食物缺乏，冬眠之后的棕熊急需食物充饥造成的。夏季旱獭冬眠苏醒之后，棕熊的主要食物转换到了其擅长捕捉的、单位生物量较高的旱獭。由于各月份样本量不平衡，3月和5月样本量偏少，本研究未作分月比较，但从粪便样品中我们仍可以看出，秋季食性中旱獭仅出现在9月，这是因为研究区域旱獭在9月中下旬冬眠，较棕熊11—12月冬眠更早，在旱獭冬眠前，棕熊仍主要以旱獭为食，而旱獭冬眠后棕熊则寻找岩羊、植物等其他替代食物。

此外我们还看到，当棕熊分布区与人类活动区域重叠时，棕熊会从人类的生产生活中获取食物。从种植的农作物，到饲养的家畜，再到人类房屋、垃圾站内的食物，都是棕熊取食的目标，跟所在的国家、地区未必相关（Camarra，1986；Clevenger et al.，1992；Paralikidis et al.，2010）。这验证了棕熊在食性选择上是一个机会主义者，其取食人类来源食物是在可以获得时的必然选择之一。

本研究食性分析结果当中"27.4%的棕熊粪便含有人类来源食物"这一结果可能被低估，因为大多数人类来源食物都经过了加工，相比于野生动物它们更好消化、能量更高，很难留下可供鉴定的食物残渣。即使这样，我们得到的结果中，人类来源食物也已经达到了较高的比例，特别是在夏季，高达34%的棕熊粪便中都有人类来源食物出现。这一方面表明，这一地区的棕熊利用人类来源食物的比例很高，也意味着人熊冲突较为严重，另一方面，夏季是青藏高原生产力最高的季节，棕熊可以取食鲜嫩多汁的植物根茎、捕捉已经出洞的旱獭和它们的当年幼崽以及其他动物的幼崽。因此，在夏季，棕熊的自然食物相对于其他季节是更为丰富的。而本地区的人熊冲突主要发生在夏季，因此，以食物缺乏来解释人熊冲突增加是缺乏证据的。

在春季，25%的棕熊粪便中出现了家畜的残余，而访谈中这一季节却没有棕熊捕食家畜的记录。从牧区生活的观察中我们发现，牛羊在春季都是产仔季节，而初生的牛羊往往有比成体更高的死亡率，此外，牛犊、小羊等也更容易被狼、雪豹甚至藏狐捕捉。

人与棕熊的冲突

人兽冲突是野生动物保护中的重要课题，而人熊的冲突在全世界都广泛存在（Woodroffe et al., 2005；Pettigrew et al., 2012）。棕熊作为世界上现存的最大食肉动物，体型大、分布广，除了人类之外几乎没有天敌。作为一个杂食动物，棕熊很容易被人类的食物吸引，而由于其体型大，生性凶猛，出现在人类活动区域内的棕熊对人的生命财产构成了极大威胁，这些棕熊经常会被捕捉甚至猎杀。因此，人熊冲突的管理和防治对于保护人身财产和保护棕熊生存都是极为重要的。

棕熊在中国主要分布在东北和西部，据估计，75% 的棕熊分布在青藏高原（Gong et al., 2008）。在青藏高原，人熊的关系可以追溯到上古时期。在古代，熊的器官一直被用于对皇家和贵族的贡品。而在藏族历史上，即使从宗教上他们也许并不推崇，野生动物包括棕熊仍经常被猎杀以用于他们的日常生活乃至进行贸易（周希武，2008；刘务林，1993；乌峰 等，2005；斯确多杰 等，2011）。这一情况自 20 世纪 50 年代民主改革、宗教影响被削弱之后变得格外严重，同时由于生产力低下和雪灾等自然灾害的影响，打猎和利用野生动物曾一度成为当地人的主要生活来源之一。棕熊在历史上被猎杀的目的通常是其皮毛被制成垫子、衣服等保暖的物品（文力，1993）。自从 1989 年中国颁布了《中华人民共和国野生动物保护法》并将棕熊定为国家二级保护动物之后，猎捕棕熊成了违法行为。但由于在我国内陆地区，熊胆被认为是很好的传统中药，而熊掌则是名贵的食物，对棕熊的偷猎仍时有发生（Worthy et al., 2008；达瓦次仁 等，2007；Schaller，2003）。收枪政策从 1996 年开始在我国推行，到三江源腹地的索加—曲麻河地区，2000 年左右才全部完成（索加乡保护站，个人交流）。同时由于宗教影响和政府、自然保护区的宣传，当地对野生动物的猎杀和利用状况有了很大的改变。

在青藏高原，藏族牧民曾过着超过 100 世代历史的"逐水草而居"的游牧生活，他们使用帐篷作为居住点，每年根据季节的不同将帐篷及其财物、牛羊搬迁至不同的草场（付伟 等，2013）。游牧民定居工程最早从 20 世纪 90 年代开始实施，随着牧区草场承包到户制度普遍落实后逐渐推开。近几年来，随着城镇化步伐的加快，作为藏区民生重点工程之一的游牧民定居工程也大大加速。在三江源自然保护区，部分牧民随着定居工程迁入了城镇的定居点，仍有一部分牧民留在乡村继续放牧的生活。在这些远离城镇的地区，由于政府的支持，从 1998 年的四配套工程（以解决牲畜"温饱"问题为主攻方向，发展草业，重点建设一批牧户定居点、草原围栏、人工种草、牲畜棚圈相配套的防灾、减灾基地，逐步实现该地区草地畜牧业的稳定发展），到近年的游牧民族定居工程，牧民们逐渐有了可供定居的住房（洒文君，2004）。大多数牧民冬季选择住在房子里，夏季为了避免牧草不够吃，才会赶着牛羊迁往夏季草场，做数月到半年不等的停留。因此在夏季，政府帮忙修建的房屋成了一个"大仓库"，牧民将夏季不需要用的衣帽、家具和储存的食品留在房屋内并且无人照看。这些食物成为棕熊的新目标。

在西藏羌塘的调查中发现，人熊冲突自 1990 年起不断增加，后期有加剧趋势，牧户中有人熊冲突发生的比例从 1990 年的 8.5% 上升到 2000 年的 11.1%，进而上升到 2006 年的 38.7%，严重影响了当地牧民的生活（达瓦次仁 等，2007）。而我们在三江源的持续研究也发现了类似的趋势，在 2009—2010 年间我们对三江源自然保护区的野生动物分布与冲突现状进行调查，调查覆盖青海省 4 个州 14 个县的 41 个村，其中 84 份报告显示该地区有棕熊分布，其中 24 份有人熊冲突发生（李娟，2012）。牧民报告的主要冲突形式为棕熊捕食家畜、棕熊破坏房屋和财产以及棕熊伤人。而首次严重冲突开始的时间普遍在 2003 年前后。

我们于 2010—2013 年期间，就人与棕熊冲突的话题，访谈了青海三江源国家级自然保护区管理局、青海省野生动物管理局的工作人员，三江源保护区索加保护站站长，索加—曲麻河核心区所在的五个行政村村长、各村村民小组组长。并使用半结构式访谈进行入户调查。根据关键人物访谈的结果，将研究区域内五个行政村的牧户分为有、无发生过人熊冲突两类，每类抽取大致相同的比例进行入户访谈，并逐年回访，更新冲突情况。访谈中，我们记录房屋的位置、结构、建造时间、游牧的形式和时间、冲突在各月份的发生频次与损失、牧民对于熊和其他野生动物的态度等，以及牧户的基本社会学信息。

在青海三江源自然保护区，人熊冲突主要表现在棕熊破坏房屋、棕熊捕食家畜和棕熊伤人三种形式。而在本研究区域的五个村，已经多年（>10 年）未有棕熊伤人的事件发生，冲突的主要形式集中在破坏房屋和捕食家畜，不过在不同村庄，程度略有不同（表 4-8-11）。

即使本研究区域已多年未有棕熊伤人事件，基于长期在社区的访谈我们仍了解到，在 2009 年和 2012 年仍各有一起使用锁套捕猎棕熊的事件，有至少两只成年棕熊被杀害，2013 年则有一起试图捕杀棕熊被野生动物管理部门发现的事件，有 3 只幼熊最终被送往西宁动物园。

棕熊进入牧民房屋后，主要取食风干肉、面粉、白糖、酥油以及牛羊饲

表 4-8-11   2000—2011 年间，棕熊损坏各村房屋情况

行政村	牧户数 / 人	被熊损坏房屋 / 间	百分比 /（%）
措池	170	120	70
当曲	270	216	80
牙曲	250	200	80
君曲	154	151	98
莫曲	210	209	99

料，与此同时，为了进入房屋和寻找食物，它们还会损坏门窗、墙壁、柜子、炊具甚至衣物。

在 2010—2012 年间，研究区域内有 24 户牧户确定有羊只被棕熊捕食，共计 201 只，均于半夜发生于羊圈中。由于牦牛和马体型较大，未有牧民反映牦牛和马匹被棕熊捕食。由于缺乏放牧的劳力，更多的牧民选择放弃养羊而只放牧牦牛，因此棕熊对家畜的伤害只造成了本区域少数（20.3%）牧民的损失，牧民抱怨程度较轻。

2010—2013 年间，我们对上述五个村近 200 户牧户进行了入户访谈，被访谈牧户 100% 为藏族，83.6% 从未上过学，11.7% 的牧民上过小学一二年级或扫盲班，没有人有小学以上学历，因此，他们几乎不懂汉语，访谈需要通过翻译进行。对于冲突时间格局的入户访谈共回收有效问卷 161 份，从中我们得知，索加乡 4 村从 20 世纪 90 年代初期开始有棕熊进入房屋的事件发生，而大面积爆发则在 2001—2003 年前后，而措池村由于地理位置更加偏远，1995 年开始才有牧民建房，2010 年前后首次出现棕熊进入房屋的事件。

人熊冲突的时间格局

棕熊在这一地区的冬眠时间一般为 11 月下旬到次年 3 月初，其中在 12 月和 1 月也偶有牧民目击记录，可能是冬眠中苏醒游荡的个体。棕熊破坏房屋主要发生在夏季（5—8 月），在 2011 年，78.2% 的破坏房屋事件发生在夏季，而 2012 年则为 81.2%（图 4-8-29）。利用卡方检验分析了不同季节的冲突变化，显示因季节不同，破坏房屋的频次有显著差异（x^2 =412.3，p=0.000）。

通过访谈得知，研究区域内部分牧民借助于生态移民的政策搬迁至治多县城和格尔木市移民点，或将家畜变卖，或部分托给亲戚看管，放弃了原有的

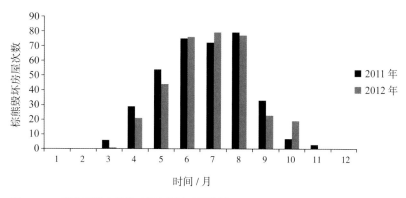

图 4-8-29　研究区域内棕熊破坏房屋的时间格局

游牧生活。仍然生活在牧区的居民，在政府的帮助下，大多数都在村里有了属于自己的房屋，不再常年居住于帐篷内。但由于生活习惯（部分牧民觉得夏季住在帐篷里比住在房子里更舒适）和放牧需要（房屋一般修建于冬季草场上或交通方便的路边，长期在一小片区域内放牧会使得草场退化，不够家畜食用），大多数牧民仍延续了游牧的习俗，即根据季节不同，将牛羊等家畜放牧至不同区域。在本研究区域内，根据各户的实际情况与每年季节情况，牧民通常在每年 4 月前后搬离冬季草场上的定居点，举家迁至夏季牧场放牧，9 月左右搬回。这一习俗与我们访谈得到的棕熊破坏房屋的时间格局相吻合。

　　访谈中我们发现，在三江源，牧民驯养的家畜主要为牦牛、绵羊、山羊和马。由于绵羊和山羊相对于牦牛体型较小，容易被食肉动物捕食，需要更加细心地照料和放牧管理，而义务教育的普及使得当地牧民改变了传统上孩子放牧的方式，从而更缺乏放牧的劳力，摩托车和汽车的使用则部分取代了马匹的作用。在过去的五年中，本研究区域 70% 的牧户由于此原因放弃养羊，减少马匹，仅饲养牦牛。在 2010—2012 年间，多于 95% 的牧民的家畜被狼、雪豹、棕熊袭击，其中有 40% 是棕熊造成的。不同于狼和部分雪豹的袭击，棕熊主要利用晚上偷袭羊圈内的羊只，基本没有能力攻击牦牛和马。从季节上看，

74.3% 的棕熊捕猎家畜事件发生在 8—10 月，其中 40.0% 发生在 10 月（图 4-8-30）。

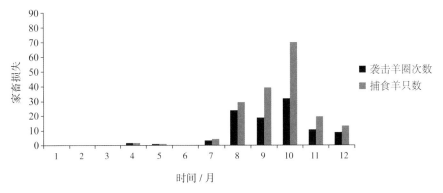

图 4-8-30　研究区域内棕熊捕食家畜的时间格局

在研究中我们发现，棕熊主要在夜晚袭击羊圈中的羊只，并不惧怕狗的防御。棕熊捕食家畜的事件多发生在 8—10 月，这正是该地区棕熊冬眠之前需要大量摄入高能量食物囤积脂肪的季节。而在这一季节，棕熊的主要自然食物旱獭已部分冬眠，旱獭冬眠时洞穴相对较深、洞口封闭，同时由于土壤冻结，挖掘更为困难。棕熊的自然食物在秋季相对于夏季有所减少。因此我们推测，这一冲突发生的高峰可能与棕熊、旱獭的冬眠习性有关。

人熊冲突的经济损失

人熊冲突在本研究区域给当地牧民带来的经济损失主要有三种类型：棕熊破坏房屋时带来的门窗、家具、电器等的损坏；棕熊取食牧民房屋、仓库中的面粉、酥油、青稞、白糖、牛肉等食物；家畜被棕熊杀害、捕食带来的损失。

在计算棕熊带来的经济损失时，我们根据 2013 年青海玉树州治多县的物价进行大致估算，物品价格如下：食物中，面粉 70 ~ 80 元 / 袋（25kg），青稞 35 元 / 袋（7.5kg）；饲料 100 元 / 袋（25kg）；白糖 10 元 /kg；曲拉 40 元 /kg；酥油 60 元 /kg；植物油 150 元 / 桶。家具：锅架 1000 元 /m；茶几 1000 ~ 2000 元 / 对；带金属窗框窗户 800 ~ 900 元；门 500 元 / 扇。家畜：母牛 6000 ~ 7000 元 / 头；公牛 10 000 元 / 头；大羊 900 元 / 只。根据《青海省统计年鉴 2012》和治多县农牧局的访谈（赵翔，个人交流）结果，曲麻莱县 2011 年农村居民人均纯收入为 3129 元，平均每户 2.9 人，治多县索加乡四村 2011 年 80% ~ 90% 的居民人均纯收入低于 2300 元，低于治多县平均收入 3100 元，平均每户 2.8 人。由于措池村与索加乡四村均位于其所在县腹地，为该县的贫困村或极度贫困村，我们使用 2300 元 /（年·人）用于计算户均收入与损失比例。

在棕熊带来经济损失的调查中，我们回收到有效问卷 118 份。在有棕熊进入房屋的牧户中，2010—2012 年间，平均损失约为 1931 元 /（年·户）（n=99），损失最大的家庭一年损失近 10 000 元，当地居民由于棕熊进入房屋损坏食物和家具带来的户均损失为 1523 元 / 年。相对于普遍发生的房屋、家具等损坏，棕熊偷袭捕食羊只给养羊户带来的经济损失更重，但危害范围更小，在 2010—2012 年间，研究区域内确定被棕熊捕食的羊 201 只，对于饲养羊只的家庭每户平均损失约为 8300 元 / 年（n=24），对于该地区来说，户均损失为 1688 元 / 年。经计算得，人熊冲突带来的经济损失占该地区牧民纯收入的 49.9%。

研究区域五村 1054 户每年因棕熊破坏房屋共损失约 1 605 000 元，因棕熊捕食家畜共损失 1 779 000 元。

相对于三江源其他地方，棕熊在本研究区域与人冲突带来的户均经济损失 1523 元 / 年（因进入房屋）和 1688 元 / 年（因损失牲畜）是非常高的，远高于三江源其他地区棕熊捕食家畜带来的户均经济损失 347 元 / 年（Li et al.，

2013），而对于破坏房屋带来的损失估算，本研究则属首次。因此，在这一区域研究三江源地区的人熊冲突情况和原因具有代表意义。

此外，由于索加乡和措池村人口为纯牧民，地处偏远、交通不便，是当地著名的贫困乡，人均收入低于三江源地区的平均水平。每年近一半纯收入由于人熊冲突而损失，给当地牧民的生活带来了严重的负面影响。

当地牧民对棕熊的态度

人熊冲突在人与棕熊共存的区域广泛存在，被认为是野生动物管理和影响濒危野生动物保护的重要因素之一。人对于野生动物的态度和行为通常会受到损失程度、文化形象、宗教信仰、经济价值等很多因素的影响（Manfredo et al.，2004；Distefano，2005）。不同于世界其他地方人熊冲突多表现为破坏庄稼和捕食家畜，三江源区域的主要冲突形式为直接破坏人类房屋，造成财产损失甚至可能危害人身安全。

在访谈中，有159个牧民谈到了自己对棕熊的看法，这其中没有人"喜欢"棕熊，20.1%的牧民表示害怕棕熊，希望杀掉或者驱逐自己草场上的棕熊。对于食肉动物伤害家畜的现象，由于从古至今都有发生，牧民多表示可以理解和接受，但对于近年来才出现的棕熊破坏房屋现象，他们则表示不能理解和不可接受。尽管在130户牧户中，58.5%的牧户表示棕熊破坏房屋是影响他们生活的最主要因素，这其中仍有26.3%的牧户不愿意伤害棕熊或者驱赶棕熊，他们认为，棕熊也是草场上的一部分，如果消灭了棕熊可能会带来其他更不好的后果。

从访谈数据分析得知，虽然相对于破坏房屋带来的经济损失，棕熊捕食羊只带来的户均损失更大，但由于养羊牧户逐年减少，以及相对于其他食肉动物，棕熊并不是牛羊的主要威胁，牧民对棕熊捕食牛羊的抱怨程度低。此外，由于在藏族游牧文化中有"不以人类目前利益标准来判断自然界生物优劣"的传统，少有"害虫害兽"的观念，不少人认为食肉动物捕食家畜是因为"年景不好"、动物生活所迫，祖祖辈辈的放牧生活中都是如此，因而是可以理解和接受的（汪玺 等，2011a，2011b）。

在我们的研究区域，如今几乎没有牧民伤害野生动物。在112名回答了"为什么不伤害野生动物"这一问题的牧民中，不少牧民给出了不止一个原因（表4-8-12）。我们将原因出现的次数和比例统计如下：75.0%的牧民表示，政府成立三江源自然保护区，宣传保护野生动物是他们不再打猎的原因之一；而50.9%的牧民则认为，伤害动物在宗教上是罪孽，会带来不好的影响；更有20.5%的牧民表示，如今生活水平比20世纪五六十年代大有好转，饲养的家畜足够食用，也就没有必要再打猎了。此外在这一地区，以藏族人为主体的本土自然保护组织"三江源自然保护协会"于2002年成立，该组织创建了索加乡生态保护管理委员会，建立了五大民间社区自然保护小区，并在措池村实施

表4-8-12　牧民不伤害野生动物的原因

原因	计数	次数百分比 /（％）	人数百分比 /（％）
保护区法规和宣传教育	84	44.2	75.0
宗教上认为杀生是罪孽	57	30.0	50.9
生活好，没必要	23	12.1	20.5
收枪后没有能力捕猎	17	8.9	15.2
非政府组织（NGO）的宣传教育	4	2.1	3.6
其他	5	2.6	4.5
总计	190	100	169.6

了中国第一个生态协议保护项目，对当地野生动物监测和保护宣传也有着很深远的影响。

现有防范措施的效果

我们对房屋所在位置、屋内是否有人居住等与遭棕熊侵害房屋的频次做了分析，结果显示，棕熊对房屋的破坏程度与牧民的游牧习惯，即每年有多长时间呆在冬季牧场的房屋中显著负相关，人在房屋中时间越长，对房屋照看越好，人熊冲突的发生便越少。房屋被破坏的强度与房屋在保护区的实验区、缓冲区还是核心区无关，与房屋建造的位置距离石山（棕熊冬眠洞和卧迹所在地）的距离也无关，即只要在棕熊的活动范围内，都有可能成为棕熊侵害的目标。

为了减少棕熊破坏房子，当地牧民尝试了多种防范措施，例如开门，即在离开房子，搬去夏季牧场时，打开屋门，或者播放音乐，做出有人在家的样子；又如搬走食物，不在房子里面留下食物；以及安放铁丝网或带刺丝的围栏等。然而，从访谈中我们了解到，上述的防范措施实际上都没有起到明显的作用，说明棕熊是一种非常有能力的生物，能够识别出真有人，还是假装有人，而且具有一定的破除障碍的能力。然而，改善房屋的建筑材料，如采取实心砖加外层水泥墙，窗户使用牢固的金属护栏加固的方式则可减少损失。

人熊冲突的驱动力分析

已有研究表明，棕熊的食性不仅与食物的可获得性有关，同时还会权衡食物营养与能量获取（Welch et al.，1997；Rode et al.，2000；Rode et al.，2001；Felicetti et al.，2003；Press et al.，2013）。而已有对棕熊食性进行分析的研究也表明，在棕熊活动区域与人类活动重叠时，棕熊或多或少会取食人类来源食物（Camarra，1986；Clevenger et al.，1992；Paralikidis et al.，2010）。

本研究区域在20世纪50年代之前没有人类居住，目前的村落为此后从治多县迁入并定居，在20世纪90年代实行四配套工程之前，这一地区牧民过着完全游牧的生活，所有的生产生活工具都随人搬迁。在实行四配套工程和2000年前后陆续落实游牧民定居工程之后，政府投入资金帮助牧民建房屋、羊圈，使得牧民在冬季可以住在更加保暖的房屋中，也为牧民购买、储存食物提供了条件。然而由于草场的承载能力，放牧无法固定在一小片区域内，牧民仍需要在不同季节将家畜放牧至不同草场，以保证冬季回到房屋居住时，周围草场可供家畜过冬。这一改变使得房屋在夏季（或春夏秋三季）无人看管，成为棕熊新的、更高效的食物来源。

棕熊袭击房屋主要取食房屋中的面粉、白糖、酥油、青稞、风干肉（牦牛肉）、家畜饲料等食物。从入户访谈中我们得到棕熊每年袭击每个房屋次数与当年损失的食物种类和数量，由此计算棕熊每次进房子平均可获得能量1 125 425 kJ（可以获得，未必吃完）。棕熊袭击房屋最多需要挖掘0.3 m³（1m×1m×0.3 m）土方。从对棕熊卧迹位置与房屋位置计算得到，从卧迹（n=28）走到最近房屋的平均距离为（3095 ± 52）m。

根据对调查样线上棕熊挖掘旱獭痕迹的测量得到，挖一只旱獭平均需要挖掘土方数为（1 ± 0.64）m³（n=23），同样使用旱獭的平均质量——6 kg（1250 g脂肪 +10% 血液 +30% 肌肉）来计算吃一只旱獭可获得的能量为51 300 kJ。

根据鼠兔调查我们得知，本区域鼠兔平均体重为（159.1 ± 7.3）g，捕食一只鼠兔可获得的能量是捕捉一只旱獭所获得能量的2.7%，即捕捉37.5只鼠兔获得的能量与1只旱獭相当。从对鼠兔的密度调查我们得知，在鼠兔密度最高的破碎化高寒草甸，鼠兔密度约为2只/10 m²（约为一个旱獭家族夏居洞穴面积）（张广登 等，1984），即使该范围内鼠兔全部被捕捉，仍远低于其挖掘旱獭收获的能量。

根据上述测算，由破坏房屋而得到人类食物能量的获得／投入为挖掘旱獭的 70 倍以上，而单位面积内捕食鼠兔所获得的能量远低于捕食旱獭。棕熊获得食物的利益代价比为：人类房屋中食物＞旱獭＞鼠兔，因此棕熊在夏季最经济的行为模式便是优先寻找人类房屋、获取房屋内食物，其次为挖掘捕捉旱獭，再次为捕食鼠兔。

因此我们认为，减缓人熊冲突的首要因素是改变这一行为的利益代价比，即普遍提高进入房屋的能量消耗或降低乃至消除房屋中可利用的食物资源。此外，保护棕熊的夏季自然食物旱獭和鼠兔，尤其是被灭獭政策极大降低种群数量的旱獭，亦有利于增加其捕获自然食物的效率，从而帮助缓解人熊冲突。

对于防止熊类获取人类来源的食物，阻止其改变自然习性，习惯在人居附近活动，国外多采取使用带机关的铁皮箱保存食物和垃圾的方法。这一方法成本低廉，简单易行，其原理是阻隔熊类被人类食物的气息吸引以及使熊无法获得箱中食物或垃圾。但在本研究区域，由于当地牧民的传统生活习惯，牧民房屋中除食物之外的各种家具，甚至衣物、被褥等都散发着酥油等食物的气味，这也是牧民抱怨棕熊造访时不光破坏面粉、风干肉，连被褥、沙发也遭到啃食和破坏的主要原因。此外，这一地区没有统一的垃圾存放与回收点，生活垃圾通常都随意摆放在房前屋后，厨余垃圾通常被牛羊及狗取食，难以降解的物品如衣物、橡胶轮胎等则长期堆放在房屋附近。因此，我们很难设计类似装置存放食物以及所有带有食物气息的家具来防止棕熊侵扰。

而使用空心砖，外墙用水泥加固，窗户使用牢固的金属护栏加固的方式可以增加棕熊造访时破获和进入房屋的难度，从而降低其进入房屋的次数。这实际上是增加了棕熊取食时能量的投入。而设置电围栏达到的也是同样的目的。

防熊电围栏的试用

在人与熊类长期共存的国家和地区，尤其是欧美发达国家，对熊类的防范和管理已有相对成熟的方法。如对于人类食物及厨余垃圾放入坚固容器中保管，使用电围栏保护家畜，在有熊出没的地方设立警告牌规范游客行为，捕获或猎杀造访人类密集区的熊类等（Masterson，2006）。考虑到研究区域牧民的生活习惯和棕熊在我国种群数量不大，仍为保护动物的现状，我们选取了防熊电围栏的方式在当地进行实验。

自 20 世纪 70 年代开始，电围栏被证实对于防止野生动物伤害十分有效并在世界范围内被广泛使用。被用于包括但不局限于人与狐狸、大象、猞猁、郊狼、野猪和熊的冲突防治上（Fernando et al.，2005；Woodroffe et al.，2005；Geisser et al.，2004）。在人熊冲突的防治上，电围栏被用于防治熊类袭击蜂箱、家畜、垃圾场和露营地等方面，其缺点则是购买和维护费用较高（Woodroffe et al.，2005）。

2010 年和 2011 年我们在措池和君曲两村召开村民大会，由当地牧户自行投票选出村里遭熊袭击较多、损失较大且较为贫困的牧户共 11 户，与三江源自然保护区管理局合作，购买了电围栏并进行示范安装。电围栏使用防水的太阳能电池供电（Solar S17，Gallagher™），将房屋环绕并留出可供人和车辆进出的带电网活动门。同时，和三江源管理局的工作人员一起，每年两次回访牧户并对电围栏进行维护。

在 2012 和 2013 两年访谈了 8 户使用电围栏试点的牧户，了解他们在架设电围栏试点前后每年的人熊冲突情况和使用感受。从访谈中得知，在使用电围栏后，只要电围栏处于有电状态，棕熊便无法穿越围栏进入房屋。对牧户使用围栏前后（2005—2012 年）每年有无冲突进行的统计检验也表明，电围栏的防熊有效性是显著的（$n=8$，$p=0.001$）。同时，访谈中，有超过 90% 的牧户也认可电围栏是有效的防熊方法，而其他如刺丝网等防护措施基本无效（ n=171 ）。

通过对防熊电围栏的试点和评估我们发现其在减少、防止棕熊袭击房屋方面十分有效，牧民对其认可度也很高。但由于电围栏专用的提供高瞬时电压的防水太阳能电池需要从国外购买，仅电池就需要 3000 元左右的花费，加上购买固定桩和铁丝，一套电围栏总计花费在 4000 ~ 4500 元左右（取决于房屋大小、需要围栏长度和所选围栏铁丝的型号）。对于本研究区域牧民的收入来说仍是偏高的。由于电围栏的安装需要一定技术含量并需要随时维护，定期保养，而当地人文化普遍偏低，需要长期的技术支持。

在电围栏的使用过程中也有牧民反映，如果出现维护不当产生漏电将电池耗尽、围栏缝隙过大等情况，棕熊仍有可能袭击房屋。我们的 11 个电围栏试点和"起步高原"机构此前在这一区域的电围栏试点中，不少牧户在使用 3 ~ 4 年后由于没有合理维护，导致防熊效果下降而放弃了电围栏的使用。在实地访谈了解和与电围栏制造公司沟通中我们得知，铁丝与固定桩之间的绝缘材料（如塑料套管、摩托车内胎等）需要每年定期维护更换，铁丝大约每 3 年更换一次（或将普通铁丝替换为进口镀铬丝）即可防止生锈漏电、电池耗尽的现象。在正常使用情况下，进口防水太阳能电池的使用寿命能达到 10 年以上。由此我们估算，购买和维护防熊电围栏的成本 10 年间大约在 7000 ~ 8000 元左右。此外，每村几户安装电围栏无助于改善这一地区整体的冲突情况，也很难改变棕熊袭击房屋的行为习惯。

根据前文计算得知，棕熊破坏房屋每年给研究区域 1054 户牧民共带来约 1 605 000 元直接经济损失，10 年间如冲突情况不再继续加剧，将损失约 1600 万元。按安装防熊电围栏每户每 10 年需花费 8000 元计算，在这一地区房屋周围全部加装防熊电围栏的花费在 800 万元左右。除去经济受益，阻止棕熊破坏房屋还有助于维护牧民的人身安全，改善他们对于棕熊及其他野生动物的恐惧、反感程度，长远来看甚至可能改变棕熊的取食习惯。在人熊冲突日益严重的三江源自然保护区核心区域，这一投入无疑是十分划算的。

因此我们建议，将防熊电围栏作为三江源自然保护区生态工程的一部分，由政府投资推广，从整体上改善保护区内的人熊冲突情况，维护牧民生活安全的同时保护这一区域的野生动物。

通过宣传教育减少棕熊的直接伤害

从新闻检索、与青海省野生动植物和自然保护区管理局座谈、部分牧户访谈我们了解到，在本研究区域附近其他村，在牧民从事进山挖虫草、放牧等活动时，遭遇棕熊并被棕熊袭击的事件偶有发生。这些事件不仅直接威胁当地牧民的人身安全，还增加了人们对棕熊的恐惧与仇恨心理，不利于野生动物的保护工作。

对此，山水自然保护中心根据其他国家的经验，总结了简单的野外避熊办法和直接遭遇棕熊时的对应措施，以漫画的形式，配合简单的藏汉双语说明印制成小折页。我们在入户访谈时，同时发放该折页，并介绍其中知识，如避免单独一个人进山；遇到新鲜的棕熊粪便要及时回避、改变放牧路线；遇到棕熊时不要转身逃跑，而是面对棕熊缓慢后退等。该折页受到了牧民们的喜爱。

第五篇

保护三江源的生物多样性

为更有效地保护三江源的生物多样性，需要将保护的意愿落实到具体的行动上，即需要知道在物种上保护什么？空间上保护哪里？目标物种的种群数量保护到多少？对生态系统有哪些好处？改善目标物种栖息地中的哪些要素能达到最好的效果？以及哪些其他物种的状况与目标物种有关？等等方面的信息。在三江源，这样的信息缺口非常大，需要大量和长期的调查研究来填补。实际上，行动已经先于调查开始了，三江源保护的急迫程度已经等不及获得完备的知识，然而，缺乏必要的信息可能导致保护行动发生遗漏或错失目标，低效率，低成效，因无法评估成效而无法改善等诸多问题，因此，及时开展如本书中的田野调查和研究非常必要。

在保护生物学领域，信息的空缺大量存在，许多物种还没有被人类认识和记录，就因为人类的原因而绝灭。据 Mora 等研究，地球上已被定名的物种约有 120 万个，总物种数估计有 870 万个（Mora et al.，2011），二者之间相差的 750 万个物种是存在但未被定名的。Hortal 等将存在于分类定种、分布信息、种群数量、演化历史、生态功能、栖息地需求和种间关系等七个方面的信息空缺分别以相关领域的知名科学家冠名（Hortal et al.，2015），前述 750 万个物种的未被发现和定名的空缺被称为林奈空缺（Linnean Shortfall），以分类学的奠基人林奈（Carl Linnaeus）命名。到 2019 年，在 120 万个物种中，国际自然保护联盟（IUCN）评估了其中的 105 732 个物种，其中有空间分布信息的有 81 323 种，缺乏分布图或者分布图不完全这类物种分布信息上的空缺被命名为华莱士空缺（Wallacean Shortfall），以生物地理学的奠基人之一华莱士（Alfred Russel Wallace）命名。在林奈空缺的填补过程中，往往能够抢救性地发现和保护一批物种，而填补华莱士空缺则可以使得保护设计更加科学和有效率，这些都是保护生物学中最急迫的前置行动。

保护国际的生物多样性快速评估项目以及由北京大学主持的"生物多样性快速调查"都以填补林奈空缺（发现新种）和填补华莱士空缺（记录物种分布信息）为主要目标，后者在藏东南（2007—2008），四川的九龙县（2008），内蒙古额尔古纳河流域（2008—2010），广西的崇左（2009）和黑龙江的漠河和伊春（2010）等的 5 个项目区域组织过 8 批次的野外调查，调查中共发现 42 个新种、1 个新亚种、3 个物种分布的中国新记录和 125 个物种分布的省区新记录，这些调查填补了大量生物多样性信息方面的空白。

为了更有成效地保护三江源，仅仅对上述两类空缺进行填补还是不够的，因此我们在三江源的生物多样性快速调查中，以及同期开展的草地、鼠兔和棕熊研究中，包含了对草地生物量和变化的评估，对鼠兔、旱獭种群数量和生物量的研究，对岩羊的种群数量研究，对棕熊的食性和与旱獭、鼠兔及人之间种间关系的研究。这些调查和研究成果除增加科学知识外，能够贡献到三江源保护政策的制定和行动建议上，这是我们的主要目标。

2012—2014 年在三江源实施的生物多样性快速调查，由北京大学自然保护与社会发展研究中心、影像生物调查所 (IBE) 和青海三江源国家级自然保护区管理局三方共同实施，其间与山水自然保护中心（以下简称山水）密切合作，在野外得到了很多山水员工的支持和协助，取得了一批有价值的直接科学发现，并在此基础上提出了下一步研究和有效保护三江源生物多样性的建议。我们将在本章中简要汇总这些发现和建议。

本书中的发现和建议还远远达不到有效保护三江源生物多样性的目的，更有效的保护需要更多和更长期的田野研究（表 5-1 ~ 表 5-5）。

表 5-1　草地研究的发现和建议

主要发现	● 三江源草地地上生物量的空间分布不均衡，呈现与人口密度、水热条件类似的梯度分布。
	● 本次调查中涉及的两种草甸植被的地下 / 地上生物量比值（最高可达 103 倍）均远高于文献记载（最高约 7 倍），这说明目前依据地上生物量估算的草地生态系统碳储量和固碳潜力可能被大大低估了。
	● 2000 年以来，地上生物量总体没有显著变化。不同地区的时间变化格局不一样。有 22% 的面积的生物量显著增加，主要在三江源的北部和西部，如可可西里保护区、玛多县、兴海县、同德县和泽库县的北部，多为连片分布；有 16% 的面积显著降低，比较零星地分布在中部和南部；另有 62% 的面积没有显著变化。
	● 依据三江源行政单元的划分，草地明显变差的乡镇有：南部澜沧江源头杂多县的扎青乡、阿多乡、结多乡、苏鲁乡；囊谦县的尕羊乡、吉曲乡、白扎乡、觉拉乡、着晓乡、吉尼赛乡、东坝乡；东部黄河源头达日县的吉迈镇和窝赛乡，甘德县的上贡麻乡；西北部长江源头曲麻莱县的秋智乡和治多县的治渠乡，中部称多县的珍秦乡。
	● 调查中发现，在高强度放牧的嵩草草甸中，由于牲畜的取食和践踏，物种结构趋向单一化，虫媒花的种类和数量都变得稀少，从而降低了支持传粉昆虫生存的能力，相关样方中每朵花花期内被访问的次数已接近维持繁殖所需的底线 [1 次 /（朵・天）]。虫媒植物和传粉昆虫之间的负反馈可能导致草地生态系统中物种结构的不可逆变化。
研究和保护建议	● **建议将 MODIS-EVI 纳入常规监测体系**。遥感中的 MODIS-EVI 的大小可以反映生物量的多少，且数据的时间分辨率很高，适于评估草地的变化。然而用此方法监测到草地盖度或生物量降低时，有较大把握判断草地质量变差；反之，则需要谨慎。因为植被盖度或生物量的增加，不一定表明草地质量变好，还要更多考虑群落结构等特征的变化。

研究和保护建议	● **要提高草地保护措施的成效，需深入了解牧民的状况和需求。** 牧民对草地的认识提供了别样的视角和更丰富的评价指标。牧民眼中的草场包含草场和家畜，草地对家畜的供养能力是牧民最看重的。家畜是其认识和管理草场的重要媒介，家畜长得好是好草场的标志。这些与研究和政策中的草场概念不同。
	● **鼠兔—熊蜂—有毒植物可能构成一个相互促进的系统，其中的互动关系及其对草地生态系统演替的影响值得进一步关注。** 由于构成草甸的优势物种（如嵩草）扩散较慢，由鼠兔和人类活动造成的裸地往往先被一些双子叶植物占据。这些植物大多有毒（如乌头属等），不会被动物采食；它们开花很多，能吸引和支撑大量的熊蜂，而极高的熊蜂访问频率［可达 50 次/（朵·天）］也保证了大量的种子生产；此外熊蜂还能利用废弃的鼠兔洞营巢。
	● **适当禁牧，能提高草地物种（包括植物和传粉昆虫）的多样性水平。** 一个健康的草地生态系统需要足够的传粉者，因此保留一些虫媒植物群落以养育传粉昆虫是有必要的。

表 5-2　昆虫（包括蚂蚁）研究的发现和建议

主要发现	● 昆虫资源特有种占的比例较高，水生昆虫丰富；所采集的昆虫与蜘蛛标本的鉴定结果统计，总计 358 种，隶属 2 纲 53 科 171 属，其中新种 55 种，中国新记录种 1 种，青海省新记录 24 种。（未包括蚂蚁。）
	● 调查的种类，鳞翅目、鞘翅目、膜翅目、双翅目的种类占比很高。绢蝶属的种类是国家二级保护动物，在三江源地区相对分布较广，通常栖息在 3500 ~ 5000m 的高寒山区。绝大多数绢蝶生活在人迹罕至的雪线附近，这些地区气候恶劣，交通不便，一般的爱好者难于到达，使绢蝶成为珍稀的类群。
	● 水生昆虫资源丰富，三江源地区淡水资源丰富，且水质没有污染。水生甲虫、毛翅目、襀翅目种类丰富。这次调查研究的区域主要为三江源的源头地区，采集的标本有新种与稀有种。这说明三江源地区相关类群比想象的丰富，有待深入研究。
	● 膜翅目叶蜂类新种数量令人意外。调查期间，可能正好是叶蜂羽化的高峰期，采集的标本不仅种类多，且新种占的比例高。

主要发现	• 三江源地区环境苛刻，蚂蚁种类稀少。在黄河源头青海省玛沁县和玛多县、大渡河源头青海省班玛县和久治县境内仅采集记录蚁科昆虫 13 种，在澜沧江源头地区囊谦县和杂多县境内仅采集记录蚁科昆虫 12 种，物种丰富度稍低于大小兴安岭地区（15 种），明显低于内蒙古额尔古纳地区（26 种），远不能与藏东南地区（222 种）相比。
	• 在蚂蚁调查中，记录到 2 个待定种，3 个中国新记录种和 9 个青海省新记录种。
	• 随着海拔上升，蚂蚁物种丰富度依次递减。在黄河源头区域和澜沧江源头区域观察到了明显的蚂蚁群落分布上限，其中雪山乡阿尼玛卿山周边海拔分布上限为 4150m，在玛多县扎陵湖乡海拔分布上限为 4380m，在澜沧江源头拉荣河谷分布上限为 4530m。
	• 黄河源头和大渡河源头地区虽然蚂蚁物种贫乏，但是少数优势种的种群数量相当可观，在自然生态系统中的功用十分重要。在班玛县灯塔乡云杉林中的科氏红蚁、莱曼蚁和四川凹唇蚁；在久治县白玉乡的四川凹唇蚁、光亮黑蚁、科氏红蚁和岩缝红蚁；在玛沁县雪山乡的四川凹唇蚁、光亮黑蚁和科氏红蚁；在囊谦县觉拉乡的深井凹头蚁的蚁巢平均密度为 7.6 巢 /100m^2。按每巢平均个体数量 500 头统计，平均个体密度为 38 头 / m^2。
	• 随着海拔依次递增，黄河源区灯塔乡、白玉乡、雪山乡、玛多县 4 个调查点的蚂蚁物种依次递减；澜沧江源区白扎乡、觉拉乡、昂赛乡、扎青乡 4 个调查点蚂蚁群落的多样性指数和均匀度指数依次递减，优势度指数依次递增，均符合山地条件下蚂蚁多样性的一般分布规律。黄河源区海拔较低的白玉乡蚂蚁群落的多样性（1.6260）最高，优势度最低（0.2311），显示位于年保玉则核心区的白玉乡拥有更稳定的蚂蚁群落。此外，受人类干扰最小的雪山乡蚂蚁群落表现出最高的均匀度（0.8646）。
研究和保护建议	• **加强对昆虫的调查和研究。** 本次调查中的一些类群（包括水生昆虫，叶蜂类）发现数种，甚至数十种新种。目前的调查研究还远远不够，有待加强。
	• **加强对虫草蝙蝠蛾资源的保护。** 尽管三江源地区虫草蝙蝠蛾分布较广，但有些地方存在无序采挖的情况，不利于资源的保护，需加以改善。
	• **对蚂蚁的分类学和生态学研究有重要意义。** 三江源区域蚂蚁的群落相对简单，但是这些有限物种的起源、扩散和自然选择优势在生态学上具有重要意义，在该地区生境改良和物种协同进化中具有特别价值，值得进一步研究。

表 5-3　鱼类研究的发现和建议

主要发现	• 据历史资料记载在大渡河正源的玛可河内栖息的鱼类有 6 种，但本次采样中仅采集到了 2 种。本次调查的结果和相关的文献资料均证明，玛可河的鱼类资源处于衰退的进程中。 • 引起鱼类资源衰退的因素主要来自于偷捕和河流筑坝等人类活动。尽管玛可河区域的当地藏族牧民不食用鱼类，对于鱼类保护更具自发性和普遍性，但仍不能杜绝有外地人进入此区域偷捕鱼类，目前川陕哲罗鲑、黄石爬鳅等种类在玛可河内近乎绝迹；水电建设阻隔了这些鱼类的洄游通道，压缩了鱼类的栖息地。 • 在澜沧江源区调查的鱼类以裂腹鱼亚科和条鳅亚科鱼类为主，这些鱼类均为适应高原生活的特有种类，具有生长缓慢、性成熟相对晚、繁殖力低的特性，其天然的鱼类产量并不高，不能承受超强度捕捞，一旦资源遭受破坏，难以在短期内恢复起来，需加强保护。
研究和保护建议	• **坚持玛可河禁渔的政策，杜绝非法捕捞**。在玛可河生活的鱼类均属于高原型鱼类，适应低温冷水环境，生长缓慢且性成熟年龄高。因此，鱼类群落对捕捞特别敏感，一旦遭遇过度捕捞，其资源恢复进程相当缓慢。2001 年修订的《青海省实施〈中华人民共和国渔业法〉办法》规定玛可河及其支流为常年禁渔区；2008 年，农业部批准在玛可河建立玛可河重口裂腹鱼水产种质资源保护区。重点保护重口裂腹鱼，川陕哲罗鲑、黄石爬鳅、齐口裂腹鱼等也被列入了保护名录。在保护区及周边群众的支持下，玛可河的禁渔措施取得了一定的效果，但需严防外地不法分子进入区域内偷捕，杜绝发生类似 2004—2005 年的"毒鱼"事件。 • **停止玛可河的涉水工程建设**。近年来，在大渡河上游已规划了数量众多的梯级电站；南水北调西线工程将穿越玛可河地区。这些涉水工程的建设，势必会对栖息于此的鱼类产生影响，包括阻隔洄游、分割栖息地、改变自然水文节律和饵料环境，这些都将给鱼类造成不利影响。因此，建议在玛可河区域内停止相关的涉水工程建设。 • **科学进行澜沧江的水电工程建设**。目前，澜沧江上游区域正在进行大规模的水电开发，在建坝后，河流形态改变成人工湖泊，由于阻隔洄游、分割栖息地、改变自然水文节律和饵料环境等影响，原来适应于激流生活的裂腹鱼类和鳅类将不再适应新的水域环境，有可能导致这些鱼类的灭绝。因此，在此区域内开展水电工程建设必须经过严格的环境影响评价程序，确认工程建设对鱼类的影响较小或者影响减免措施能够起到保护鱼类的效果，方可开展。

研究和保护建议	● **在玛可河相关区域，开展川陕哲罗鲑、黄石爬鮡等珍稀特有鱼类的种群恢复计划。**本次调查未能对玛可河干流进行详尽的鱼类采样。因此不能排除在干流仍有川陕哲罗鲑、青石爬鮡栖息的可能。建议在玛可河区域，特别是干流区段进行大规模的鱼类资源调查，查清川陕哲罗鲑、黄石爬鮡的资源现状。若捕捉到活体，应尽快开展人工繁育工作，通过放流人工繁殖的苗种以实现种群的恢复。同时也应积极考虑外地引种，对现有的水域环境进行调查，评估引种的安全性。
	● **在玛可河相关区域，开展大渡软刺裸裂尻鱼人工繁育的相关研究。**大渡软刺裸裂尻鱼为长江上游特有种，主要分布在大渡河、岷江上游的干流和支流中，全长可超过 25cm，具备一定的经济价值。从本次调查的结果来看，大渡软刺裸裂尻鱼为玛可河流域的优势种，目前具有规模较大的资源群体。建议在玛可河流域建设繁育基地，开展人工繁育的相关研究与试验。生产的苗种一部分可作为其他水域放流的苗种来源，另一部分可用于经济鱼类的养殖。
	● **在澜沧江流域，开展鱼类的生物学及生态需求研究。**澜沧江上游水系的鱼类资源调查缺乏系统性和完整性。有必要对澜沧江源区以及各支流进行全面调查，摸清现有种类、数量及分布范围，特别是针对澜沧裂腹鱼、裸腹叶须鱼等保护鱼类的生物学及生态需求进行研究，了解这些鱼类的习性，以便制定有效的保护措施。
	● **在澜沧江流域，开展社区鱼类保护宣传。**目前，澜沧江流域尚缺乏渔政机构，鱼类保护工作主要是当地的藏族群众和寺院自发性保护，这些保护工作者需要专业的鱼类保护知识，例如鱼类分类、生物学及生态学特征、鱼类救护等，另外一些不合理的放生也会导致引入种与土著种的竞争，因此需要对这些保护工作者及流域内的群众进行鱼类保护的科学宣传，提高这些特有种类的保护效果。

表 5-4　两栖和爬行类研究的发现和建议

主要发现	• 在黄河源区进行的调查共发现两栖爬行动物 3 目 7 科 8 属 10 种。
	• 三江源地区的 10 个物种中，1 种属古北界区系成分（花背蟾蜍）；2 种广布于古北东洋界（青海沙蜥、秦岭滑蜥）；7 种分布于东洋界，其中西南区 4 种（西藏山溪鲵、西藏齿突蟾、刺胸猫眼蟾、高原林蛙），3 种分布于青藏区和西南区（西藏蟾蜍、倭蛙、红斑高山蝮）。三江源流域无特有种。
研究和保护建议	• **加强三江源区域的两栖类监测。** 随着社会经济发展，三江源地区面临着全球气候变化逐渐加剧，野生动物栖息环境质量减退，栖息地破碎化，生物多样性降低等多种威胁，两栖动物是非常好的指示生物，可以用来监测和评估保护成效，三江源的西藏山溪鲵、西藏齿突蟾、西藏蟾蜍、高原林蛙可作为指示生物予以系统监测。
	• **为两栖类迁移设置生态涵洞。** 在三江源地区的道路规划和建设过程中，生态学家和道路规划者应该紧密合作，在两栖动物常迁徙的位置要建设生态涵洞，开展持续的后期监测，评估动物保护措施的有效性。
	• **在国家公园范围外，设置必要的两栖爬行动物保护机制。** 乔慧捷等（2018）分析了 4 种两栖爬行动物（高原林蛙、倭蛙、西藏齿突蟾和青海沙蜥）的栖息环境条件与三江源国家公园边界的关系，发现两栖爬行动物所偏好的环境条件较多未包含在国家公园内，这些两栖爬行动物在国家公园内难以得到有效的保护。

表 5-5　兽类研究的发现和建议

主要发现	• 调查得到三江源兽类共 59 种，其中小型兽类标本确认 27 种，直接观察到 1 种，资料记载 9 种，总计 37 种；大中型兽类直接观察和获得影像 25 种，资料记载 7 种，总计 32 种。
	• 本次调查获得了一批珍贵的研究标本，包括：青海松田鼠为地模标本，发表该种的模式标本就采集于青海玉树地区；白尾松田鼠为指名亚种 Neodon leucurucus leucurus；间颅鼠兔为指名亚种 Ochotona cansus cansus；川西鼠兔为玉树亚种 Ochotona gloveri brookei，地模标本和指名亚种对于物种的分类学研究有重要意义。

主要发现	• 鼠兔的生物量估算结果显示，以小嵩草和火绒草为建群种的破碎化的高寒草甸中鼠兔生物量最高，其次为发育较好的典型高寒草甸和荒漠草原，潮湿的沼泽草甸中鼠兔数量很低，以田鼠为主，整体啮齿类生物量也较低。根据研究区域各植被类型面积，计算得到索加研究区域内鼠兔生物量约为 23×10^6 kg。
	• 未灭鼠的区域内有效鼠洞或新洞穴的平均密度为 636.6 个 / 公顷，高于青海省制订的 150 个 / 公顷的灭鼠阈值，即所有调查区域都达到了需要实施灭鼠行动的级别，我们认为的 150 个 / 公顷的阈值达不到保护鼠兔等自然生态功能的目的。
	• 在岩羊种群调查中，基本了解了几个调查点上的岩羊数量，结构和密度状况。根据调查结果，保守估计云塔村 3 队的岩羊可以养活 8 只成年雪豹，夏日寺九琼科 6 只，牙曲村曲日荣尕沟 9 只，前多村 2 只。
	• 根据 157 份棕熊粪便样品的食性分析结果，青海三江源地区的棕熊以肉食为主，跟世界其他地方的棕熊草食性为主相比，本研究中的棕熊食性则有很大差别。
	• 三江源棕熊食物种类至少有 19 种之多。喜马拉雅旱獭是这一地区棕熊的主要自然食物，次重要的是鼠兔和岩羊。27.4% 的棕熊粪便含有来自人类的食物，包括青稞、牛羊饲料、绵羊和山羊。
	• 棕熊的食性在不同季节有很大不同。在春季，当主要自然食物之一旱獭仍然冬眠时，岩羊和植物是它的主要食物；在夏季，主要自然食物是旱獭和鼠兔，家畜和来源于人类房屋的食物也占了不小的比重；在秋季，旱獭较棕熊冬眠较早，在旱獭冬眠前（9 月），棕熊仍主要以旱獭为食，而旱獭冬眠后棕熊则寻找岩羊、植物等其他食物。
	• 三江源牧民报告的与棕熊冲突的主要形式为棕熊捕食家畜、棕熊破坏房屋和财产以及棕熊伤人，而首次严重冲突开始的时间普遍在 2003 年前后。
	• 棕熊破坏房屋主要发生在夏季（5—8 月），棕熊捕猎家畜事件发生在 8—10 月，其中 40.0% 发生在 10 月，在研究区域内，与人冲突带来的户均经济损失 1523 元 / 年（因进入房屋）和 1688 元 / 年（因损失牲畜），远高于三江源其他地区棕熊捕食家畜带来的户均经济损失 347 元 / 年。

主要发现	● 159 个牧民谈到了自己对棕熊的看法，没有人"喜欢"棕熊，20.1% 的牧民表示害怕棕熊，希望杀掉或者驱逐自己草场上的棕熊。
	● 当地牧民为了减少棕熊破坏房子，所尝试的开门、播放音乐、搬走食物以及安放铁丝网或带刺丝的围栏等防范措施，都没有起到明显的作用，而采取实心砖加外层水泥墙，窗户使用牢固的金属护栏加固的方式，以及本研究同期试用的电围栏等方式则可减少损失。
研究和保护建议	● **对小型兽类的分布进行更深入的研究**。27 种小型兽类中，包括小背纹鼩鼱，狭颅鼠兔等物种在分类鉴定上容易产生歧义，有些物种的分布很值得深入研究；文献记录中有 3 种鼠兔、3 种高山䶄在本次调查均没有采获，我们认为，已经调查了的区域不可能有这些物种分布，因为我们采集了区域内所有类型的生境。因此，它们可能在三江源自然保护区的其他区域有分布，需进一步核实。
	● **三江源区域的小型兽类很可能有令人惊奇的发现**。值得注意的是，该区域虽然物种数量有限，但由于前人工作不多，因此，区域内物种的标本在全国均很少，而这些物种对于系统进化的研究有重要意义。我们在邻近区域（西藏）采集了一些类似标本，经分子系统学研究，发现了新物种：林芝田鼠，并调整了青海松田鼠和白尾松田鼠的分类地位，重新校正了松田鼠属的分类特征（Liu et al., 2012）。这些工作证明了我们的上述观点。
	● **立即停止在生态保护区区域的灭鼠，禁止在自然保护区、国家公园内实施灭鼠的行动**。三江源的鼠兔和旱獭等被工程性灭杀的物种有重要的生态学功能，大规模毒杀还会影响食肉动物种群数量增长，并可能导致食肉动物对家畜伤害的增加。
	● **建议在社区岩羊监测中采用下面参数**。建议在每个区域选择一条岩羊密度最高的山谷，固定监测点进行定期计数和种群结构记录；一日中对岩羊监测的时段无须特别要求，社区可以自行商定方便实施又不影响生产生活的时间点，固定下来进行监测；每个月重复计数 1 次，而冬季前后的 11 月和 4 月计数 3 次；为保证实施规范性，在每个监测点立上标志（如玛尼石），监测员通过拍照的方式记录每群岩羊计数的时间和地点，以助于将流程标准化。

	● **探讨是否能通过改进调查方法来缩减岩羊调查方法的置信区间。** 由于岩羊自然群的大小不一，双观察者法导致对岩羊种群数量估计的置信区间比较大，是否能够通过改进调查方法缩窄置信区间，是未来工作值得探讨的问题。
研究和保护建议	● **文献中三江源地区灭杀鼠兔的政策导致了人与棕熊冲突增加这一结论还有待证实。** 鼠兔虽然在棕熊食谱中出现的频次不低，但由于其体型较小，所占的体积百分比和提供的生物量是远次于旱獭的，因此不是棕熊的主要食物。
	● **建议将防熊电围栏作为三江源自然保护区生态工程的一部分。** 由政府投资推广，从整体上改善保护区内的人熊冲突情况，维护牧民生活安全的同时保护这一区域的野生动物，向牧民发放防熊宣传材料，通过宣传教育减少棕熊的直接伤害。

- AOI T, 1985. Seasonal change in food habits of Ezo Brown Bear (*Ursus arctos yesoensis*) in northern Hokkaido [J]. Research bulletins of the college experiment forests, 42 (4): 721–732.

- APPS C D, MCLELLAN B N, WOODS J G, et al, 2004. Estimating grizzly bear distribution and abundance relative to habitat and human influence [J]. The journal of wildlife management, 68 (1): 138–152.

- ACHYUT A, HOPLINS J B, RAUBENHEIMER D, et al, 2012. Distribution and diet of brown bears in the Upper Mustang region, Nepal distribution and diet of brown bears in the Upper Mustang [J]. Ursus, 23 (2): 231–236.

- BINGHAM C T, 1903. The fauna of British India, including Ceylon and Burma. Hymenoptera 2. Ants and cuchoo–wasps[M]. London: Taylor and Francis: 506.

- BOLTON B, 1994. Identification guide to the ant genera of the world[M]. Cambridge: Harvard University Press: 222.

- BOLTON B, 2018. An online catalog of the ants of the world[R/OL]. [2018-12-21]. http://www.antcat.org/.

- BULL E L, TORGERSEN T R, WERTZ T L, 2001. The importance of vege tation, insects, and neonate ungulates in black bear diet in northeastern Oregon[J]. Northwest science, 75(3):244–253.

- BUTLER P A, 1971. Influence of pesticides on marine ecosystems[J]. Proceedings of the royal society of London , 177(1048): 321–329.

- CAMARRA J, 1986. Changes in brown bear predation on livestock in the western French Pyrenees from 1968 to 1979[J]. Ursus, 6: 183–186.

- CARVALHO F D, ESPOSITO M C, 2012. Revision of *Argoravinia* Townsend (Diptera: Sarcophagidae) of Brazil with the description of two new species[J]. Zootaxa, 3256: 1–26.

- CAUGHLEY G, 1974. Bias in aerial survey[J]. The journal of wildlife management, 38(4): 921–933.

- CLEVENGER A P, PURROY F J, PELTON M P, 1992. Food habits of brown bears (*Ursus arctos*) in the Cantabrian mountains, Spain[J]. Journal of mammalogy, 73(2): 415. Doi:10.2307/1382077.

- CORTI P, SHACKLETON D M, 2002. Relationship between predation–risk factors and sexual segregation in Dall's sheep (*Ovis dalli dalli*)[J]. Canadian journal of zoology, 80(12): 2108–2117.

- DEVKOTA B P, SILWAL T, KOLEJKA J, 2013. Prey density and diet of snow leopard (*Uncia uncia*) in Shey Phoksundo National Park, Nepal[J]. Applied ecology and environmental sciences, 1(4): 55–60.

- DISTEFANO E, 2005. Human-wildlife conflict worldwide: collection of case studies, analysis of management strategies and good practices[R]. Rome: Food and Agricultural Organization of the United Nations (FAO), Sustainable Agriculture and Rural Development Initiative (SARDI).

- DLUSSKY G M, 1965. Ants of the genus *Formica* L. of Mongolia and northeast Tibet[J]. Annales zoologici, 23: 15–43.

- EIDMANN H, 1941. Zur Ökologie und Zoogeographie der Ameisenfauna von Westchina und Tibet: Wissenschaftliche Ergebnisse der 2. Brooke Dolan–Expedition, 1934–1935[J]. Zeitschrift für Morphologie und Ökologie die Tiere, 38(1): 1–43.

- FELICETTI L A, ROBBINS C T, SHIPLEY L A, 2003. Dietary protein content alters energy expenditure and composition of the mass gain in grizzly bears (*Ursus arctos horribilis*)[J]. Physiological and biochemical zoology, 76(2): 256–261.

- FERNANDO P, WIKRAMANAYAKE E, WEERAKOON D, et al, 2005. Perceptions and patterns of human–elephant conflict in old and new settlements in Sri Lanka: insights for mitigation and management[J]. Biodiversity and conservation, 14(10): 2465–2481. Doi:10.1007/s10531-004-0216-z.

- FOGGIN P M, TORRANCE M E, DORJE D, et al, 2006. Assessment of the health status and risk factors of Kham Tibetan pastoralists in the alpine grasslands of the Tibetan Plateau. [J]. Social science & medicine, 63: 2512–2532. Doi: 10.1016/j.socscimed.2006.06.018.

- FORSYTH D M, HICKLING G J, 1997. An improved technique for indexing abundance of Himalayan thar[J]. New Zealand journal of ecology, 21(1): 97–101.

- FOX J L, 1989. A review of the status and ecology of the snow leopard (*Panthera uncia*)[R]. Seattle: International Snow Leopard Trust.

- GE D, WEN Z, XIA L, et al, 2013. Evolutionary history of Lagomorphs in response to global environmental change[J]. PLoS ONE, 8(4):e59668. Doi:10.1371/journal.pone.0059668.

- GEISSER H, REYER H, 2004. Efficacy of hunting, feeding, and fencing to reduce crop damage by wild boars. [J]. The journal of wildlife management,

68 (4): 939–946.

- GEIST V, 1971. Mountain sheep: a study in behavior and evolution [M]. Chicago: University of Chicago Press.

- GONG J E, HARRIS R B. 2008.The status of bears in China: country report[R].[2019-08-30]. https://www.researchgate.net/publication/237463228_The_status_of_bears_in_China_country_report.

- GRABER D, WHITE M, 1983. Black bear food habits in Yosemite national park [C]. Bears: their biology and management, 5: 1–10. Doi:10.2307/3872514.

- GUENARD B, DUNN R R, 2012. A checklist of the ants of China[J]. Zootaxa, 3558 (3558): 1–77.

- HARRIS R B, LOGGERS C O, 2004. Status of Tibetan plateau mammals in Yeniugou, China[J]. Wildlife biology, 10(2): 91–99.

- HARRIS R B, WINNIE J J, AMISH S J, et al, 2010. Argali abundance in the Afghan Pamir using capture–recapture modeling from fecal DNA[J]. Journal of wildlife management, 74(4): 668–677.

- HEWITT D G, ROBBINS C T, 1996. Estimating grizzly bear food habits from fecal analysis [J]. Wildlife society bulletin, 24 (3): 547–550.

- HEYER W R, DONNELLY M A, MCDIARMID R W, et al, 1994. Measuring and monitoring biological diversity standard methods for Amphibians[M]. Washington and London: Smithsonian Institution Press.

- HILDERBRAND G V, HANLEY T A, ROBBINS C T, et al, 1999. Role of brown bears (*Ursus arctos*) in the flow of marine nitrogen into a terrestrial ecosystem[J]. Oecologia, (121): 546–550.

- HOFFMANN M, HILTON–TAYLOR C, HOFFMANN A A, et al, 2010. The impact of conservation on the status of the world's vertebrates[J]. Science, 330: 1503–1509.

- HOFFMANN R S, 1987. A review of the systematic and distriution of Chinese red–teethed shrews[J]. Acta theriologica Sinica, 7: 100–139.

- HORTAL J, DE BELLO F, DINIZ–FILHO J A F, et al, 2015. Seven shortfalls that beset large–scale knowledge of biodiversity[J]. Annual review of ecology, evolution, and systematics, 46: 523–549.

- HUYGHE C, 2010. New utilizations for the grassland areas and the forage plants: what matters[J]. Fourrages, 134(203): 213–219.

- IUCN, 2016. The IUCN red list of threatened species 2016[DB/OL]. [2019-08-30]. http://www.iucnredlist.org/.

- JACKSON R, AHLBORN G, 1989. Snow leopards (*Panthera uncia*) in Nepal: home range and movements[J]. National geographic research, 5(2): 161–175.

- JIANG X, 1998. Relationship of population quantities of plateau pika with vegetation homogeneity[J]. Acta pratacul sci, 7: 60−64.

- Li J, YIN H, WANG D J, et al, 2013. Human-snow leopard conflicts in the Sanjiangyuan region of the Tibetan [J]. Biological conservation, 166: 118–23.

- LIU F, MCSHEA W J, GARSHELIS D L, et al, 2011. Human-wildlife conflicts influence attitudes but not necessarily behaviors: factors driving the poaching of bears in China[J]. Biological conservation, 144(1): 538–547. Doi:10.1016/j.biocon.2010.10.009.

- LIU S Y, SUN Z Y, LIU Y, et al, 2012. A new vole from Xizang, China and the molecular phylogeny of the genus *Neodon* (Cricetidae: Arvicolinae)[J]. Zootaxa, 3235: 1–22.

- MACE R D, WALLER J S, MANLEY T L, et al, 2012. Landscape evaluation of grizzly bear habitat in western Montana [J]. Conservation biology, 13(2): 367–377.

- MAGNUSSON W E, CAUGHLEY G J, GRIGG G C, 1978. A double–survey

estimate of population size from incomplete counts[J]. The journal of wildlife management , 42(1): 174–176.

- MANFREDO M J, DAYER A A, 2004. Concepts for exploring the social aspects of human–wildlife conflict in a global context[J]. Human dimensions of wildlife, 9(4): 1–20.

- MASTERSON L, 2006. Living with bears: a practical guide to bear country [M]. New York: PixyJack Press.

- MAYR G, 1889. Insecta in itinare Cl. Przewalski in Asia centrali novissime lecta. 17. Formiciden aus Tibet[J]. Trudy Russkago Entomologicheskago Obshchestva, 24: 278–280.

- MCCARTHY T M, CHAPRON G, 2003. Snow Leopard Survival Strategy[M/OL]. Seattle:International Snow Leopard Trust. [2019-08-30]. http://www.snowleopardnetwork.org/docs/slss_full.pdf.

- Menozzi C, 1939. Formiche dell'Himalaya e del Karakorum raccolte dalla Spedizione Italiana comandata da SAR. il Duca di Spoleto(1929)[J]. Atti della Società Italiana di Scienze Naturali, 78: 285–345.

- MIEHE G, MIEHE S, KAISER K, et al, 2008. Status and dynamics of the *Kobresia pygmaea* ecosystem on the Tibetan Plateau[J]. A journal of the human environment, 37(4): 272–279.

- MILLER S D, SCHOEN J, 1999. Status and management of the brown bear in Alaska[R]. // SERVHEEN S H, PEYTON B. Bears: status survey and conservation action plan. Gland: IUCN.

- MISHRA C, VAN WIEREN S E, KETNER P, et al, 2004. Competition between domestic livestock and wild bharal *Pseudois nayaur* in the Indian Trans–Himalaya[J]. Journal of applied ecology, 41(2): 344–354.

- MORA C, TITTENSOR D P, ADL S, et al, 2011. How many species are there on Earth and in the ocean?[J] PLoS biology, 9(8): e1001127. (2018-08-23) [2019-08-30]. https://doi.org/10.1371/journal.pbio.1001127.

- MUNRO R H M, NIELSEN S E, PRICE M H, et al, 2006. Seasonal and diel patterns of grizzly bear diet and activity in west-central Alberta. [J]. Journal of mammalogy, 87(6): 1112–1121.

- NAWAZ Muhammad Ali, 2008. Ecology, genetics and conservation of Himalayan brown bears[D]. Oslo: Norwegian University of Life Sciences.

- NIELSEN S E, 2004. Modelling the spatial distribution of human-caused grizzly bear mortalities in the central rockies ecosystem of Canada[J]. Biological conservation, 120(1): 101–113. Doi:10.1016/j.biocon.2004.02.020.

- NIELSEN S E, 2005. Habitat ecology, conservation, and projected population viability of grizzly bears (Ursus arctos L.) in west-central Alberta, Canada [D]. Edmonton: University of Alberta.

- OLI M K, 1993. A key for the identification of the hair of mammals of a snow leopard (Pantheva uncia) habitat in Nepal. [J]. Journal of zoology, 231: 71–93.

- OLI M K, TAYLOR I R, ROGERS M E, 1994. Snow leopard Panthera uncia predation of livestock: an assessment of local perceptions in the Annapurna conservation area, Nepal[J]. Biological conservation, 68(1): 63–68.

- PARALIKIDIS N P, PAPAGEORGIOU N K, KONTSIOTIS V J, et al, 2010. The dietary habits of the brown bear (Ursus arctos) in western Greece [J]. Mammalian biology - Zeitschrift Für Säugetierkunde, 75(1): 29–35. Doi:10.1016/j.mambio.2009.03.010.

- PECH R P, ARTHUR A D, YANMING Z, et al, 2007. Population dynamics and responses to management of plateau pikas Ochotona curzoniae[J]. Journal of applied ecology, 44(3): 615–624.

- PETTIGREW M, XIE Y, KANG A L, et al, 2012. Human-carnivore conflict

in China: a review of current approaches with recommendations for improved management [J]. Integrative zoology, 7(2): 210–226. Doi:10.1111/j.1749-4877.2012.00303.x.

● PRESS A, HEWITT D G, ROBBINS C T, 2013. Estimating grizzly bear food habits from fecal analysis[J].Wildlife society bulletin, 24(3): 547–550.

● RADCHENKO A G, 2004. A review of the ant genera *Leptothorax* Mayr and *Temnothorax* Mayr (Hymenoptera, Formicidae) of the eastern Palaearctic[J]. Acta zoologica Academiae Scientiarum Hungaricae, 50(2): 109–137.

● RADCHENKO A G, ELMES Q W, 2010. Fauna mundi 3: myrmica ants (Hymenoptera: Formicidae)of the old world[M]. Warszawa: Natura Optima dux Foundation.

● Resources Inventory Committee, 1998. Ground–based inventory methods for selected ungulates: moose, elk and deer standards for components of British Columbia's biodiversity No. 33[R/OL]. Ministry of Environment, Lands and Parks, Resources Inventory Branch.

● RODE K D, ROBBINS C T, 2000. Why bears consume mixed diets during fruit abundance [J]. Canadian journal of zoology-revue Canadienne de zoologie, 78(9): 1640–1645. DOI: 10.1139/cjz-78-9-1640

● RODE K D, ROBBINS C T, SHIPLEY L A, 2001. Constraints on herbivory by grizzly bears[J]. Oecologia, 128(1): 62–71. Doi: 0.1007/s004420100637

● RUCKSTUHL K E, NEUHAUS P, 2000. Sexual segregation in ungulates: a new approach[J]. Behaviour, 137(3): 361–377.

● RUZSKY M, 1915. On the ants of Tibet and the southern Gobi. On material collected on the expedition of Colonel P. K. Kozlov[J]. Ezhegodnik zoologicheskago muzeya, 20: 418–444.

● SCHALLER G B, 2003. 青藏高原上的生灵 [M]. 上海：华东师范大学出

版社 .

- SCHALLER G B, 1998. Wildlife of the Tibetan Steppe[M]. Chicago: University of Chicago Press.

- SCURLOCK J M O, HALL D O, 1998. The global carbon sink: a grassland perspective[J]. Global change biology, 4: 229– 233.

- SERVHEEN S H, PEYTON B, 1999. Bears: status survey and conservation action plan[R]. Gland: IUCN.

- SERYODKIN I V, KOSTYRIA A V, GOODRICH JM, et al, 2003. Denning ecology of brown bears and Asiatic black bears in the Russian far east[J]. Ursus, 14(2):153–161.

- SERYODKIN I V, PIKUNOV D G, 2006. The biology and conservation status of brown bears in the Russian Far East[R]. Understanding Asian bears to secure their future. Ibaraki: Japan Bear Network, 86–89.

- SHI Y, ZHANG D, BIAN J, 1994. Population densities and distribution of the plateau pika and Plateau Zokor and their in the Haibei State and Tianjun County[J]. Grassl China, 6: 51–52.

- SHI J S, WANG G, CHEN X E, et al, 2017. A new moth–preying alpine pit viper species from Qinghai–Tibetan Plateau（Viperidae, Crotalinae）[J] . Amphibia–Reptilia, 38（4）, 517–532.

- SINGH N J, MILNER–GULLAND E J, 2011. Monitoring ungulates in central Asia: current constraints and future potential[J]. Oryx, 45（1）: 38–49.

- SINGH N J, BONENFANT C, YOCCOZ N G, et al, 2010. Sexual segregation in Eurasian wild sheep[J]. Behavioral ecology, 21（2）: 410–418.

- SMITH A, XIE Y, 2008. A guide to the mammals of China[M]. Princeton: Princeton University Press.

- SMITH A T, 谢焱, 2009. 中国兽类野外手册 [M]. 长沙 : 湖南教育出版社 .

- SU J, ARYAL A, Nan Z, et al, 2015. Climate change-induced range expansion of a subterranean rodent: implications for rangeland management in Qinghai-Tibetan Plateau[J]. PLoS ONE, 10, e0138969.

- SURYAWANSHI K R, BHATNAGAR Y V, MISHRA C, 2012. Standardizing the double–observer survey method for estimating mountain ungulate prey of the endangered snow leopard[J]. Oecologia, 169(3): 581–590.

- SUTTIE J M, REYNOLDS S G, BATELLO C, 2005. Grasslands of the world[R]. Rome: Food and Agriculture Organisation of the United Nations.

- SWENSON J E, GERSTL N, DAHLE B, et al, 2000. Action plan for the conservation of the brown bear (*Ursus arctos*) in Europe[J]. Nature and environment, 114: 1–69.

- THAPA K, 2005. Is their any correlation between abundance of blue sheep population and livestock depredation by snow leopards in the Phu Valley, Manang district, Annapurna conservation area?[R/OL]. [2019-08-30]. http://www.snowleopardnetwork.org/bibliography/ThapaFinal05.pdf.

- WEGGE P, 1976. Himalayan shikhar reserves: surveys and management proposals[R]. FAO NEP/72/002. Field Document No. 5. Kathmandu: Tribhuvan University Press.

- WELCH C A, KEAY J, KENDALL K C, et al, 1997. Constraints on frugivory by bears[J]. Ecology, 78(4): 1105–1119.

- WILSON D E, REEDER D M, 2005. Mammal species of the world[M]. 3th ed. Baltimore: Johns Hopkins University Press.

- WINGARD G J, HARRIS R B, AMGALANBAATAR S, et al, 2011. Estimating abundance of mountain ungulates incorporating imperfect detection: argali *Ovis ammon* in the Gobi Desert, Mongolia[J]. Wildlife biology, 17(1): 93–101.

- WOODROFFE R, THIRGOOD S, RABINOWITZ A, 2005. People and wildlife: conflict or coexistence[M]. Cambridge: Cambridge University Press.

- WORTHY F R, FOGGIN J M, 2008. Conflicts between local villagers and tibetan brown bears threaten conservation of bears in a remote region of the Tibetan plateau[J].Human–wildlife conflicts, 2（2）: 200–205.

- XU A C, JIANG Z G, LI C W, el al, 2006. Summer food habits of brown bears in Kekexili nature reserve, Qinghai: Tibetan plateau [J]. Ursus, 17(2): 132–137.

- 才代，阿力坦其米格，1997. 棕熊（*Ursus arctos*）头骨的观察分析 [J]. 经济动物学报（02）: 30–35.

- 蔡照光，郎百宁，等，1989. 青藏高原草场及其主要植物图谱 [M]. 北京: 农业出版社 .

- 蔡振媛，覃雯，高红梅，等，2019. 三江源国家公园兽类物种多样性及区系分析 [J]. 兽类学报，39（04）: 410–420.

- 长有德，贺达汉，1998. 宁夏荒漠地区蚂蚁种类及分布 [J]. 宁夏农学院学报，19（4）: 12–15.

- 长有德，贺达汉，2001a. 中国西北地区红蚁属分类及生物学的研究（膜翅目: 蚁科: 切叶蚁亚科）[J]. 宁夏农学院学报，22（3）: 1–9.

- 长有德，贺达汉，2001b. 中国西北地区铺道蚁属分类研究（膜翅目: 蚁科: 切叶蚁亚科）[J]. 宁夏农学院学报，22（1）: 1–7.

- 长有德，贺达汉，2001c. 中国西北地区细胸蚁属分类研究（膜翅目: 蚁科: 切叶蚁亚科）[J]. 宁夏农学院学报，22（2）: 1–4，41.

- 长有德，贺达汉，2002a. 中国西北地区蚂蚁区系特征 [J]. 动物学报，48(3): 322–332.

- 长有德，贺达汉，2002b. 中国西北地区斜结蚁属——新种记述（膜翅目: 蚁科: 蚁亚科）[J]. 昆虫分类学报，24（2）: 151–153.

- 长有德，贺达汉，2002c. 中国西北地区蚁属分类研究兼 9 新种和 4 新纪录种（膜翅目：蚁科：蚁亚科）[J]. 动物学研究，23（1）：49–60.

● 常丽霞，2013. 藏族牧区生态习惯法文化的传承与变迁研究——以拉卜楞地区为中心 [M]. 北京：民族出版社.

● 陈庆英，1992. 中国藏族部落 [M]. 北京：中国藏学出版社.

● 达瓦次仁，约翰·福林顿，格桑诺布，2007. 冲突与和谐：羌塘地区人与野生动物生存研究 [M]. 拉萨：西藏人民出版社.

● 戴声佩，张勃，王海军，2010. 中国西北地区植被 NDVI 的时空变化及其影响因子分析 [J]. 地球信息科学学报，12（3）：315–320.

● 费梁，胡淑琴，叶昌媛，等，2006. 中国动物志：两栖纲 上卷 [M]. 北京：科学出版社.

● 费梁，胡淑琴，叶昌媛，等，2009a. 中国动物志：两栖纲 中卷 [M]. 北京：科学出版社.

● 费梁，胡淑琴，叶昌媛，等，2009b. 中国动物志：两栖纲 下卷 [M]. 北京：科学出版社.

● 费梁，叶昌媛，江建平，2012. 中国两栖动物及其分布彩色图鉴 [M]. 成都：四川科学技术出版社.

● 冯祚建，郑昌琳，1985. 中国鼠兔属（*Ochotona*）的研究——分类与分布 [J]. 兽类学报，（04）：269–289.

● 付伟，赵俊权，杜国祯，2013. 藏族传统生态伦理与青藏高原生态环境保护研究 [J]. 生态经济（学术版），（02）：420–423.

● 高行宜，许可芬，姚军，等，2000. 新疆棕熊的分布和种群数量 [J]. 干旱区研究，17（4）：27–31.

● 关弘弢，简生龙，2018. 青海长江源区渔业生态保护现状及对策研究 [J]. 中国水产，（2）：4–48.

● 国家发展改革委，2005. 三江源自然保护区生态保护和建设总体规划 [R/OL]. [2019-08-30]. http：//www.gov.cn/xinwen/2018-01/17/5257568/files/

c26af29955e141bda0d736a673dac4c5.pdf.

- 侯万儒，胡锦矗，1997. 中国熊类资源及其保护现状 [J]. 四川师范学院学报，18（4）: 287–291.

- 胡东生，王世和，1994. 青藏高原可可西里地区发现的旧石器 [J]. 科学通报（10）: 924–927.

- 胡金林，2001. 青藏高原蜘蛛 [M]. 郑州: 河南科学技术出版社.

- 胡胜昌，林祥文，王保海，2013. 青藏高原瓢虫 [M]. 郑州: 河南科学技术出版社.

- 胡自治，2000. 青藏高原的草业发展与生态环境 [M]. 北京: 中国藏学出版社.

- 江小蕾，1998. 植被均与度与高原鼠兔种群数量相关性研究 [J]. 草业学报，7（1）: 60–64.

- 姜洁，李幼平，邓绍林，等，2010. 玉树汶川震后 3 月医疗救援比较研究 [J]. 中国循证医学杂志，10（07）: 784–790.

- 蒋志刚，等，2015. 中国哺乳动物多样性及地理分布 [M]. 北京: 科学出版社.

- 鞠成，2010. 青海旱獭疫源地鼠疫监测流行病学分析 [D]. 长春: 吉林大学.

- 李德雪，金龙珠，1983. 棕熊熊掌的形态学观察 [J]. 兽医大学学报，（04）: 334–336.

- 李迪强，等，2002. 三江源的生物多样性: 三江源自然保护区科学考察报告 [M]. 北京: 中国科学技术出版社.

- 李娟，2012. 青藏高原三江源地区雪豹（*Panthera uncia*）的生态学研究及保护 [D]. 北京: 北京大学.

- 李柯懋，唐文家，关弘韬，2009. 青海省土著鱼类种类及保护对策 [J]. 水生态学杂志，（3）: 32–36.

- 李志强，王恒山，祁佳丽，等，2013. 三江源鱼类现状与保护对策 [J]. 河北渔业，（08）：24–30.

- 刘刚，2011. 2005—2010 年西藏自治区鼠疫监测结果分析 [D]. 长春：吉林大学 .

- 刘敏超，李迪强，温琰茂，2005. 论三江源自然保护区生物多样性保护 [J]. 干旱区资源与环境，19（4）：49–53.

- 刘伟，王溪，周立，等，2003. 高原鼠兔对小嵩草草甸的破坏及其防治 [J]. 兽类学报，23（3）：214–219.

- 刘务林，1993. 西藏高原人类保护利用野生动物简史 [J]. 西藏大学学报，8（3）：48–50.

- 刘务林，2004. 西藏棕熊生态学和资源状况研究 [J]. 西藏科技，6：11–16.

- 刘兴元，龙瑞军，尚占环，2011. 草地生态系统服务功能及其价值评估方法研究 [J]. 草业学报，20（1）：167–174.

- 刘振生，王小明，李志刚，等，2007. 贺兰山岩羊的数量与分布 [J]. 动物学杂志，42（3）：1–8.

- 龙瑞军，2007. 青藏高原草地生态系统之服务功能 [J]. 科技导报，25（9）：26–28.

- 罗泽珣，陈卫，高武，2000. 中国动物志：兽纲 第六卷 下册 [M]. 北京：科学出版社 .

- 马鹤天，1947. 甘青藏边区考察记 [M]. 上海：商务印书馆 .

- 马逸清，1981. 我国熊的分布 [J]. 兽类学报，1（2）：137–143.

- 南文渊，2000. 藏族生态文化的继承与藏区生态文明建设 [J]. 青海民族学院学报，（04）：1–7.

- 浦清江，张春华，吕景生，等，2010. 1950—2009 年中国鼠疫疫情分析 [J]. 中国地方病防治杂志，25（6）：431–434.

- 乔慧捷，汪晓意，王伟，等，2018. 从自然保护区到国家公园体制试点：三江源国家公园环境覆盖的变化及其对两栖爬行类保护的启示 [J]. 生物多样性，26（2）：202–209.

- 秦小静，孙建，王海明，2015. 三江源土壤养分分布特征及其对主要气候要素的响应 [J]. 生态环境学报，（08）：1295–1301.

- 青海省农业资源区划办公室，1997. 青海土壤 [M]. 北京：中国农业出版社.

- 青海省统计局，国家统计局，青海调查总队，2018. 青海统计年鉴 2018[M]. 北京：中国统计出版社.

- 任军让，余玉群，1990. 青海省玉树，果洛州岩羊的种群结构及生命表初探 [J]. 兽类学报，10（3）：189–193.

- 洒文君，2004. 青海省高寒牧区四配套建设中牧民的参与及影响因素的研究 [D]. 北京：中国农业大学.

- 斯确多杰，Fox J L，格桑顿珠，2011. 藏西北地区传统与现代狩猎模式变迁与野生动物保护调查分析 [J]. 四川动物，30（1）：141–143.

- 孙安林，张明海，李忠，1992. 东北棕熊毛色白化的初步观察 [J]. 野生动物（06）：36.

- 孙文义，邵全琴，刘纪远，等，2011. 三江源典型高寒草地坡面土壤有机碳变化特征及其影响因素 [J]. 自然资源学报，26（12）：2072–2087.

- 唐觉，李参，1993. 膜翅目蚁科 [M].// 陈世骧. 横断山区昆虫：2 册. 北京：科学出版社.

- 汪玺，师尚礼，张德罡，2011a. 藏族的草原游牧文化（Ⅱ）——藏区的草原和生产文化 [J]. 草原与草坪，31（3）：1–5.

- 汪玺，师尚礼，张德罡，2011b. 藏族的草原游牧文化（Ⅳ）——藏族牧民的生活 [J]. 草原与草坪，31（4）：87–92.

- 王保海，潘朝晖，张登峰，等，2011. 青藏高原天敌昆虫 [M]. 郑州：河南科学技术出版社.

- 王长庭，龙瑞军，曹广民，2006. 三江源地区主要草地类型土壤碳氮沿海拔变化特征及其影响因素 [J]. 植物生态学报，3：441–449.

- 王文，马建章，余辉亮，等，2008. 小兴安岭地区黑熊的食性分析 [J]. 兽类学报，28（1）：7–13.

- 王祖望，刘季科，苏建平，等，1987. 高山草甸生态系——小哺乳动物能量动态的研究. Ⅱ. 通过高原鼠兔种群能流的初步估计 [J]. 兽类学报，7（3）：189–202.

- 魏兴琥，李森，杨萍，等，2006. 高原鼠兔洞口区侵蚀过程高山草甸土壤的变化 [J]. 中国草地学报（04）：24–29.

- 魏学红，杨富裕，孙磊，2006 . 高原鼠兔对西藏高寒草地的危害及防治 [J]. 草原与牧野，6：41–42，45.

- 文力，1993. 西藏珍稀野生动物利用现状 [J]. 西藏大学学报，8（1）：50–52.

- 乌峰，崔俊芳，2005. 早期蒙古的狩猎业与生态 [J]. 内蒙古社会科学，26（4）：37–41.

- 吴迪，2010. 藏族传统生态伦理思想及其现实意义 [D]. 兰州：西北民族大学 .

- 吴坚，王常禄，1995. 中国蚂蚁 [M]. 北京：中国林业出版社 .

- 武素功，冯祚建，1997. 青海可可西里地区生物与人体高山生理 [M]. 北京：科学出版社 .

- 武云飞，吴翠珍，1988. 黄河源头和星宿海的鱼类 [J]. 动物分类学报（02）：195–200.

- 肖凌云，2014. 三江源灭鼠，半世纪的错误？欧美前车之鉴，中国仍在重蹈覆辙 [N]. 南方周末，2014–06–13.

- 徐爱春，蒋志刚，李春旺，等，2010. 青藏高原可可西里地区藏棕熊暖季食性及采食行为模式 [J]. 动物学研究，31（6）：670–74. Doi：10.3724/SP.J.1141.2010.06670.

- 徐正会，2002. 西双版纳自然保护区蚁科昆虫生物多样性研究 [M]. 昆明：

云南科技出版社.

- 徐正会，褚姣娇，张成林，等，2011. 藏东南工布自然保护区的蚂蚁种类及分布格局 [J]. 四川动物，30（1）：118–123.

- 薛万琦，王明福，2006. 青藏高原蝇类 [M]. 北京：科学出版社.

- 闫永峰，朱杰，倪自银，等，2007. 甘肃东大山自然保护区夏季岩羊种群的初步调查 [J]. 四川动物，（03）：608–612.

- 姚贵芳，于春光，2003. 幼棕熊的急性出血性肾小球肾炎 [J]. 黑龙江畜牧兽医（01）：43.

- 尹仑，郑燕燕，2015. 云南藏族生态文化 [J]. 中央民族大学学报（自然科学版），24（04）：79–84.

- 印象初，1984. 青藏高原的蝗虫 [M]. 北京：科学出版社.

- 影像生物调查所（IBE），山水自然保护中心，SEE 基金会，2015. 三江源自然观察手册 [M]. 北京：中国大百科全书出版社.

- 张广登，马立名，1984. 喜马拉雅旱獭的洞型观察 [J]. 兽类学报（03）：216–240.

- 张荣祖，1999. 中国动物地理 [M]. 北京：科学出版社.

- 张伟，景松岩，徐艳春，2002. 毛皮学 [M]. 2 版. 哈尔滨：东北林业大学出版社.

- 张晓东，2008. 论苯教对藏族生态文化的影响 [D]. 兰州：兰州大学.

- 赵登海，张保红，贾金闪，等，2008. 贺兰山西坡岩羊种群现状调查研究 [J]. 内蒙古石油化工（18）：40–41.

- 赵尔宓，2003. 四川爬行类原色图鉴 [M]. 北京：中国林业出版社.

- 赵尔宓，黄美华，宗愉，等，1998. 中国动物志：爬行纲 第三卷 [M]. 北京：科学出版社.

- 赵尔宓，赵肯堂，周开亚，等，1999. 中国动物志：爬行纲 第二卷 [M]. 北京：科学出版社.

- 赵新全，2009. 高寒草甸生态系统与全球变化 [M]. 北京：科学出版社 .
- 赵旭东，2014. 封育对三江源区高寒草甸土壤及有机碳库的影响 [D]. 兰州：甘肃农业大学 .
- 郑杰，等，2011. 青海自然保护区研究 [M] . 西宁：青海人民出版社 .
- 郑哲民，1986. 中国懒蠢属二新种（直翅目：蠢斯科）[J]. 昆虫分类学报，（Z1）：147–149.
- 中国科学院西北高原生物研究所，1989. 青海经济动物志 [M]. 西宁：青海人民出版社 .
- 周希武，1914. 青海省玉树调查记 [M]. 台北：成文出版社 .
- 周希武，2008. 中国地方志集成·青海府县志辑：民国玉树县志稿 [M]. 南京：凤凰出版社：121–155.
- 周兴民，等，2001. 中国嵩草草甸 [M]. 北京：科学出版社 .
- 周跃云，1992. 中国棕熊地理分布的历史变迁 [J]. 湖南师范大学自然科学学报，15（1）：79–83.
- 洲塔，2010. 崇山祭神——论藏族神山观念对生态保护的客观作用 [J]. 甘肃社会科学，（03）：159–164.

后记

本书终于要和读者见面了，书中汇集和报告了 2010 年以来我们在三江源生物多样性保护和研究方面的部分工作。这是我们第一次尝试着将三江源的生物多样性从不同的专业角度，从研究者在田野实地的视角，用较为通俗的科学语言解读出来，希望能给希望了解这片区域的读者描画出三江源自然生态丰富、壮阔、秀丽的一点轮廓，并将我们的观察和思考分享出来，给愿意了解、研究和保护三江源的读者提供一些借鉴。

本书所报告的田野工作主要发生在 2011—2015 年期间，数据分析、文字和照片整理，以及最后的成文则一直延续到 2019 年。在此期间，我们经历了振奋和踌躇满志的制订计划，辛苦紧张然而又激动快乐的野外旅行和工作，细致耐心尽管有时枯燥到压抑的数据整理，激动和挫败交错的分析和讨论，……在此期间，有六位作者获得了博士或硕士学位，有几位伙伴去了新的工作领域，……在本书编写中，随着不断地回顾这段丰富的历程，对三江源、对田野研究伙伴们的热爱和眷恋都在不断加深。

本书的田野研究得到了青海省林业和草原局、青海省三江源国家级自然保护区、青海湖国家级自然保护区、隆宝滩国家级自然保护区，以及近期成立的三江源国家公园的大力支持和配合。在实施过程中，玉树和果洛州政府，玉树市及治多、曲麻莱、玛多、班玛、久治、玛沁、杂多、囊谦等县的政府和农牧局，索加、哈秀、昂赛、觉拉等乡的政府，以及玛可河、白扎等林场等提供了多方面的支持和保障。特别感谢青海省林业和草原局的李三旦及项目办的张莉、祁承德和仪律北，三江源国家公园管理局的李若凡、巴桑拉毛、靳代樱、青海野生动植物与自然保护区管理局的蔡平和张毓帮助我们与当地政府联系，并提供车辆、物资等方面的保障。

我们要感谢杂多县委书记才旦周、扎青乡书记尼尕、扎青乡乡长陈松、哈秀乡书记西然江措、哈秀乡副乡长曹强、云塔三社社长当真文德、电达村电达社社长格莱才文、野吉尼玛村二社社长阿丁等在调查研究期间为我们每一次的野外工作所提供的热情接待和无私帮助。

我们要感谢三江源国家级自然保护区的仁增、才旦加、扎西文沙、扎西多杰、何永宁、扎拉、张永财、乔周、加公昂扎、加群加、尼巴知旺和文扎等先生，他们不但把我们平安地送往调查地点，和我们一起完成调查任务，还经常作为翻译帮我们同牧民沟通。

生物多样性调查的专家所在单位四川省林业科学研究院、西南林业大学、河北大学、长江大学、中国水产科学研究院长江水产研究所、中国科学院成都生物研究所、四川九寨沟国家级自然保护区，以及组织调查的北京大学、山水自然保护中心和影像生物调查所（IBE）对三江源的调查研究提供了毫无保留的支持，我们对这些单位和单位的领导表示衷心的感谢。

在调查研究期间，许多兄弟单位和当地NGO及个人向我们提供了帮助，我们要感谢青海果洛年保玉则生态环境保护协会、四川平武县林业局、四川王朗国家级自然保护区、夏日寺、云塔村、地青村等。我们要特别感谢平武县林业和草原局的陈佑平、苗长金多次不远千里地参加我们的调查，为我们提供车辆和物资上的帮助。还要感谢年保玉则的扎西桑俄、周加和土巴三位高僧和我们一起调查，与他们的讨论扩展了我们的知识和视野。

我们要特别感谢乔治·夏勒博士，他多次到野外参与调查，耐心地聆听和解答研究生的问题，为调查、研究提供指导和建议。

草地的野外调查主要由宋瑞玲完成，王昊、顾垒、吴岚、廖锐、Alexia J. Fite 等在野外工作中提供了协助。三江源国家公园管理局的靳代樱，北京山水自然保护中心的更尕依严、贡保才仁和达瓦等在草地研究和社区访谈中提供了极大的帮助。

昆虫的野外调查和标本采集由石福明教授、谢广林、陈俊豪和土巴完成，昆虫标本和照片的鉴定如果没有国内许多专家无私的帮助，是不可能完成的。这些专家有郑哲民教授（鉴定蝗虫）、王明福教授和王勇博士（鉴定蝇类）、魏美才教授（鉴定叶蜂类）、李利珍教授（鉴定隐翅虫）、任国栋教授（鉴定拟步甲）、杜予州教授（鉴定襀翅目）、李强教授（鉴定泥蜂类）、张锋教授（鉴定蜘蛛类）、杨茂发教授和戴仁怀教授（鉴定叶蝉类）、贾凤龙教授（鉴定水生甲虫）、陈振宁教授和王厚帅博士（鉴定蝶类）、邓维安教授（鉴定蚱类）、孙长海教授（鉴定毛翅目）、王新谱教授和潘昭博士（鉴定芫菁类）、郝淑莲研究员（鉴定羽蛾）、梁红斌博士（鉴定步甲类）、霍立志博士（鉴定瓢虫）、刘启飞博士（鉴定大蚊）、杨再华博士（鉴定虻类）、卜云博士（鉴定弹尾纲、双尾纲），以及南京师范大学的研究生张敏和扬州大学研究生霍庆波。

蚂蚁的野外调查和标本采集由徐正会教授完成。我们感谢西南林业大学生物多样性保护与利用学院森林保护专业 2011 级硕士生宋扬、李春良，2012 级硕士生莫福燕，2013 级硕士生李文琼，2014 级硕士生李安娜，植物保护专业 2011 级本科生郑莹，森林资源保护与游憩专业 2011 级本科生李斌和庄江旭等在整理和制作蚂蚁标本上提供的帮助。

在棕熊、岩羊、雪豹等专项研究中，山水自然保护中心的赵翔、尹杭、何兵、斗秀加、加公扎拉、才让本、达哇江才、谢晓玲、梅索南措、马海元、邹滔、白让、索才、尕玛、更尕依严、贡保才仁和达瓦从组织协调、支持和野外工作等多方面提供了不可或缺的支持，没有他们的帮助，研究是无法完成的。

我们要感谢参与野外调查工作的来自北京大学的陈俊豪、胡若成，清华大学的陈怀庆，杜克大学的李彬彬，以及来自西雅图的 Alexia J. Fite，William W. Ragen 两位中学生志愿者。

在三次生物多样性调查期间，秦大公老师组织的后勤支持团队为我们提供了充足的物资保障和能达到的最舒适的生活条件，感谢青梅巴毛、林涛以及作为调查专家还经常兼任厨师的廖锐先生为我们提供了可口的食物。

影像生物调查所（IBE）的摄影师，包括徐健、郭亮、董磊、彭建生、李磊、雷波、范毅、左凌仁、牛洋、李俊杰、陈尽、吴立新、刘红文、刘彦鸣、刘思远、计云、余天一、景颐林等国内一流的自然摄影师和我们一起完成了三年的野外调查，不仅获得了大量艺术和科学价值都非常高的影像资料，还和我们一起举办过多次培训，分享摄影和自然保护的心得经验。在调查和研究期间，从野外获得了上万张精彩的照片，本书展示的图片，是其中的很小一部分，仅为三江源生物多样性的一个极小的快照。

我们要感谢北京大学的陈炜，为我们核实了照片中的一些物种名称，还在棕熊研究中提供了卫星定位数据方面的支持。

我们要特别感谢北京大学出版社的黄炜，她在本书的筹备和成稿方面做了大量的工作，在她的细心校正下，我们发现并改正了很多的疏漏，在她不懈的督促下，这本书才能及时同读者见面。

感谢阿拉善 SEE 基金会、成都地质调查中心资源评价部、Panthera 基金会、Snow Leopard Trust 基金会、Conservation Leadership Program、美国麦克阿瑟基金会、三江源国家级自然保护区、玉树州政府、山水自然保护中心和北京大学对本书所涉及的调查和研究提供的慷慨的资金支持，没有资金上的保障，本书中所有的调查和研究都无法实现。

还有许许多多的人和机构为本书做出了贡献，我们不能一一列举，如有遗漏，还请谅解。

本书由多位作者共同完成。其中前言由王昊和吕植主笔；在第一篇中，"三江源的自然环境"由王昊、朱子云和秦大公共同完成，"草地的状况和变化"的作者为宋瑞玲、王昊和顾垒；在第二篇中，"昆虫的多样性"由石福明和谢广林完成，徐正会撰写了"蚂蚁"；第三篇中，"鱼类的多样性"由吴金明和霍来江完成，"两栖爬行动物的多样性"由李成和雷开明撰写；在第四篇中，"小型兽类的多样性"由刘少英、吴岚、王昊和廖锐共同撰写，"大中型兽类的多样性"由肖凌云和吴岚主笔，王昊和刘炎林等共同完成；至于第五篇"保护三江源的生物多样性"由王昊和吕植在作者们的各章报告给出的建议基础上汇总完成。

本书照片的作者有陈尽、董磊、范毅、郭亮、霍来江、计云、靳代樱、雷波、李成、李俊杰、李磊、刘思远、刘彦鸣、彭建生、宋瑞玲、王昊、吴金明、吴岚、吴立新、徐健和余天一。

本书中的地图和插图由宋瑞玲、王昊、吴金明、吴岚和肖凌云制作。

本书的内容是在野外调查报告、学位论文和已发表的科学论文基础上撰写而成，我们努力使得这本书在保持科学性的同时，对普通读者能更为友好，然而由于水平的限制，仍然有不少改进和提高的空间，书中难免存在疏漏和错误之处，请广大读者包涵和指正。

三江源的美丽和丰富，本书的文字和照片不足以描述其万一，为了留住三江源的美丽，成千上万的当地人为之付出了巨大的努力和牺牲，我们的辛苦工作也及不上他们的万一。在此，我们谨将此书献给千千万万关心和支持三江源的读者，并向从事三江源生态保护事业的人们呈上最诚挚的敬意！